高职高专教育“十二五”规划建设教材

畜禽环境卫生

（第2版）

常明雪　刘卫东　主编

中国农业大学出版社
·北京·

内 容 简 介

本教材全面系统地介绍了畜禽环境卫生的基本理论和基本技能，主要从空气环境卫生，水环境卫生，土壤、饲料及畜禽放牧运输卫生、畜禽舍卫生、畜禽场卫生和畜禽环境卫生监测六个方面阐述了畜禽与环境的相互作用规律、畜禽环境标准、环境保护措施以及畜禽环境的规划设计。结构上做到理实一体化，编写技能实训过程中，不仅详析技能训练的操作程序，而且注重取材的实用性、先进性和可操作性。教材编写以模块结构形式为特点，将畜禽环境卫生剖析成空气环境，水环境，土壤、饲料及放牧运输，畜禽舍环境和畜禽场环境五个部分，每个部分都从基本理论认知的介绍，到阐述环境与畜禽的联系及对畜禽的影响，提出改善和控制环境卫生的措施，每个部分都成为一个独立的体系。

图书在版编目(CIP)数据

畜禽环境卫生/常明雪，刘卫东主编. —2 版. —北京：中国农业大学出版社，2011.7(2021.1 重印)

ISBN 978-7-5655-0232-3

Ⅰ.①畜… Ⅱ.①常…②刘… Ⅲ.①家畜卫生-环境卫生-高等学校-教材②家禽-环境卫生-高等学校-教材 Ⅳ.①S851.2

中国版本图书馆 CIP 数据核字(2011)第 031783 号

书　　名　畜禽环境卫生(第 2 版)
作　　者　常明雪　刘卫东　主编

策划编辑　康昊婷　　**责任编辑**　莫显红
封面设计　郑　川　　**责任校对**　陈　莹　王晓凤
出版发行　中国农业大学出版社
社　　址　北京市海淀区圆明园西路 2 号　　**邮政编码**　100193
电　　话　发行部 010-62731190，2620　　读者服务部 010-62732336
编辑部 010-62732617，2618　　出　版　部 010-62733440
网　　址　http：//www.cau.edu.cn/caup　　**e-mail** cbsszs @ cau.edu.cn
经　　销　新华书店
印　　刷　涿州市星河印刷有限公司
版　　次　2011 年 7 月第 2 版　　2021 年 1 月第 8 次印刷
规　　格　787×980　16 开本　18.5 印张　340 千字
定　　价　39.00 元

第2版编写人员

主　编　常明雪（江苏畜牧兽医职业技术学院）
　　　　刘卫东（郑州牧业工程高等专科学校）

副主编　赵云焕（信阳农业高等专科学校）
　　　　张　昊（永州职业技术学院）
　　　　李万军（辽宁医学院畜牧兽医学院）

参　编（按姓氏笔画顺序）
　　　　王利刚（江苏畜牧兽医职业技术学院）
　　　　张苗苗（湖北生物科技职业学院）
　　　　韩慕俊（沧州职业技术学院）

第1版编审人员

主　编　常明雪

副主编　赵云焕　李蕴玉　李　振

编　者　（按姓氏笔画排序）

王　芬（辽宁医学院畜牧兽医学院）

吉　丽（云南农业职业技术学院）

李　振（山东临沂师范学院）

李万军（辽宁医学院畜牧兽医学院）

李蕴玉（河北科技师范学院）

赵云焕（信阳农业高等专科学院）

常明雪（江苏畜牧兽医职业技术学院）

韩慕俊（沧州职业技术学院）

衡江鸿（河北旅游职业学院）

审　稿　佘锐萍（中国农业大学）

第2版前言

随着我国经济的迅猛发展，各行各业取得了举世瞩目的成就。畜牧业也不例外，无论是畜禽的存栏率，还是畜禽产品的上市率，都位居世界第一。

经济的发展也带来了一些负面的影响，环境遭到了不同程度的破坏，人畜共患病明显增多。人们对发展提出了新的要求，走可持续发展的道路，以人为本已经成为许多国家的国策。近几年来，农业高职高专教育发展很快，人才的培养有了新目标，提出既要发展快，又要保护好环境，并且生产出合格的农畜产品。如何做到理论联系实际？学生如何面对新形势，解决新问题？师资队伍建设和教材建设日益凸显其重要性，不但要有好的教师，而且要有好的教材。因此编写出适合高职高专所用的教材已成为当务之急。

为了推进新一轮教育教学改革，适应新时期高职高专人才培养的需要，由中国农业大学出版社发起，组织全国部分重点农业高等职业技术学院的骨干教师，编写了这本高职高专教育“十二五”规划建设教材。

本教材体现了创新的理念，以模块结构为特点，根据职业技术学院的职教特点和人才培养的准确定位，结合生产实际，以模块结构的编写形式，将畜禽环境卫生剖析成空气环境，水环境，土壤、饲料及放牧运输，畜禽舍环境和畜禽场环境五个部分，每个部分都从基本理论认知的介绍，到阐述环境与畜禽的联系及对畜禽的影响，最后提出改善和控制环境卫生的措施，这样每个部分成为一个独立的体系。最后一章讲述畜禽环境卫生的监测目的、内容及方法。结构上推行理实一体化，层次较清晰、模块更明显。

在教材编写的过程中，力求做到内容详略得当、结构严谨完整、文字简明扼要、图文并茂易懂；知识点上遵循适用、够用和实用的原则；注重实训项目的完整性和学生动手能力的培养，强化技能操作的方法。本教材适用于各类农牧职业技术院校的动物生产、动物医学、检验检疫等相关专业。

由于时间较为仓促，加上水平有限，书中不妥之处敬请专家同仁批评指正，并欢迎广大读者提出宝贵意见。

编　者

2010 年 10 月

第1版前言

改革开放以来，我国经济得到了迅猛的发展，各行各业都取得了举世瞩目的成就。畜牧业也不例外，无论是畜禽的存栏率，还是畜禽产品的上市率，都有了大幅度的提高，创历史最好水平，跃居世界第一。

经济的发展也带来了一些负面的影响，环境遭到了不同程度的破坏，畜禽暴发人畜共患病明显增多。人们对发展提出了新的要求，走可持续性发展的道路，以人为本已经成为许多国家的国策。农业高职高专教育是我国高等教育的重要组成部分，近几年发展很快，它对人才的培养不仅确立了新的目标，而且要求既要发展快，又要保护好环境，并且生产出合格的农畜产品。如何做到理论联系实际？学生如何面对新形势，解决新问题？师资队伍建设和教材建设凸显其重要性，不但要有好的教师，而且要有好的教材，因此，编写出适合高职高专所用的教材已成为当务之急。

为了推进新一轮教育教学改革，适应21世纪高职高专人才培养的需要，由中国农业大学出版社发起，组织全国部分重点农业高等职业技术学院的骨干教师，编写了高职高专教育“十一五”规划教材。

本教材体现了创新的理念，以模块结构为特点，根据职业技术学院的职教特点和人才培养的准确定位，结合生产实际改变了原有教材的编写结构，提出以模块结构的形式，将畜禽环境卫生剖析成空气环境，水环境，土壤、饲料及运输放牧，畜禽舍环境和畜禽场环境五个部分，每个部分都从基本理论认知的介绍，到阐述环境与畜禽的联系及对畜禽的影响，最后提出改善和控制环境卫生的措施，这样每个部分成为一个独立的体系。第六章谈谈畜禽环境卫生的监测目的、内容及方法。层次较清晰，模块更明显。

在教材编写的过程中，力求做到内容详略得当、结构严谨完整、文字简明扼要、图文并茂易懂；知识点上遵循适用、够用和实用的原则；注重实训项目的完整性和学生的动手能力的培养，强化技能操作的方法。教材适用于各类农牧职业技术院校的动物生产、动物医学、检验检疫等相关专业。

本教材由常明雪主编。其中绪言、第四章的第一、二节和实训七由常明雪编写；第一章和实训一、实训二由李蕴玉编写；第二章的第一、二节由李万军编写；第二章的第三、四、五节和实训三由王芬编写；第三章和实训四由李振编写；第四章的第三节和实训五、实训六由吉丽编写；第五章和实训九由赵云焕编写；第六章和实训十由韩慕俊编写；实训八由衡江鸿编写。

教材承蒙佘锐萍教授审阅，在此表示感谢！

由于时间较为仓促，加上水平有限，书中不妥之处敬请专家同仁批评指正，并欢迎广大读者提出宝贵意见。

编　者

2007 年 3 月

目　录

绪言…………………………………………………………………………… 1
第一章　空气环境卫生…………………………………………………………… 5
第一节　气象学的基本概念…………………………………………………… 5
技能训练　空气气象指标的测定 ………………………………………… 15
第二节　气象因素对畜禽健康及生产性能的影响 …………………………… 24
第三节　空气污染对畜禽健康的影响 ………………………………………… 41
技能训练　空气中有害气体的测定 ……………………………………… 43
第二章　水环境卫生 …………………………………………………………… 52
第一节　水源的种类和选择及卫生防护要求 ………………………………… 52
第二节　水体的污染及自净 …………………………………………………… 57
第三节　饮用水的卫生标准及评价 …………………………………………… 63
技能训练　水样采集和感官性状检验 …………………………………… 66
技能训练　水的总硬度测定和水中“三氮”指标检验 ……………………… 73
第四节　饮用水的净化与消毒 ………………………………………………… 83
第五节　水的特殊处理 ………………………………………………………… 89
第三章　土壤、饲料及畜禽放牧、运输卫生 …………………………………… 91
第一节　土壤卫生 ……………………………………………………………… 91
第二节　饲料卫生……………………………………………………………… 100
技能训练　饲料中有毒成分的检测……………………………………… 105
第三节　放牧卫生……………………………………………………………… 118
第四节　畜禽运输卫生………………………………………………………… 121
第四章　畜禽舍卫生…………………………………………………………… 129
第一节　畜禽舍的结构和类型与卫生学意义………………………………… 129
第二节　畜禽舍设计与建造…………………………………………………… 138

技能训练　畜禽舍设计图的认知及绘制……………………………… 152
第三节　改善和控制舍内环境卫生的措施……………………………… 157
技能训练　畜禽舍采光的测定和人工照明的方案设计………………… 165
技能训练　机械通风的设计和通风效果的评价………………………… 187
第五章　畜禽场卫生……………………………………………………… 194
第一节　场址选择…………………………………………………………… 195
第二节　规划布局与卫生设施……………………………………………… 198
技能训练　畜禽场规划方案的设计……………………………………… 211
第三节　畜禽场卫生保护措施……………………………………………… 215
技能训练　环境消毒技术…………………………………………………… 238
第六章　畜禽环境卫生监测……………………………………………… 243
第一节　环境污染的原因及危害…………………………………………… 244
第二节　环境卫生监测……………………………………………………… 250
技能训练　环境卫生调查及评价………………………………………… 265
附录1　建筑图纸上物体图例 ………………………………………… 267
附录2　畜禽养殖业污染物排放标准(GB 18596—2001) …………… 272
附录3　恶臭污染物排放标准(GB 14554—93 代替 GB J 4—73) ……… 276
附录4　畜牧场环境卫生调查表 ……………………………………… 281
附录5　技能考核项目及评分标准 …………………………………… 282
参考文献…………………………………………………………………… 284

绪　言

畜禽的生长发育和生产生活等一切生命活动都依赖于环境，没有适宜的外界环境条件，生命活动就不能进行。畜禽的生命活动是畜禽对环境因素的一种应答，也是畜禽与环境之间保持动态平衡的一种反映。畜禽在长期与环境相适应的进化过程中，形成了特有的体形结构、生理机能和生活习性。畜禽与环境之间的作用是相互的，畜禽是环境的依赖者，也是环境的影响者。

一、基本概念

（1）内环境　主要以细胞为主体，通常指组织间液（细胞外液），细胞外液的理化因素直接影响细胞的生理活动。机体从外界摄取的氧和各种营养物质，先进入血液，后由毛细血管扩散到组织间液（细胞外液）供组织细胞代谢需要；细胞活动产生的代谢废物先到组织间液中，然后扩散到血液中而排出体外。可见，组织间液既是细胞的直接生活环境，也是细胞进行物质交换的媒介。

（2）外环境　由大气、水域和土壤等三大区域构成的自然整体。主要以生物体为主体，是一切生物赖以生存的物质基础。血液是沟通内外环境的桥梁，外环境经常发生强烈的变化而内环境在神经体液的调节下则相对稳定。

（3）畜禽环境　外环境加上人为因素，主要包括空气、水、土壤及人类给予畜禽的饲养条件和管理水平。以畜禽为主体，与畜禽生活和生产有关的一切外界条件均属畜禽环境。畜禽对环境接受往往表现出被动状态，受制于人。

（4）畜禽环境卫生　是研究畜禽机体与外界环境之间相互作用规律的一门科学。其任务是研究外界环境因素对畜禽的作用和影响的基本规律，并依据这一规律制定利用、保护及改造环境的措施。

二、研究的内容和方法

（1）研究的内容　畜禽环境卫生是动物科学、动物医学、畜牧兽医和动物检验检疫等专业的一门专业基础课。以化学、物理学、气象学、微生物学、病理学和生理学等学科为基础，又与行为学、生态学、繁殖学、育种学和管理学等有密切的联系。其内容主要是研究空气、水、土壤及饲料、畜禽舍和畜禽场卫生的环境生理、环境控制和环境保护；讲述畜禽环境的组成，各环境因素的性质、相互关系、变化规律和对畜禽的影响；阐述畜禽场的合理规划和畜禽舍的设计理念及方法，为畜禽创造一个比较适宜的小气候；介绍如何消除外界污染物对畜禽场的影响和防止畜禽场对外界环境的污染。

(2)研究的方法　概括起来有三种：一是调查研究。通过调查了解各种环境因素的种类、性质、来源和变化规律及其对畜禽产生的影响。二是实验测试。从环境中采集的样本材料，进行定性定量测定。或以动物作为实验手段，以人为方法模拟某种环境条件，观察某一环境因子的不同数量和不同强度对畜禽的影响过程。三是统计分析。将调查研究和实验测试获取的数据信息，采用科学的统计方法加以分析，掌握环境因素的产生和变化及对畜禽作用的规律，以便制定改善和控制畜禽环境的方法措施。

三、畜禽环境因素

影响畜禽的环境因素很多，概括起来主要有物理因素、化学因素、生物因素和人为因素。

(1)物理因素　地球上适宜的气候是畜禽生存的必要条件。生活和生产环境中的空气温度、湿度、气流和气压等气象因子的各种变化、阳光中的电磁辐射等物理因素。均与畜禽的生活和健康有着密切关系。随着工农业的发展。环境的某些物理状态可能发生异常改变。如机器运转产生的噪声和震动；畜禽舍小气候调节不良，使室内温湿度大幅度升降和气流异变。都使环境的某些物理状态发生变化。

(2)化学因素　生物圈中空气、水和土壤的正常化学组成都是比较稳定的。环境中化学组成的相对稳定，是保证畜禽正常生理活动的必要条件。人为的或某种自然的原因，可使空气、水、土壤和饲料等化学组成发生异常变化，使环境中增添一些原来没有的或很少有的成分。如含汞废水污染了水源可使饮水中含汞量增加；使用含镉废水灌田，可使水稻茎、叶和谷米中含镉量显著增多；又如畜禽舍卫生不良，使舍内空气中产生的有害气体氨和硫化氢的含量达到危害畜禽的浓度等等。

(3)生物因素　生物环境包括动物、植物、昆虫和微生物等有机环境，它是指有机体之间的相互关系，即生物间的相互作用和影响。畜禽的有机环境除植物外，其他如野生动物的内外寄生虫和病原微生物等都对畜禽的生存和生产性能产生不同程度的影响。

(4)人为因素 人们给畜禽建立的牧地、牧场、畜禽舍及根据各种畜禽的特性进行不同的饲养、管理、训练和利用等等统归人为因素。畜禽生活的场所是人给予的,畜禽的日粮是人配制的,因此,提供什么样的饲养管理水平,畜禽的生长发育就表现什么样的状况。

总之,与畜禽生活和生产有关的一切外界环境条件都属于畜禽环境因素的范畴。

四、环境因素的二重性

环境因素对畜禽的影响呈现“有利”和“有害”的二重性。外界环境条件以各种方式和途径,单独地或综合地对畜禽机体产生作用。

(1)有利 外界环境是畜禽生存的必要条件,畜禽与外界环境不断地进行着物质和能量的交换,并在外界环境因素的刺激下,增强了机体的体质和提高了生产力。

(2)有害 外界环境也存在某些有害因素,对畜禽产生不良影响,导致畜禽发病和生产力水平下降。在有害因素的刺激下,当生理调节机能与有害因素的刺激保持平衡状态时,机体产生保护性反应或适应力。当机体反应能力低下或外界因素刺激的性质、数量和强度超过机体的适应力时,机体呈现病理状态。例如适度的太阳照射能对空气消毒和提高畜禽机体的抵抗力,促进新陈代谢、加强血液循环、调节磷、钙代谢等作用。但强烈的太阳辐射可能破坏热平衡而呈现有害效应,产生一系列的光照性疾病如皮肤癌、日射病等。

畜禽环境卫生就是研究如何创造和巩固良好的有利于畜禽健康和提高生产力的外界环境条件,而尽量消除所有对畜禽生理状况发生不良影响的有害因子。所以,一方面要依靠良好的外界环境条件,使畜禽具有良好的健康状况和高度的适应力及抵抗力;另一方面要控制和消除致病因子的存在,防止致病因子的发生而具有足以防御疾病的外界环境。

五、现代畜禽业环境卫生控制和保护技术的新进展

随着我国社会主义新农村建设不断发展,现代畜牧产业不断壮大,对畜禽环境又提出了新要求,环境控制和环境保护技术也有了新进展。

(1)环保指标具体化 国家环保总局颁布了《畜禽养殖业污染物排放标准》,使畜牧业环境保护有了明确的执行标准。《畜禽养殖业污染防治技术规范》和《畜禽养殖污染防治管理办法》的颁布使生产者和执法者有了行为准则。

(2)环境控制微机化 利用传感器将舍内环境变化的信号传入智能调节仪,调

节仪作出判断，根据预先设定好的程序，下达操作指令，电机接受指令后，调节进出风口控制板和加湿除湿、供热及空气循环装置，实现对畜禽环境调控的目的。

(3)控制设备系列化　为了实现环境调控便于微机操作和组织生产，将通风设备、湿垫降温设备及供热和刮粪设备等成批次，系列化的开发生产。

(4)畜禽养殖生态化　根据生态学和生态经济学原理组织畜禽生产，实现畜禽无污染和无废弃物生产。坚持以生态平衡为前提，保护环境为目的，处理粪尿为基础，增加产品为核心的原则；利用动物、植物和微生物的相互依存关系，借助现代生物技术，实现粪尿生态处理良性循环的人工生态模式。

第一章　空气环境卫生

知识目标

- 了解气象学的基本知识，掌握等热区、临界温度的概念及影响因素。
- 掌握太阳辐射、气温、气湿、气流、气压的变化规律及对畜禽的影响。
- 了解舍内的有害气体、微生物、尘埃和噪声的来源、危害。
- 掌握舍内的有害气体、微生物、尘埃和噪声的卫生学标准及防控措施。

技能目标

- 掌握舍内温度、湿度、风速及光照的测定方法。
- 掌握测定舍内的氨气、二氧化碳和硫化氢的浓度方法。

空气环境是动物赖以生存的重要环境。其中的气象因素易于产生变化，对畜禽影响大，是本课程研究的重点；而随着集约化养殖业的发展，空气中的有害气体、微生物、尘埃、噪声等对畜禽的影响日益加重，应给予足够的重视。

第一节　气象学的基本概念

地球表面包围着一厚层空气，谓之大气。它保护着地球，使其温度变化不过于剧烈。大气从地球表面垂直向上，按温度和密度差异分为三层，即：对流层、平流层和电离层，各层的位置和特点见表 1-1。

气象指的是大气对流层中所发生的冷、热、干、湿、风、云、雨、雪、雷、电、霜、雾等物理现象。而太阳辐射、气温、气湿、气压、气流、云量、雨量、降水等气象因素决定了气象。天气是气象因素在一定时间和空间内变化和作用的结果而综合呈现的大气物理状态。气候是某一地区多年所特有的综合天气情况。小气候是指由于地表性质不同，或因人类和生物的活动所形成的小范围内的特殊气候，如畜禽舍、牧场、温室均有各自独特的小气候。

表 1-1 大气按温度和密度在垂直方向的分层情况

各层名称	各层位置	各层特点
对流层	是紧挨地面的一层，其厚度随纬度和季节而变化，厚度范围为 8～18 km，纬度越高，厚度越小，气温越低，厚度也越小	对流层底部因靠近地面，此处的空气吸收地表的热量而上升，而上面的冷空气下沉，就产生了对流运动，因而谓之对流层，所有的天气变化几乎都发生在此层
平流层	位于对流层的顶部至 50～55 km 处	此层的空气以水平运动为主，且较平稳，空气较对流层稀薄很多，水汽、尘埃极少，此层在高15～35 km处，有约 20 km 的臭氧层，因臭氧能吸收太阳光中的短波紫外线，使平流层的温度升高
电离层	从平流层顶到 800 km 的高空	此层空气密度极小，在 120 km 处，声波已难以传播，该层气温很高，昼夜变化很大

因气象因素决定了畜禽的温热环境，而温热环境又直接决定了动物的健康状况和生产性能，所以下面对主要气象因素的基本概念、变化规律等进行论述。

一、太阳辐射

太阳是一个巨大的核反应器，在核聚变过程中产生的巨大能量以电磁波的方式辐射到广袤的宇宙，太阳辐射是地球表面光和热的主要来源，大气中所发生的所有物理现象都是太阳辐射所引起的。太阳辐射是生物体生命活动的源泉，也是造成天气变化的根本原因。

1. 太阳辐射光谱

太阳辐射的波长范围在 4～300 000 nm，但以 200～12 000 nm 的为主。太阳辐射按波长可划分为紫外线、可见光和红外线，具体的划分见表 1-2。

表 1-2 太阳辐射的光谱

辐射种类	波长/nm	辐射种类	波长/nm
红外线	300 000～760	绿	577～492
可见光	760～400	青	492～480
红	760～622	兰	480～455
橙	622～597	紫	455～400
黄	597～577	紫外线	400～4

2. 太阳射线的穿透力

太阳辐射作用于机体时，只有穿透组织后被机体吸收才能对机体起作用，太阳辐射对机体组织的穿透力与光波波长有关，见图 1-1。

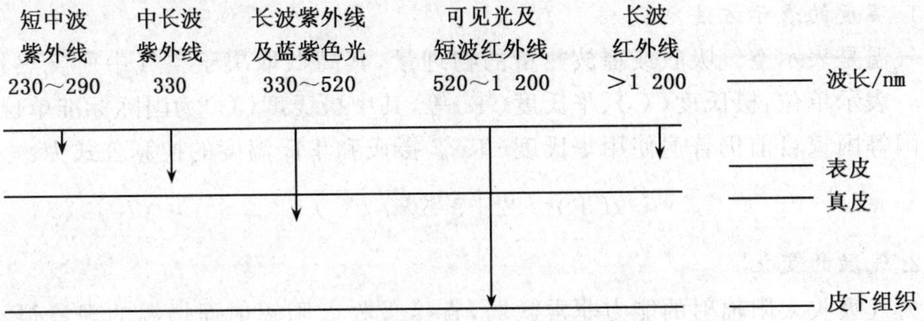

图 1-1　不同波长的太阳射线对机体组织的穿透力

3. 太阳辐射强度

它是单位时间内太阳垂直投射在单位面积上的辐射能。大气上界（没有大气吸收的情况）在日地平均距离（又称为一个天文单位，即 1.5 亿 km）处的太阳辐射强度，称为太阳常数，最新测得的数值为 8.16 J/(cm^2 · min)，受太阳周期活动的影响，数值可有 1%～2%的变化。

4. 太阳高度角（h）

指的是太阳射线与某一具体地点的水平面所构成的最小夹角。太阳高度角大，太阳辐射到地表所经过的大气层（大气路径）就比较薄，被反射、散射和被云雾、水汽等吸收的就少，地面得到的辐射量较多。气象学上把太阳高度角为 90°的大气路径叫一个大气量，用 $m=1$ 表示，太阳高度角为 30°时，$m=2$，高度角为 10°时，$m=5.76$。

太阳高度角的大小，还影响着太阳辐射在地面上的分布，$h=90°$时，太阳辐射集中在垂直照射的地面上，分布的面积小，单位面积所获得的热量多；h 小时，分布的面积大，单位面积所获得的热量少。

太阳高度角的大小取决于地理纬度、季节和一天的不同时间。纬度低的地区 h 大，纬度高的地区 h 小；同一地点，太阳高度角具有规律性的变化，从季节来说，夏季高，春秋居中，冬季低；一天中，中午 12 点最高，早、晚较低。太阳高度角的变化，是不同季节和各个时辰之间温度发生变化的根本原因。

二、气温

(一)气温的概念

1.温度的表示方法

气温是表示空气吸收或释放热量的物理量，其高低取决于空气中所含热量的多少。表示单位：摄氏度(℃)、华氏度(℉)等，其中摄氏度(℃)为国际标准单位，但在英国等国家目前仍普遍使用华氏度(℉)。摄氏和华氏温度的换算公式为：

$$t(℉)=32+9/5\times t'(℃)$$

2.气温的变化

大气吸收太阳辐射的能力非常微弱，直接吸收太阳辐射而增温的现象很不明显，一般只有0.015～0.02℃，大气空气中热量主要来源于太阳辐射经大气减弱后到达地面的太阳辐射，除被地面反射一部分外，其余被地面吸收使地面增热，地面再通过辐射、传导、对流把热量传给空气。所以，地增热是大气的直接而主要的热源。因太阳辐射强度在一年和一天的不同时间存在着较大差异，所以气温也有明显的日变化和年变化。

(1)气温的日变化　近地层空气的温度变化主要决定于太阳高度角、天气和下垫面(陆面或水面)情况。距地面愈高，气温的日变化愈小；湿润下垫面的上方空气层气温日变化要比干燥地段上方小得多；阴雨天时气温日变化比晴天小得多；风速加强也可使气温日变化减小。

一天中，最高气温一般出现在14:00～15:00，最低温度出现在日出之前。但由于季节和天气的影响，也可能提前或推后。

(2)气温的年变化　气温年变化受纬度、距海远近、云量和雨季等因素的影响。

在赤道和低纬度处，由于一年中太阳高度角变化不大，所以气温年较差较小；纬度越高，冬夏气温差异越大，即气温的年较差随纬度的增高而增大；水的特性决定了海洋具有升温与降温缓和的特点，故距海洋近的地方气温年较差小，越向大陆中心则气温年较差越大；云量多的地区年较差小。雨季出现的时间，还影响最热月和最冷月出现的时间，一般最热月为7月，最冷月为1月；海洋气候地区最热月为8月，最冷月为2月。

(3)气温的垂直分布　在近地空气层中，温度的垂直分布有明显的日变化。温度垂直分布的特点用温度垂直梯度(或气温递减率)表示。气温垂直梯度是指高度每变化100 m，气温的变化数值(℃/100 m)，梯度值为正值时，表示气温随高度的升高而递减；梯度值为负值时，表示气温随高度的升高而递增。

温度垂直梯度的大小，随下垫面条件而异，沙漠和干裸壤土上的温度梯度远比有浅草覆盖的潮湿土壤上为大，陆地上的气温垂直梯度比海洋上的大。晴朗无风时垂直梯度大，阴而有风时垂直梯度小。

(二)舒适区、等热区、临界温度及影响因素

1. 舒适区

在一定温度环境中，机体产热几乎等于散热，动物不需进行热调节即可保持体热平衡，这个环境温度范围称为“舒适区”，见图 1-2。

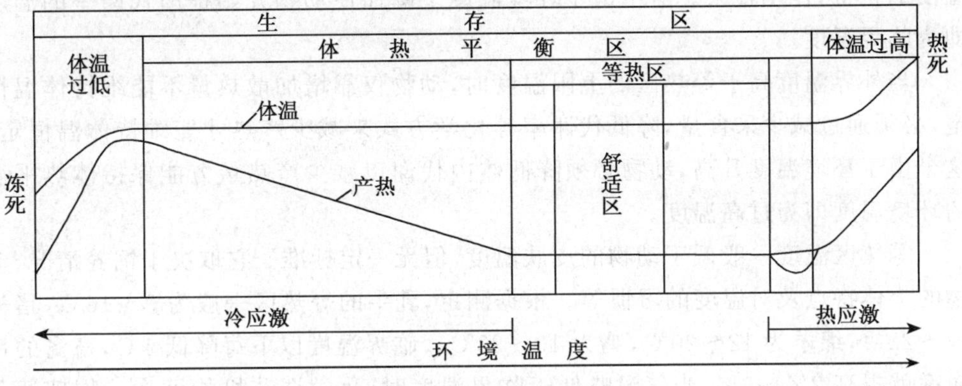

图 1-2　环境温度与畜禽代谢产热及体温的关系

(李震钟. 家畜环境卫生学附牧场设计. 1993)

2. 等热区

等热区是指恒温动物只需经过物理(散热)调节即能维持体温恒定的外界环境温度范围。等热区的上限温度称为上限临界温度或过高温度，下限温度称为下限临界温度或临界温度。

环境温度高于或低于舒适区而又在等热区范围内变化时，机体只需进行物理调节就能维持体热平衡和体温正常，当温度升高时，动物通过扩张皮肤血管，增加皮肤血流量，加强汗腺活动，加快呼吸，舒展肢体增加散热面积等热调节方式来增加体热的散发；当气温下降时，动物通过收缩皮肤血管，减少皮肤血流量以降低皮温，汗腺停止活动，减少蒸发散热，肢体蜷缩减少散热面积，被毛逆立增加被毛隔热层的厚度等热调节途径来减少散热量。因而把这种热调节叫做物理调节或散热调节。

当环境温度超出等热区而升高或降低时，仅靠物理调节已不能保持体热平衡，机体必须提高或降低代谢率以增加或减少产热，才能保持体热平衡和正常体温，此种靠增强或减弱化学反应来增减产热的热调节方式称为化学调节。

当气温低于等热区的下限温度时，动物仅靠减少散热已不能保持体温恒定，而需同时增加产热量，表现为肌肉紧张度提高、肌肉颤抖，使产热量提高 2～5 倍以快速增加产热量，此为颤抖产热，但这种方式产生的热量大部分释放于体表，对保持深部体温作用有限，且有效时间较短。随着冷应激时间延长，活动量和采食量增加，体内的代谢增强，使产热量增加，此为非颤抖产热，它对于保持体热平衡和深部温度的正常，作用较大。这个由于环境温度下降而使动物开始提高代谢率的温度即为临界温度。

当外界温度高于等热区的上限温度时，动物仅靠增加散热量不能维持体温恒定，必须通过减少采食量，降低代谢率等化学方式来减少产热才能维持体温恒定。这个由于环境温度升高，动物必须降低体内代谢以减少产热量方能保持体热平衡的环境温度即为过高温度。

等热区温度一般低于动物的皮肤温度，但无一定标准。它取决于饲养情况，动物的个体特点及对温度的习惯等。根据测定，乳牛的等热区一般为 9～16℃，猪为 17～22℃，绵羊为 12～20℃，鸡为 10～23℃。临界温度以下每降低 1℃，畜禽的代谢率就提高 2%～5%，当气温略低于临界温度时，化学调节机能可弥补物理调节的不足，使体温仍保持稳定，气温过低时，体内外温差过大，散热量太多，产热量之增加已不能弥补散热量之大幅度增多，于是，散热超过产热，引起体温降低，严重者甚至死亡。

呼吸、脉搏、皮温和体温是动物对于环境温度适应情况的重要指标。借助这些指标可了解动物体内热代谢的状况、发展趋势及动物对于温度条件的适应能力。

3. 影响等热区和临界温度的因素

畜禽临界温度的高低，取决于产热的多少和散热的难易，所以凡能影响畜禽产热和散热的一切内外因素，都会影响畜禽的等热区，概括起来主要有下列影响因素：

(1)物种和品种　一般体型较大，每单位体重体表面积较小的动物，较耐低温，而不耐热，临界温度较低。在完全饥饿状态下测定的临界温度：小白鼠 29～30℃，大白鼠 28℃，鸡 28℃，兔 27～28℃，猪 21℃，阉牛 18℃。

(2)年龄和体重　临界温度随年龄和体重的增大而下降，幼龄畜禽的等热区较窄，临界温度较高。

(3)皮毛状态　被毛绵密或皮下脂肪较厚的动物，等热区较宽，临界温度较低。

(4)营养和健康状况　营养状况好、未生病的动物等热区较宽，临界温度较低。当动物体内贮积较少，皮下脂肪较薄时，较不耐寒；患病的动物等热区较高而窄，更不耐寒。因此，对营养不良及生病的个体，须注意防寒。

(5)营养水平　营养水平愈高，体增热愈多，加之高营养水平可提供更多的能量保障产热的需要，可使等热区(尤其是临界温度)降低。

为保证动物的健康和生产，一般冬、夏季均宜在早、晚饲喂，因为，冬季早晚气温较低，饲喂后的体增热可防止饥寒交迫而缓解冷应激，必要时可考虑加一次夜饲；而夏季早晚气温较低，此时饲喂可减轻因食后增热而加剧的热应激，要尽量避开 10:00～16:00 气温较高时饲喂。

(6)生产力　泌乳、产蛋、劳役、生长、肥育等生产畜禽，不但需供给较多的饲料，且在生产过程中代谢率亦提高，因而临界温度较低，例如，日产奶 9.5 kg 的乳牛临界温度为－6℃，日产奶 19 kg 者为－18℃。

(7)对气候的适应性　寒冷地区动物的临界温度较低，炎热地区则相反。一般热带动物的临界温度为 20～30℃，寒带动物则很低，等热区很宽，如爱斯基摩犬，白狐和北极鸥的临界温度为－30℃，等热区在－30～30℃。这主要与被毛的高度保温性能有关。

(8)饲养管理情况　一般临界温度都是个体动物在实验室的条件下测定的。若群饲，当气温下降时，动物可相互拥挤，减少散热面积，且可相互取暖，能显著降低临界温度。可见，冬季适当加大饲养密度，防止贼风，使用垫料，及时清粪尿，保持畜床干燥等，都是有效的防寒措施。

(9)其他气象因素　除温度外，湿度、气流和热辐射等其他热环境因素也对动物的等热区产生重要影响，在不同温度(特别是高、低温)情况下，这些因素对动物的体热调节直接产生影响。

三、空气湿度

在任何温度下，空气中都含有水汽。空气中的水汽来源于海洋、江湖等水面和植物、潮湿土壤等的蒸发。表示空气潮湿程度的物理量称“空气湿度”，简称气湿。气湿常用下列指标表示。

1.水汽压

大气中水汽所产生的分压，用 Pa 表示。大气中水汽含量的最大值在一定温度下是一个定植，超过这个值，多余的水汽就凝结为液体或固体。当大气中水汽含量达最大值时为"饱和空气"，这时称"饱和水汽压"，该值随气温的升高而增大，见表 1-3 。

表 1-3 不同温度下的饱和水汽压和饱和水汽重

温度/℃	−10	−5	0	5	10	15	20	25	30	35	40
饱和水汽压/Pa	287	421	609	868	1 219	1 689	2 315	3 136	4 201	5 570	7 316
饱和水汽重/(g/m^3)	2.16	3.16	4.85	6.80	9.40	12.83	17.30	23.05	30.57	39.60	51.12

（李震钟.家畜环境卫生学附牧场设计.1993）

2.绝对湿度

绝对湿度指单位体积空气中所含水汽的质量，用 g/m^3 表示。它直接表示空气中水汽的绝对含量，其在一定温度时的饱和水汽重见表 1-3。

3.相对湿度

空气中实际水汽压与该温度下饱和水汽压之比，用百分数表示，是最常用的指标，通常用 RH 表示。

$$相对湿度=\frac{实际水汽压}{饱和水汽压}\times 100\%$$

4.饱和差

在某一温度下饱和水汽压与空气中实际水汽压之差。饱和差越大，表示空气越干燥，否则相反。

5.露点

空气中水汽含量不变，且气压一定时，因气温下降而使空气中水汽达到饱和，这时的温度称为露点，空气湿度越大，露点越高。

空气湿度的变化与温度有密切关系，温度高时蒸发量大，所以绝对湿度升高，这时因饱和水汽压上升的幅度更大，所以饱和差反而增大，相对湿度反而降低；反之，温度降低时，绝对湿度下降，相对湿度反而升高。如凌晨时，气温较低，空气往往达到饱和，因而出现露、霜和雾。

动物皮肤表面的湿度指标称为"生理湿度指标"。生理湿度指标都高于气象湿度指标。因为皮肤或被毛表面的空气从动物的皮肤上吸取热量和水分，生理湿度指标可以说明动物体直接所处的小气候环境，这个环境决定着机体的湿热感觉，也决定着机体的散热过程。

四、气流

(一)气流的形成原因

因各地的温度不同,造成空气的密度不同,空气从密度大处向密度小处流动,即空气从低温处流向高温处,空气的这种水平流动叫做风。

(二)空气运动状态的评定

有两个指标,即风向和风速:

1. 风向

即风吹来的方向,通常用 8 个或 16 个方向来表示。

$$\text{某方向的风向频率}=\frac{\text{某方向的风在一定时间内出现的次数}}{\text{各方向风在该时间内出现的次数和}}\times 100\%$$

某地区风向在一定时间内的变化情况,可以用风向频率图表示,见图 1-3。风向频率图有年、季和月等,它可以表明在某地方一定时间内的主风向,其对于牧场场址的选择,确定建筑物的布局和进行畜舍设计,都有重要参考价值。

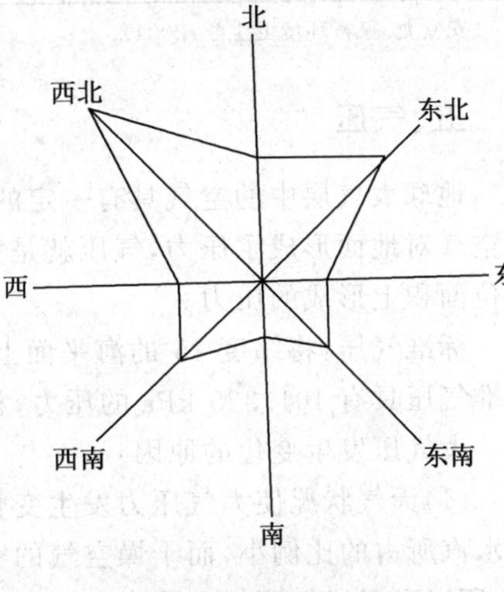

图 1-3　风向玫瑰图

(李如治.家畜环境卫生学.2003)

2. 风速

风在单位时间内的行程,单位 m/s。也可根据风速将风分为 13 级,用这些等级来表示风的强弱,见表 1-4。

舍内风的来源:门窗的开关、通风、缝隙、畜禽的呼吸及散发体热而引起。冬季保温能力好的畜舍在密闭时,因各个部位的空气温差小,空气运动的速度一般不超过 0.25 m/s;但保温能力不好的畜舍,空气运动的速度可达 0.6 m/s 以上。

表 1-4　风力等级表

风级	风速/(m/s)	地物征象
0	0～0.2	静、烟直上
1	0.3～1.5	烟能表示风向,但风向标不能转动
2	1.5～3.3	人面感觉有风,风向标能转动,树叶有微响

续表 1-4

风级	风速/(m/s)	地物征象
3	3.4～5.4	旌旗展开,树叶及微枝摇动不息
4	5.5～7.9	树的小枝摇动,能吹起地面灰尘及纸张
5	8.0～10.7	有叶的小树摇动,内陆水面有小波
6	10.8～13.8	大树枝摇动,电线呼呼有声,举伞困难
7	13.9～17.1	全树摇动,大树枝弯下来,迎风步行感觉不便
8	17.2～20.7	可摧毁树枝,人向前行感觉阻力甚大
9	20.8～24.4	烟囱及平屋顶受到损坏,小屋遭受破坏
10	24.5～28.4	陆上少见,可将树拔起,或将建筑物摧毁
11	28.5～32.6	陆上很少,有则必有重大损失
12	＞32.6	陆上极少,其摧毁力极大

(安立龙.家畜环境卫生学.2004)

五、气压

地球大气层中的空气具有一定的质量,同时空气的运动对地面产生冲击力,因此空气对地面形成了压力,气压就是大气重力和空气运动的综合作用对地球表面单位面积上形成的压力。

标准气压:将纬度45°的海平面上,温度为0℃时的大气压作为标准气压,一个标准气压具有101.325 kPa的压力,相当于1 cm^2 表面上承受1 033.2 g的重量。

大气压发生变化的原因:

(1)天气状况使大气压力发生变化,晴天时因大气中干燥空气所占的比例高,而水汽所占的比例小,而干燥空气的密度较水汽大,因而气压高;而阴雨天时气压低,所以可通过气压的变化来预测天气的好坏,但因天气变化所造成的气压变化不会超过3 333 Pa,对畜禽无直接影响。

(2)气压随海拔的升高而降低。海拔愈高,空气的密度和组成空气的每一种气体的分压愈低因而压力越低。

技能训练　空气气象指标的测定

【目的要求】

熟悉空气环境气象指标测定仪器的工作原理,掌握空气环境气象指标的测定方法及测点的选择，为畜禽舍的温热环境评价打基础。

【材料器具】

玻璃液体温度计、最高最低温度计、自记温度计、温度计支架等；干湿球温度计、通风干湿球温度计、毛发湿度计；热球式电风速仪、卡他温度计、叶片式微风速计；水银气压计、空盒气压计；照度计。

【内容方法】

(一)气温的测定

1.玻璃液体温度计用法

最常用、最简单的一种，可以用来测定任一时刻的温度变化的仪器。制作温度表的玻璃是经过热处理和陈化过的，以防止日久玻璃变化变形引起温度表零点移位。

(1)构造 玻璃液体温度计由温度感应部和温度指示部组成，感应部为容纳温度计液体的薄壁玻璃球泡，指示部为一根与球泡相接的密封的玻璃细管，其上部充有足够压力的干燥惰性气体，玻璃细管上标以刻度，以管内的液柱高度指示感应部温度。

(2)原理 液体温度计的工作取决于液体的膨胀系数。当感应部温度增加就引起内部液体膨胀，液柱上升，感应部内的液体体积的变化可在细管上显示出液柱高度变化。

常用的温度计液体为水银或酒精，故有水银温度计或酒精温度计之称。水银具有比热小，导热快，易以提纯，沸点高，蒸汽压力小，不透明易读数等优点，以及内聚力大与玻璃不发生浸润，所以水银温度表灵敏度和准确度都较好。但由于冰点高(－38.9℃)，所以不利以测低温，通常制成最高温度表。酒精具有膨胀系数不够稳定，纯度差，易蒸发，以及与玻璃发生浸润等缺点，但却具有冰点低(－117.3℃)的特点，所以用来测量低温比较适宜。可用来测量－80℃，通常制成最低温度表。易于着色，常用复红染成红色，便于观察。

气温的表示方法一般用摄氏(℃)和华氏(℉)温度。摄氏温度以冰点为0℃，沸点为100℃，中间分为100等份；华氏温度以冰点为32℉，沸点为212℉，中间分为180等份。摄氏和华氏温度的换算公式如下：

$$t(℉)=32+9/5\times t'(℃)$$

(3)测定步骤

①将温度计悬挂在被测地点，经5～10 min后读数。读数时视线应与温度计

标尺垂直，水银温度计按凸出弯月面最高点读数，酒精温度计按凹月面的最低点读数。读数应快速准确，避免人的呼吸气和人体热辐射影响准确性。先读小数位，后读整数位。

②舍内温度测定的位置一般在畜禽舍的中央，距地面的高度以畜禽头部高度为准。防止热源辐射的影响，马厩及牛舍为1～1.5 m，猪舍及羊舍为0.5 m，鸡舍(平养鸡舍)为0.2 m。为了了解舍内各部位的温度差和平均舍温，应尽可能多设测点，测定其水平温差和垂直温差。在水平上采用三点斜线或五点梅花形测定点方法，即除舍中央测点外，沿舍内对角线于舍两角取2点共3个点，或在舍四角取四个点共5个点进行测定。各点应设在距墙面0.25 m处。在每个点又可设垂直方向3个点，即距地面0.1 m处，舍高度的1/2处和天棚下0.2 m处。此外，还可选择不同位置进行测定。

③零点位移误差的订正。由于玻璃热后效应，玻璃液体温度计零点位置应经常用标准温度计校正，如零点有位移时，应把位移值加到读数上。

(4)结果计算

$$T_{实} = T_{测} + d$$

式中：$T_{实}$ 为实际温度(℃)；$T_{测}$ 为测得温度(℃)；d 为零点位移。

$$d = a - b$$

式中：a 为温度计所示零点(℃)；b 为标准温度计校准的零点位置(℃)。

2.最高最低温度计用法

用以测定某段时间内的最高温度和最低温度。

(1)构造　由U形玻璃管构成。底部充满水银，左侧管上部充满酒精，右侧管上部及球部的上部为气体。两侧管内的水银面上方各有一蓝色含铁游标，游标两侧有弹簧卡在管壁上，以稳定游标的位置。如图1-4所示。

(2)原理　当温度上升时，左侧管内酒精膨胀，压迫水银柱向右侧移动，同时推动右侧水银面上方的游标上升。温度下降时，左侧管内的酒精收缩，右侧球部的受压气体迫使水银向左侧移动，左侧管内水银面上方的游标被推动上升，右侧的游标则停留在原地不动。因此，左侧游标的下端即指示出过去某段时间内的最低温度，右侧游标的下端指示出某段时间内的最高温度。

(3)测定步骤　观测前后，用磁铁将两个游标吸引至与水银面接触为止。最低温度为左侧游标的下端所指示的温度，最高温度为右侧游标的下端所指示的温度。

(4)结果计算　同玻璃液体温度计法。

3. 自记温度计用法

自动记录气温连续变化的仪器，从记录纸上可获得任何时间的气温、极端值及出现的时间。可分周记和日记两型。

(1)构造　主要由感温器、杠杆传递放大部分和自记部分(图 1-5)。感温器是一个弯曲的双层金属薄片，一端固定，一端连接杠杆系统。当气温升高时，由于两种金属的膨胀系数不同，使双金属薄片稍伸直；气温下降时，则稍弯曲，通过杠杆，使记录笔升降而将温度变化曲线划在自记纸上。自记钟的内部构造与钟表相同，上发条以后每日或每周转一圈，钟筒外装上记录纸，此纸与笔尖相接触，因而可划出一日或一周的气温曲线。记录笔笔杆与杠杆系统相连，笔头有贮藏墨水的水池，笔尖与圆筒上的记录纸接触，随着记录圆筒的转动而划出温度曲线。这种温度计没有水银温度计精确，因此，需要经常用水银温度计校正。

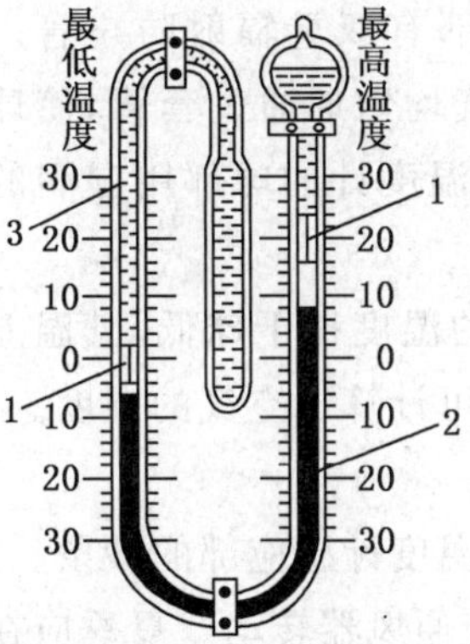

图 1-4　最高最低温度表

1. 游标；2. 水银；3. 酒精

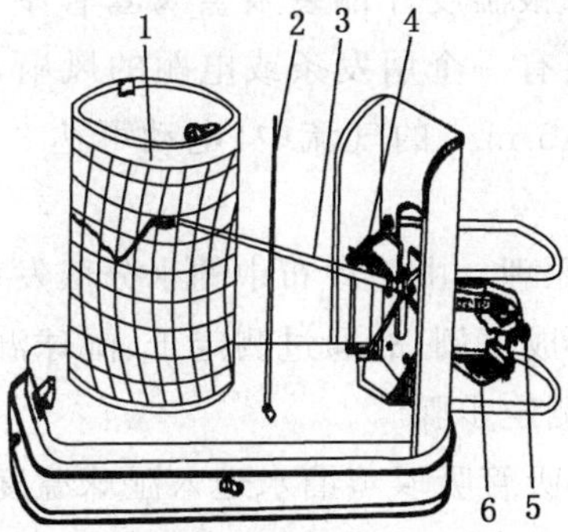

图 1-5　自记温度计

1. 自记钟；2. 笔挡；3. 笔杆；4. 杠杆；5. 调整螺丝；6. 双金属片

(2)原理　温度变化后，热胀冷缩，感应部分的金属片发生变化，伸长或缩短，此变化通过杠杆带动自记笔上下运动，同时，由于自记钟不停旋转，便在自记纸上画出一条曲线。

(3)测定步骤　将外罩打开，从记纹鼓上拿出夹纸弹簧，换上新的记录纸，用纸夹固定，旋转固定螺丝使笔尖指示当时温度后放于被测地点。

(4)结果计算　同玻璃液体温度计法。

(二)气湿的测定

1. 干湿球温度计用法

(1)构造　由两支形状、大小、构造相同的温度计组成，其中一支的球部裹有湿润的纱布，称为湿球温度计，另一支不裹湿润纱布，称为干球温度计。

(2)原理　干球温度计表示空气的实际温度，湿球温度计因水分蒸发，其温度比干球温度低，其相差度数与空气中相对湿度成一定比例。

(3)测定步骤

①将湿球温度计纱布润湿后固定于测定地点 15～30 min 后，观察两者的温度。先读湿球温度，再读干球温度，计算二者的差数。

②转动干湿球温度计上的圆滚筒，在其上端找出干、湿球温度的差数。

③在实测干球温度的水平位置作水平线与圆筒竖行于湿差相交点读数，即相对湿度百分数。

2. 通风干湿球温度计用法

(1)构造　常用的是阿斯曼通风干湿球温度计。这种温度计是将两支完全相同的水银温度计都装入金属套管中，水银温度计球部有双重辐射防户管。套管顶部装有一个用发条或电驱的风扇，启动后抽吸空气均匀地通过套管，使球部处于≥2.5 m/s 的气流中(电动可达 3 m/s)，其中一支温度计的球部用湿润的纱布包裹。

(2)原理　由于纱布中的水分蒸发散热，因而湿球的温度比干球低，其温差与空气湿度成比例，故通过测定干、湿球温度计的温度差，可计算出空气的湿度。

(3)测定步骤

①用吸管吸取蒸馏水送入湿球温度计套管盒，湿润温度计感应部的纱条。

②上满发表，如用电动通风干湿表则应接通电源，使通风器转动。夏季应在测量前 15 min，冬季应在测量前 30 min，将仪器放在测定点，使仪器本身温度与测定点温度一致。

③通风 5 min 后读干、湿温度计所示温度。读数时，先读干球温度，后读湿球温度，先读小数后读整数。

(4)结果计算

$$e=E'-\alpha(t-t')p$$

式中：e 为水汽压，hPa；E' 为湿球所示温度下的饱和水汽压(表 1-5)；α 为系数(因气流而定，表 1-6)；t 为干球温度，℃；t' 为湿球温度，℃；p 为测定时的气压，hPa。

$$r=\frac{e}{E}\times 100\%$$

式中：r 为相对湿度(%)；e 为水汽压(hPa)；E 为干球所示温度下的饱和水汽压(表 1-5)。

表 1-5　不同温度时的最大水汽压　　hPa

℃	0.0	0.1	0.2	0.3	0.4	0.5	0.6	0.7	0.8	0.9
−5	4.2	4.2	4.1	4.1	4.1	4.1	4.0	4.0	4.0	3.9
−4	4.5	4.5	4.5	4.5	4.4	4.4	4.3	4.3	4.3	4.2
−3	4.9	4.9	4.9	4.8	4.7	4.7	4.7	4.6	4.6	4.6
−2	5.3	5.2	5.1	5.1	5.1	5.1	5.0	5.0	5.0	4.9
−1	5.7	5.6	5.6	5.5	5.5	5.5	5.4	5.4	5.3	5.3
0	6.1	6.2	6.2	6.3	6.3	6.4	6.4	6.5	6.5	6.6
1	6.6	6.6	6.7	6.7	6.8	6.8	6.9	6.9	7.0	7.0
2	7.1	7.1	7.2	7.2	7.3	7.3	7.4	7.4	7.5	7.5
3	7.6	7.6	7.7	7.7	7.8	7.9	7.9	8.0	8.0	8.1
4	8.1	8.2	8.2	8.3	8.4	8.4	8.5	8.5	8.6	8.7
5	8.7	8.8	8.8	8.9	9.0	9.0	9.1	9.2	9.2	9.3
6	9.3	9.4	9.5	9.5	9.6	9.7	9.7	9.8	9.9	9.9
7	10.0	10.1	10.1	10.2	10.3	10.3	10.4	10.5	10.5	10.6
8	10.7	10.8	10.8	10.9	11.0	11.3	11.1	11.2	11.3	11.4
9	11.4	11.5	11.6	11.7	11.7	11.8	11.9	12.0	12.1	12.2
10	12.2	12.3	12.4	12.5	12.5	12.6	12.7	12.8	12.9	13.0
11	13.1	13.1	13.2	13.3	13.4	13.5	13.6	13.7	13.8	13.9
12	13.9	14.0	14.1	14.2	14.3	14.4	14.5	14.7	14.7	14.8
13	14.9	15.0	15.1	15.2	15.3	15.4	15.5	15.6	15.7	15.8
14	15.9	16.0	16.1	16.2	16.3	16.4	16.5	16.6	16.7	16.8
15	16.9	17.0	17.1	17.3	17.4	17.5	17.6	17.7	17.8	17.9
16	18.1	18.2	18.3	18.4	18.5	18.6	18.7	18.9	19.0	19.1
17	19.2	19.3	19.5	19.6	19.7	19.8	20.0	20.1	20.2	20.3
18	20.5	20.6	20.7	20.9	21.0	21.1	21.3	21.4	21.5	21.7
19	21.8	21.9	22.1	22.2	22.3	22.5	22.6	22.8	22.9	23.0
20	23.2	23.3	23.5	23.6	23.8	23.9	24.1	24.2	24.4	24.5
21	24.7	24.8	25.0	25.1	25.3	25.4	25.6	25.7	25.9	26.1
22	26.2	26.4	26.5	26.7	26.9	27.0	27.2	27.3	27.5	27.7
23	27.9	28.0	28.2	28.4	28.5	28.7	28.9	29.1	29.2	29.4

续表 1-5

℃	0.0	0.1	0.2	0.3	0.4	0.5	0.6	0.7	0.8	0.9
24	29.6	29.8	29.9	30.1	30.3	30.5	30.7	30.9	31.0	31.2
25	31.4	31.6	31.8	32.0	32.2	32.3	32.5	32.7	32.9	33.1
26	33.3	33.5	33.7	33.9	34.1	34.3	34.5	34.7	34.9	35.1
27	35.3	35.5	35.8	36.0	36.2	36.4	36.6	38.8	37.0	37.3
28	37.5	37.7	37.9	38.1	38.4	38.6	38.8	39.0	39.2	39.5
29	39.7	39.9	40.2	40.4	40.6	40.9	41.1	41.3	41.6	41.8

表 1-6 湿度表的系数值

气流速度/(m/s)	系数值/α	气流速度/(m/s)	系数值/α
0.13	0.001 30	0.80	0.000 80
0.16	0.001 20	2.30	0.000 70
0.20	0.001 10	3.00	0.000 68
0.30	0.001 00	4.00	0.000 67
0.40	0.000 90		

(三)气流的测定

1. 舍外风向的测定

常用方向仪直接测定风向。方向仪是一个尾部分叉,可以旋转的箭形仪器,安装在垂直的主轴上。当起风时压力加于分叉的尾部,因此前端指针就正指着气流的来向(风向),如指针向东南即为东南风。

为了表明某一地区、一定时间内不同风向的频率,可根据气象站记录资料绘制成风向玫瑰图。

2. 舍内风向的测定

畜禽舍内气流较小,可用氯化氨烟雾来测定气流方向,即用两个口径不等的玻璃皿(杯),其中一个放入氨液,另一个加入浓盐酸,各 20～30 mL,将小玻璃皿放入大玻璃皿中,立即可产生氯化氨烟雾而指示出舍内气流的方向。应用蚊香、纸烟燃点后的烟流也可指示舍内气流方向。

3. 热球式电风速仪用法

是一种新型的测量风速的仪表,可以测量 0.05～10.0m/s 的微风速(图 1-6)。

(1)结构　由热球式测杆探头和测量仪表两部分。

(2)原理　仪器的探头部装有热电偶的热端，利用热电偶在不同风速时其热端散热量大小不同，其温度下降的程度不同，风速小时则下降的程度小，反之，下降的程度大。下降程度的大小通过热电偶在电表上指示出来，根据电表读数查校正曲线求得实际风速。

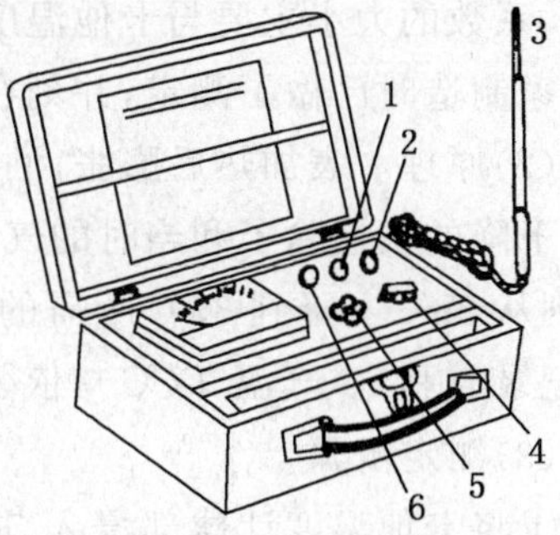

图 1-6　热球式电风速仪

1. 零位粗调；2. 零位细调；3. 测杆探头；4. 校正开关；5. 测杆插座；6. 满度细调

(3)测定步骤

①将校正开关置于“断”的位置。

②插上测杆，测杆垂直放置。将校正开关置于“满度”位置，慢慢调整“满度”旋钮，使表的指针在满度位置。

③将校正开关置于“零位”位置，调整“粗调”和“细调”两旋钮，使电表指针在零点位置。

④轻轻拉动测杆塞，使测杆探头露出，测杆拉出的长短，可根据需要选择。将探头上的红点面向来风方向，读取电表指针的读数为指示风速。

⑤每测量 5～10 min 后，需要重复②～④步骤进行校正工作。

⑥测量完毕，将测杆塞压紧，使探头密闭于测杆内，并将校正开关置于“断”的位置。仪表不用时，应将电池取出，以免电池潮解而损坏仪表。

(4)结果计算　根据仪表读数查阅校正曲线，求出风速。

4. 卡他温度计用法

(1)构造　分为球部、毛细管部和顶部安全球三部分(图 1-7)，其中毛细管部有两个刻度，常温卡他温度计的上刻度为 38℃，下刻度为 35℃，测定范围气温小于 30℃；高温卡他温度计的上刻度为 54.5℃，下刻度为 51.5℃，测定范围气温 29～42℃。

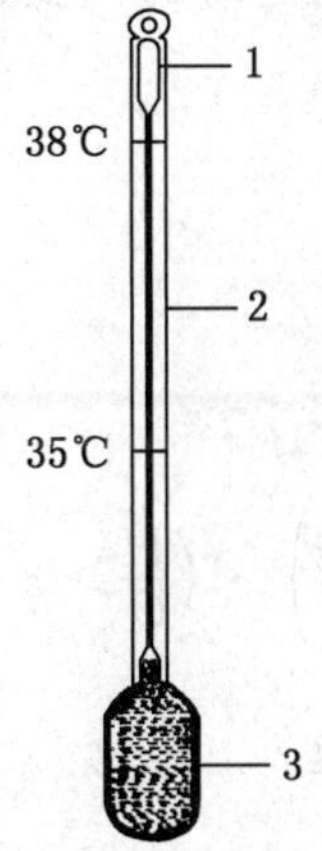

图 1-7　卡他温度表

1. 顶部安全球；2. 毛细管；3. 球部

毛细管背面上端刻有 F 为卡他系数，即管内酒精从 38℃下降到 35℃(或从 54.5℃下降到 51.5℃)时，从球部表面 1 cm^2 所散失热量的毫卡数。即 $F=M/S$(M 为总散热量，S 为球部面积)。系数的大小主要与卡他温度表球部的特性有关,不同的表则 F 值也不同,生产厂家制造时已做了测定,并刻在卡他温度表的背面。

(2)原理　表加热后膨胀,酒精上升到顶部安全球。分开热源酒精受冷回缩。酒精下降的快慢除了和当时的气温有关外,并且和气流有很大关系:气流大,散热快,则从38℃下降到35℃所需的时间少;反之,气流小,散热慢,下降所需的时间长;记录 t(秒)。气温 T(℃),依公式可求出风速。

(3)测定步骤

①将卡他温度计球部浸入50～80℃的热水中,使酒精上升到顶部安全球的1/2～2/3处。

②将卡他温度计从热水中取出用纱布擦干,悬挂于测定点,然后用秒表记录酒精液面从上刻度下降至下刻度需要的时间,如此反复记录四次,舍去第一次不计,取其余三次的平均值即为冷却时间(T)。根据需要,可选取3～5个点,分别进行测定。

(4)结果计算

①求出空气冷却值(H)。

$$H=F/T$$

式中:H 为空气冷却值;F 为卡他温度表系数;T 为酒精自上刻度38℃下降至下刻度35℃所需的时间,s。

②求出卡他温度计上、下两个刻度的平均温度,记录测定时的气温(t),并求出两刻度平均温度与测定时气温的差值(Q):

常温卡他温度计为:$Q=(38+35)\div 2-t=36.5-t$

高温卡他温度计为:$Q=(54.4+51.5)\div 2-t=53-t$

③公式计算法:$H=\dfrac{F}{T}$

$$v_1=\left(\frac{\frac{H}{Q}-0.2}{0.4}\right)^2 \quad \left(\frac{H}{Q}<0.6\right) \qquad v_2=\left(\frac{\frac{H}{Q}-0.13}{0.47}\right)^2 \quad \left(\frac{H}{Q}>0.6\right)$$

式中:$Q=36.5$(℃)$-t$,t 为测定时的气温,v_1 和 v_2 为风速。

(四)气压测定

1.水银气压表法

(1)原理　水银气压表为一上端封闭,下端开口的真空玻璃管,其下端浸在盛有水银的杯内，大气压力作用于水银杯中的水银面上，使水银升入真空玻璃管中，水银柱就能随大气压的高低而上升或下降，其水银柱的高低，可从玻璃管外的金属套管上的标尺及游标尺读出。

(2)仪器　动槽式水银气压表

(3)测定方法

①校正零点　轻击套管，转动水银槽底部的螺丝，使水银面与指示刻度零点的象牙指针尖刚好接触。

②旋动游标尺，使其和水银的凸面对齐，先读整数，小数位的读数是游标和主尺对齐的数值。

2. 空盒气压表法

(1)由感应、传递和指示三部分组成。

(2)原理　因金属空盒(盒内近于真空)随气压高低的变化而压缩或膨胀的特性测量大气压强。用弹簧片和近于真空的弹性金属空盒平衡，被压缩或膨胀时，通过传递放大，把伸张运动传给指针，可直接指示气压值。

(3)测定方法

①仪器校准　空盒气压表每隔 3～6 个月校准一次。校准可用水银气压表进行比较，求出空盒气压表的修订值。

②测定　打开空盒气压表盖，轻敲盒面(克服空盒气压表内机械摩擦)，待指针静置后读数，读数时视线需垂直于刻度面。

(五)照度的测定(见技能训练：畜禽舍采光的测定和人工照明的方案设计)

1. 原理

照度的测定是利用光敏半导体元件的物理光电现象制成的，当外来光线照射到硒光电池后，硒光电池即将光能转变为电能，光能不同，电流不同。

2. 仪器

照度计。

3. 测定方法

(1)测定点的选择

①整体照明：无特殊要求时，测定面的高度一般为地面以上 80～90 cm，一般以每 100 m^2 布 10 个点为宜。

②局部照明：在场所狭小或无特殊需要的局部照明情况下，可测量其中有代表性的一点。因有时是局部照明和整体照明兼用的，在测定时，整体照明的灯光是开

着还是关闭，要根据实际情况合理选择。

(2)测定方法　测定时白炽灯至少开 5 min，气体放电灯至少开 30 min。打开电源，照度和任一量程，待表盘数值回零后，打开受光器盖，使受光器不产生初始效应，在测量前至少曝光 5 min，受光器必须洁净无尘，测定时受光器应水平放置于测定面上。用表盘所显示数值，乘以量程即为测定点的照度。

(六)噪声测定

(1)在舍中央取一点为监测点　传声器手持或固定在三脚架上，传声器要指向被测声源。为减少反射影响，传声器离地面高 1.2 m，与操作者距离 0.5 m，距墙面和其他主要反射面不小于 1 m。

(2)读数方法　稳态与类稳态噪声用快档读取指示值或平均值；周期性变化噪声用慢档读取最大值并同时记录其时间变化特性，无规则变化噪声用慢档，每隔 5 s 读一个瞬时值，每个测量点要连续读取 100 个数据代表该点的噪声分布。

【作业习题】

将实验过程中的操作步骤、测量数据、计算方法和结果分析等完成一篇实验报告。

第二节　气象因素对畜禽健康及生产性能的影响

一、太阳辐射与畜禽

(一)太阳辐射对畜禽机体的一般作用

太阳辐射的光能被机体吸收后转变为其他形式的能，引起光热效应、光化学效应和光电效应。当入射光的能量较小时，只能使物质的分子或原子发生旋转和振动而产生热作用，红外线和红光因波长较长，光能较小，其所产生的作用就主要是光热作用；当入射光的能量较大时，可使物质分子或原子中的电子激发，引起物质内部发生化学变化的现象，叫光化学效应，可见光和紫外线的能量较大，都能够引起此效应；当入射光的能量更大，使物质分子或原了中的电子逸出轨道，形成光电子或阳离子而产生光电效应，紫外线和可见光也都可引起该效应。

(二)红外线的生物学作用

红外线按波长分为两个波段,即短波红外线(近红外线):波长 760～1 500 nm;长波红外线(远红外线):波长 1 500～12 000 nm。

红外线照射体表,一部分被反射,一部分被皮肤吸收,机体吸收红外线的部分主要是皮肤和皮下组织。红外线穿透组织深度可达 8 cm,能直接作用到皮肤的血管、淋巴管、神经末梢和其他皮下组织。一般来说,红外线波长越短,对组织穿透能力越强。红外线对动物机体的作用包括有益和有害两个方面,见表 1-7。

表 1-7　红外线对动物机体的作用

有益作用	有害作用
1. 消肿镇痛作用　红外线照射可使组织温度升高,微血管扩张,血流量增加,物质代谢加速,有利于组织营养物质供应和有害物质排出。因而能够消肿、镇痛。医学上,常用其进行理疗 2. 御寒作用　基于红外线的热作用,生产中常用红外线灯作为热源,不仅为幼畜禽御寒,还可改善机体血液循环,促进其生长发育	1. 过度的红外线能使眼睛的晶状体和眼内液温度升高,蛋白凝固,水晶体发生混浊,引起白内障 2. 波长 760～1 000 nm 的红外线能穿透动物颅骨,使脑内温度升高,脑血管扩张,渗出增加,引起日射病,但此时体温不一定升高 3. 夏季太阳光强烈照射皮肤,由于光热效应,使机体散热困难,体温升高,易发生中暑

(三)紫外线的生物学作用

太阳光谱中紫外线(UV)是紫光以外的不可见光,是一种高能量光粒子束,波长范围为 4～400 nm,但能到达地面的紫外线的波长在 290～400 nm,短于 290 nm 的部分被臭氧层吸收,人工紫外线灯才能产生短于 290 nm 的紫外线。紫外线在日光中只占 1%,但它是一种很重要的自然界物理因子,是各种生物维持正常新陈代谢所不可缺少的。根据其对机体的影响,将紫外线分为三段:

长波紫外线(UVA 段):波长 320～400 nm,生物学作用较弱,有明显的色素沉着作用,引起红斑反应的作用很弱。

中波紫外线(UVB 段):波长 275～320 nm,是紫外线中生物学效应最活跃的部分,红斑反应的作用很强,能使维生素 D 原转化为维生素 D,具有杀菌、促进上皮细胞生长和黑色素产生等作用。

短波紫外线(UVC 段):波长:200～275 nm,不能到达地面,生物学作用很强,对细胞有巨大杀伤力。

紫外线的生物学作用,包括有益和有害两个方面,见表 1-8。

表 1-8 紫外线的生物学作用

有益作用	有害作用
1.杀菌作用　UV 杀菌作用最强的波段是 250～275 nm，UV 靠破坏微生物的 DNA 和 RNA 中的碱基键来破坏 DNA 和 RNA，切断内部的核酸分子复制，使构成该微生物的蛋白质无法形成，达到消毒的目的。紫外线主要用于手术室、消毒室和畜舍的空气消毒，也可进行饮水消毒和临床上治疗表面感染 2.抗佝偻病作用　紫外线照射能使动物皮肤中的 7-脱氢胆固醇转变为维生素 D_3，使植物和酵母中的麦角固醇转化为维生素 D_2，维生素 D 能促进小肠对钙的吸收，保证骨骼的正常发育 3.色素沉着作用　皮肤的色素沉着是在太阳辐射的紫外线、可见光、红外线的共同作用下，皮肤颜色变深的现象。皮肤的黑色素含量增多，能增强皮肤对光线的吸收能力，防止大量的光辐射透入组织深部造成损害，同时还使汗腺加速排汗散热 4.提高机体的免疫力和抗病力　长波紫外线的适量照射，能提高血液凝集素的滴定效价，增加白细胞数量，因而增强血液的杀菌性和吞噬作用。紫外线局部照射时，还有改善局部血液循环、止痛消炎和促进伤口愈合的作用 5.增强机体代谢作用　紫外线照射能兴奋呼吸中枢，使呼吸变慢变深，促进氧的吸收和二氧化碳及水汽的排出，增加血液、红细胞和血红素含量，提高血液携带氧和二氧化碳的能力，加速组织代谢过程	1.损伤皮肤　在紫外线照射下，皮肤出现潮红现象，称为红斑。红斑作用可以用红斑剂量单位来表示。通常以波长为 297 nm、功率为 1 W 的红斑灯的辐射强度为一个红斑剂量，相当于皮肤经过紫外线照射后，在一定时间内出现刚可以辨认的一度红斑。另外，强烈紫外线照射还会使皮肤发生光照性皮炎，使皮肤发热、瘙痒、水肿和起水疱等 2.伤害眼睛　过强的紫外线照射，可引起光照性炎眼，使眼结膜和角膜出现炎症，表现眼痛、流泪、羞明等症状 3.其他　长时间日光浴、强烈的紫外线照射等，会使皮肤表层的基底细胞肿胀，发生癌症。强烈的紫外线照射有时会引起全身症状，如神经性兴奋亢进，体温升高，并引起反刍动物的周期性食欲减退，前胃迟缓，氮代谢下降，血中红细胞数及血红素含量降低

(四)可见光的生物学作用

可见光对动物的繁殖机能的影响最明显。由于光照的季节性变化，许多动物繁殖具有规律性变化。马、驴、野生食肉动物、食虫动物、鸟类等动物在春夏日照渐长时，开始发情、配种、生育，这些动物称为“长日照动物”；绵羊、山羊、鹿等野生反刍动物则在秋冬光照渐短时开始交配，称为“短日照动物”。

季节性繁殖的动物，雄性的性活动与雌性同步，在配种季节，雄性的性欲和精液品质较非配种季节显著提高，但公畜不像母畜那样具有光照变化的严格节律，如公马、公羊全年都可产生成熟的精子，而母马、母羊只在配种季节出现发情。不同动物受光照影响的程度差异较大，绵羊、山羊、马属动物和禽类对光照的变化反应较强烈，而猪、牛等动物对光照反应较弱。

光照除影响畜禽的生殖外，适度的光照也能促进动物新陈代谢和一般生命活动，对生长发育和生产力有良好的影响，但较强的或长时间光照，会引起动物的精神兴奋，增加甲状腺素的分泌，提高代谢率，使增重和饲料利用率下降。

（五）畜禽光照制度的制定

因不同的光照方式对动物的生理机能和生产性能产生不同的影响，因而需为各种动物制定适宜的光照制度，以有利于其保持健康和提高生产性能。

1. 鸡光照制度的制定

因鸡对光照很敏感，尤其是其繁殖机能受光照影响很大，因而可通过人为的控制来提高禽类的生产性能。

(1)鸡的性成熟与光照的关系

①育成鸡在 8～10 周龄后，其性器官的发育对光照变得敏感。

②在渐增光照、恒定长光照、恒定短光照、渐减光照等四种光照方式中，以渐增光照使鸡的性成熟最早，其次为恒长、再次为恒短，渐减光照使其性成熟最晚。

③生产实践证明，育成鸡若 8～10 周龄后处于渐增光照中，其性成熟过早，使产蛋时体重过小，因而所产的蛋也很轻，鸡群产蛋率上升的很慢，开产后很久还达不到产蛋高峰，鸡群产蛋不整齐，还易引起鸡的早衰，因而，要进行人工干预避免此年龄段的鸡处于渐增光照中。蛋鸡和种鸡光照控制的原则是育成鸡光照时间不能延长，产蛋期光照时间不能缩短。

(2)鸡光照制度的制定

①蛋鸡的光照制度

a. 密闭式鸡舍的光照制度，见表 1-9。

b. 开放式鸡舍的光照制度，见表 1-10。

计算某地某日光照时间的方法：先求当地日出日落时角，$\cos\Omega = -\mathrm{tg}\Phi \cdot \mathrm{tg}\delta$；再求当地的日出、日落时间，$n = \pm\Omega + 12$。

Ω 为时角，上午为负，下午为正；Φ 为当地的纬度，查附表；δ 为赤纬（查表 1-11）；n 为以 24 h 计的当地时间。

例：北京某蛋鸡场，11 月 15 日孵出一批鸡，计划采用有窗舍，自然采光辅助人工光照，试为该批鸡制定光照方案。

表 1-9 密闭式鸡舍光照管理方案(恒定—渐增法) h/d

商品代蛋鸡		父母代种鸡	
周龄	光照时间	周龄	光照时间
0～1	23	0～1	23
2～17	8～9	2～19	8～9
18	9	20	9
19	10	21	10
20	11	22	11
21	12	23	12
22	13	24	13
23	14	25	14
24	15	26	15
25～68	16	27～64	16
69～76	17	65～70	17

注:密闭鸡舍应不漏光,若漏光严重应按开放式鸡舍方案。

(杨宁.现代养鸡生产.1994)

表 1-10 开放式鸡舍光照制度

商品代蛋鸡			父母代种鸡		
周龄	出雏日期/(日/月)		周龄	出雏日期/(日/月)	
	4/5～25/8	26/8～次年 3/5		4/5～11/8	12/8～次年 3/5
	光照时间/(h/d)			光照时间/(h/d)	
0～1	23	23	0～1	23	23
2～7	自然光照	自然光照	2～7	自然光照	自然光照
8～18	自然光照	※1	8～19	自然光照	※2
19～68	※3	※3	20～64	※3	※3
69～76	17	17	65～70	17	17

注:1.查 8～17 周龄期间当地日照最长时间,恒定此光照时间。

2.查 8～19 周龄期间当地日照最长时间,恒定此光照时间。

3.每周增加 1 h,至 16 h 恒定。注意商品代蛋鸡 25 周龄、父母代种鸡 26 周龄光照时间应为 16 h/d。

(杨宁.现代养鸡生产.1994)

表 1-11　太阳倾角 δ(赤纬)值

日期	1月	2月	3月	4月	5月	6月	7月	8月	9月	10月	11月	12月
1	−23.1	−17.2	−7.8	4.3	15.0	22.0	23.1	18.2	8.4	−3.0	−14.3	−21.8
2	−23.0	−16.9	−7.4	4.7	15.3	22.2	23.1	17.9	8.1	−3.4	−14.6	−21.9
3	−22.8	−16.6	−7.0	5.1	15.6	22.3	23.0	17.6	7.7	−3.8	−15.0	−22.2
4	−22.7	−16.3	−6.6	5.5	15.9	22.4	22.9	17.4	7.4	−4.1	−15.3	−22.2
5	−22.6	−16.0	−6.2	5.9	16.2	22.5	22.8	17.1	7.0	−4.5	−15.6	−22.3
6	−22.5	−15.7	−5.8	6.3	16.4	22.6	22.7	16.8	6.6	−4.9	−15.9	−22.4
7	−22.4	−15.4	−5.4	6.6	16.7	22.7	22.6	16.5	6.2	−5.3	−16.2	−22.6
8	−22.3	−15.1	−5.1	7.0	17.0	22.8	22.5	16.3	5.9	−5.8	−16.5	−22.7
9	−22.1	−14.8	−4.7	7.4	17.2	22.9	22.4	16.1	5.5	−6.1	−16.7	−22.8
10	−22.0	−14.5	−4.3	7.8	17.5	23.0	22.3	15.7	5.1	−6.5	−17.0	−22.9
11	−21.8	−14.2	−3.9	8.1	17.8	23.1	22.2	15.4	4.7	−6.8	−17.3	−23.0
12	−21.7	−13.8	−3.5	8.5	18.0	23.2	22.0	15.1	4.4	−7.2	−17.6	−23.1
13	−21.5	−13.5	−3.1	8.9	18.3	23.2	21.9	14.8	4.0	−7.6	−17.9	−23.1
14	−21.4	−13.2	−2.7	9.2	18.5	23.3	21.7	14.5	3.6	−8.0	−18.1	−23.2
15	−21.2	−12.8	−2.3	9.6	18.8	23.3	21.6	14.2	3.2	−8.3	−18.4	−23.3
16	−21.0	−12.5	−1.9	10.0	19.0	23.4	21.5	13.9	2.8	−8.7	−18.6	−23.3
17	−20.8	−12.1	−1.5	10.3	19.2	23.4	21.3	13.5	2.5	−9.1	−18.9	−23.4
18	−20.6	−11.8	−1.1	10.7	19.5	23.4	21.1	13.2	2.1	−9.4	−19.1	−23.4
19	−20.4	−11.4	−0.8	10.0	19.7	23.4	20.9	12.9	1.7	−9.8	−19.4	−23.4
20	−20.2	−11.0	−0.4	11.4	19.9	23.4	20.7	12.6	1.3	−10.2	−19.6	−23.4
21	−20.0	−10.7	0.0	11.7	20.1	23.4	20.5	12.3	0.9	−10.5	−19.8	−23.4
22	−19.8	−10.4	0.4	12.1	20.3	23.4	20.3	11.9	0.5	−11.0	−20.1	−23.4
23	−19.5	−10.0	0.8	12.4	20.5	23.4	20.1	11.6	0.1	−11.3	−20.3	−23.4
24	−19.3	−9.6	1.3	12.7	20.6	23.4	19.9	11.2	0	−11.6	−20.5	−23.4
25	−19.1	−9.3	1.7	13.0	20.8	23.4	19.7	10.9	−0.6	−12.0	−20.7	−23.4
26	−18.8	−8.9	2.1	13.4	21.1	23.4	19.5	10.6	−1.1	−12.3	−20.9	−23.4
27	−18.6	−8.5	2.4	13.6	21.2	23.4	19.3	10.2	−1.5	−12.6	−21.1	−23.3
28	−18.3	−8.1	2.8	14.0	21.4	23.3	19.1	9.9	−1.9	−13.0	−22.3	−23.3
29	−18.0		3.2	14.4	21.6	23.3	18.9	9.5	−2.2	−13.3	−22.4	−23.3
30	−17.8		3.6	14.7	21.7	23.3	18.6	9.2	−2.6	−13.7	−22.6	−23.2
31	−17.5		4.0		21.9		18.4	8.8		−14.0		−23.2

(张从.环境评价教程.2005)

解:第一步,查出有关数据:查得北京的纬度 $\Phi=39.8°$,该批鸡 18 周龄末为第二年的 3 月 21 日,查表 1-11 得该天的赤纬 $\delta=0°$。

第二步,求日出日落时角 $\cos\Omega=-\mathrm{tg}39.8°\cdot\mathrm{tg}0°=0,\Omega=90°$

第三步,求日出日落时间

$$n=\pm\frac{90}{15}+12(\text{日出为负,日落为正})$$

由此得北京 3 月 21 日,日照时间为 18－6＝12(h)

第四步,制定光照方案:0～1 周每日给予 23 h 的光照,自然光照不足的部分,用人工光照补足(人工补光时光照强度为 30 lx),2～7 周龄,只利用自然光照,8～18 周龄,计算该批鸡在该段时间内最长光照日(3 月 21 日)的光照时间为 12 h,此阶段的光照时间恒定为 12 h(人工补光时光照强度为 5～10 lx),从 19 周龄开始每周增加 0.5～1 h(人工补光时光照强度为 10～20 lx),至 24～25 周时使光照达到 16 h 后恒定。

②肉鸡的光照管理方案

A. 肉种鸡的光照管理方案

a. 开放式鸡舍　前 3 天光照 23 h,强度 30 lx;第 4 天至第 16 周龄采用渐短的自然光照或者通过人工补光,使光照总时数保持不变,强度 5～10 lx;从 16 周龄以后,总时数不能减少,第 17～18 周龄后保持总时数不变,强度仍为 5～10 lx,第一次强烈光照刺激所需要的时数可按季节和鸡群的实际性成熟情况而定,在 19 或 20 或 21 周的第一天,可增加 1～2 h 的光照,给鸡一个强烈的刺激,促使鸡只快速性成熟;此后,每周增加 0.5～1 h 光照,直到 26～27 周龄时每天光照时间达到16 h 的最高时数为止;以后,每天的光照时间都为 16 h,光照强度 10～20 lx。

b. 密闭式鸡舍　饲养在密闭舍中的肉种鸡的光照管理见表 1-12。

B. 肉仔鸡的光照方案　对于开放式鸡舍,一般在进雏的第一、二天实行 24 h 光照,以后采用 23 h 的光照;对于密闭式鸡舍,可实行 1～2 h 照明,2～4 h 黑暗的间歇光照方法,这种方式既可节省电能,也可减少肉鸡腿病的发生。另外,在给肉仔鸡进行人工光照时,在育雏的前 3 天给予较强的光照(30 lx),之后逐渐降低,第 4 周开始必须采取弱光照(5～10 lx),一般每 20 m^2 用 15 W 的白炽灯即可;自然光照时,若舍外光照较强,要想法遮光,因强光照会刺激鸡使其兴奋,不利于肉鸡的增重,而弱光照可降低鸡的兴奋性,使鸡保持安静。

表 1-12 肉种鸡在密闭舍饲养时的光照方案 h

年龄	光照时数	年龄	光照时数
1～3 日龄	23	22～23 周龄	13
4～7 日龄	16	24 周龄	14
2～18 周龄	8	25～26 周龄	15
19～20 周龄	9	27 周龄	16
21 周龄	10		

注:22 周龄的第一天开始增加 3 h 的光照。

(杨宁.现代养鸡生产.1994)

2.猪、牛等畜禽的光照制度

(1)对于种、幼畜,光照时间宜长,以 16～18 h 为好,光照强度宜强,以 30～50 lx为好。

(2)对于肉用畜,光照时间也应大于 10 h,但光照强度宜弱,以 10～30 lx 为宜。

二、气温与畜禽

(一)畜体的热调节

动物体不停地进行着新陈代谢,也就不断地产生热量,这些热量又必须等量的散发出去,以维持动物的体温恒定。

1.产热

畜体热量的产生途径主要有:

(1)基础代谢产热 指动物在温度适宜、休息和饥饿状态下的产热。在此状态下,体内所有器官、组织和细胞的代谢均处于最低水平,这是动物维持生命活动所需的最低产热量,它因动物种类、品种、性别、年龄、神经和内分泌状态而不同。

(2)体增热(增生热、热增耗、特种动力作用) 指畜禽摄食和消化、吸收饲料时,因活动和代谢增强而较基础代谢多产生的热量。

饲料在消化道中发酵时,各种微生物释放的化学能,也是体增热的一部分。反刍家畜采食粗饲料时,这部分热能占代谢产热的 40%以上。

体增热在冬季可用于维持体温,在夏季却增加动物的散热负担。

(3)肌肉活动产热 动物在运动时,动用的化学能仅有 20%转化为机械能,其余以热量形式散发,因而肌肉也是体热产生的主要部位。

(4)生产过程产热 畜禽在生产乳、肉、蛋等畜产品及妊娠、生长发育过程中都在维持的基础上增加产热量。因生产时,动物除消耗较多的饲料增加体增热外,体内各个器官、组织亦因生产而加强代谢活动，增加产热量。例如，妊娠后期的母畜，产热量较空怀母畜提高20%～30%；一头日泌乳20 kg的奶牛，产热量较干奶期增加50%。

2. 散热

对于恒温动物来说，体内无论产热多少，必须及时排出体外，才能维持体温的恒定。比如说，急剧的肌肉劳动连续20 min，其产生的热如不及时排出，可使体内蛋白物质凝固成一个熟鸡蛋。散热主要是通过皮肤进行的，其次，还通过呼吸道、消化道、排泄器官等进行。

机体散热途径有辐射散热、对流散热、传导散热、蒸发散热和加热食糜五种方式。

上述各种散热方式的效能，不仅受许多外界因素（如周围物体的温度、空气的温度、湿度、气流、饲料和饮水的温度等）的影响，且与畜禽本身的状况有关。

（二）气温对畜禽健康的影响

气温主要从下面几方面影响畜禽的健康：

1. 直接致病

温度过高过低能造成动物的冻伤、热痉挛、热射病、日射病、感冒、支气管炎、肺炎、肾炎、羔羊肠痉挛和马肌红蛋白尿等疾病。

2. 病原体和媒介虫类的存活和繁殖

各种寄生虫卵和幼虫在体外生活时明显受环境条件的影响。例如，猪蛔虫卵在26～33℃才能发育成感染性幼虫；在高温（37℃）中，空气中鸡白痢沙门氏菌的复活率下降，一般空气温度升高，增加空气中细菌的死亡率，如猪肺炎支原体在室温中的存活时间不超过36 h，但在低温中或冷冻保存可存活数天甚至数年之久。低温较有利于流感、牛痘和新城疫病毒的生活，而夏季高温使口蹄疫病毒很快失去活性。

炎热的夏季，是蝇、蚊，虻、蜱等吸血虫类大量滋生的季节，它们通过吸血引起疾病的发生和传播，如猪丹毒、日本乙型脑炎、马传贫、锥虫病、血孢子虫病、立克次体等病多发生在高温季节。

3. 影响畜禽对传染性疾病的抗病力

在极端的天气条件下，虽然对动物深部体温的影响较小，但试验证明，动物接种病原体后，高温和低温会影响疾病的预后，许多微生物都如此。低温使小鸡对沙门氏菌和犊牛对呼吸道传染病的抗病力下降，乳牛临床乳房炎的高发是在炎热的夏季，一般在夏季有良好防暑条件的牛群，乳房炎的发病率较没有防暑条件的牛群低。

但环境应激源有时也会提高动物的抵抗力。例如，冷应激提高鸡对多杀性巴氏杆菌和新城疫病毒的抗病力，热应激则相反。

4.影响饲养管理和营养状况

低温常使块根、块茎、青贮等多汁饲料冰冻，以及饮水温度过低，使畜禽易患胃肠炎、臌气、下痢、甚至于流产；幼畜的消化不良多在低温或高温潮湿季节发生；冰冻饲料化冻后也易腐败，产生有毒物质；畜禽冬季舍饲期间，密集拥挤，若通风不良，易使气源传播的呼吸道病爆发流行。

天气寒冷，畜禽的代谢率提高，动物必须增加采食量以维持热平衡，如果饲料供应不足，会导致营养不良和抗病力下降。

5.影响幼畜的被动免疫

许多畜禽如牛、羊、马、猫、犬等的母体免疫球蛋白不能通过血液输给子宫中的胎儿，初生仔畜有赖于吸收初乳中的免疫球蛋白(抗体)以抵抗疾病。在生命早期，冷和热应激都会降低幼畜获得抗体的能力，降低血清中初乳免疫球蛋白的水平。热应激不仅影响初乳的摄入，而且加速"肠道封闭"，妨碍初生仔畜对初乳球蛋白的吸收；而冷应激与疾病死亡有关，寒冷时，初生幼畜相互拥挤和寻找温暖场所，减少初乳的摄入，使活力下降。

(三)气温对畜禽生产性能的影响

1.气温对生殖的影响

(1)雄性　精子在睾丸中生成要经过一系列过程，哺乳动物通常要经过几周，在这个阶段中，营养不良、疾病和天气应激等对精子的成熟过程都有不良作用，进而影响到受精能力。

①羊　羊因其繁殖季节在秋冬季，所以对高温很敏感，气温在26.7℃已达精液质量下降的临界温度。

②牛　在炎热的夏季或早秋，公牛的精液质量下降，即使仅有12 h的热应激，对公牛的精液质量也有不良影响。

③猪　将原来生活在18～22℃环境中的公猪，使处于33℃的热室中经72 h，在处理后经15～20 d，开始发现精液质量下降，并持续50 d左右，但若公猪在配种前一直饲养在32.2℃的热室中，并不降低受精力，但温度超过35℃，则使其精液品质降低。

④公鸡　精液质量和睾丸组织有明显的季节性变化，春季精液质量和每毫升精液的精子数都最高，夏季最低。

(2)雌性　高温的影响主要在配种前后的一段时间，特别是配种后胚胎附植于子宫前的若干天内，使内分泌失调甲状腺素分泌减少，黄体生成素和皮质素水平下降。

2. 气温对生长肥育的影响

各种动物的适宜温度和环境界限温度如下：

(1)猪　仔猪生后1～7 d要求33～34℃，8～28 d要求31～32℃，以后每周降2℃，至26℃后稳定，10周龄前一直保持在26℃。理想的温度是15～25℃，其环境界限温度可控制在10～32℃。

(2)鸡

①蛋雏鸡　温度是育雏成败的首要条件。生产中，常将0～3 d的温度控制在37～38℃，4～7 d的温度控制在36～37℃，以后每周降2～3℃，降温速度取决于雏鸡的健康状况和季节，鸡只健壮，外界温度较高，降温可快些，否则，应慢些。

②肉鸡　肉鸡有1/3的时间需要供暖，因此控制适宜的温度非常重要，它能有效地提高其成活率、生长速度和饲料报酬。肉鸡的理想温度，入舍第1、2天33℃，3～7 d 30～32℃，第二周27～29℃，第三周24～26℃，第四周21～23℃，以后18～21℃为好。温度在20℃以下，温度越低维持需要的能量消耗越大，饲料效率越低；温度在20℃以上，温度越高，采食量越少，饮水量越多(表1-13)，增重速度降低。

表1-13　室温与饮水量、采食量的关系

室温/℃	4	10	16	21	27	38
饮水量占采食量的比率	1.7	1.7	1.8	2.0	2.8	4.5

(杨宁.现代养鸡生产.1994)

(3)牛　生长肥育阶段的牛最适温度为8～20℃，环境温度可控制在－10～30℃。

3. 气温对产乳的影响

对于牛来说，由于其体格高大，单位体重的体表面积大，最适合它产乳的温度为10～15℃，生产环境界限温度可控制在为－13～30℃。

为缓和不良气候对产乳量的影响，在严寒季节提高日粮的代谢能水平，在炎热时期，减少日粮的粗纤维含量，提高净能含量，都能缓和不良气候对产乳量的影响。

4. 气温对产蛋的影响

家禽产蛋的适宜温度为12～25℃，温度超过25℃，对产蛋量、蛋重和蛋壳品质都有不良影响。但只要气温不超过30℃，就可通过合理搭配日粮，即提高日粮的能量、氨基酸、维生素、矿物质和微量元素等各种营养成分的浓度，使家禽实际得到的营养物质的绝对量不减少，来保证禽产蛋量不受影响，且还能提高产蛋的饲料利用率；低温持续在7℃以下，对产蛋量和饲料利用率都有不良影响。为有利于禽产蛋，同时也便于生产中控制，可将产蛋的生产环境界限温度确定为7～30℃。

三、气湿与畜禽

(一)气湿对畜禽的影响

1. 气湿对畜禽热调节的影响

(1)高温时，畜体主要靠蒸发散热。而蒸发散热量正比于畜体蒸发面(皮肤和呼吸道)水汽压与空气水汽压之差。畜体蒸发面的水汽压决定于蒸发面的温度和潮湿程度，皮温越高，越潮湿，则水汽压越大，越有利于蒸发散热。空气水汽压升高，畜体蒸发面水汽压与空气水汽压之差减小，则蒸发散热量亦减少。因此在高温、高湿的环境下，畜体的散热更困难。所以，在高温时，动物对于潮湿特别难忍受。相反，年龄较大的动物对于干燥而引起的水分大量蒸发较易忍受，而由此引起的渴感，只要供给足够的饮水就可解决；但幼龄动物在高温时，若湿度过低，蒸发过大，造成过量饮水，则可能导致腹泻甚至死亡，因而对幼龄动物要注意防止过于干燥。

(2)低温时畜禽主要靠辐射、传导、对流散热，并力图减少散热量以维持热平衡。由于水汽的热容量为干燥空气的两倍，所以在低温时水汽使空气的吸热能力增加。而且，湿空气具有较高的导热性，使机体传导散热增加。同时，在低温情况下，水汽对于动物体所发射的长波辐射吸收能力很强，使动物的辐射散热大大增强。所以在寒冷季节，应注意防潮。

2. 气湿对畜禽生产力的影响

长期将畜禽饲养在湿度较高的畜舍中，畜禽食欲和对饲料营养物质的消化、吸收能力降低，以至影响生长发育和生产能力。例将两组猪安置在温度相同(9.6和9.5)，但湿度不同(76%和96%)的条件下，4个月后，饲养在低湿度猪舍的猪较另一组的氮沉积高3.42%，消化率高2.59%，血红素含量增加11.5%，平均日增重高4.3%。

家兔在35～37℃干燥的恒温箱中能生活数周，但在温度相同而湿度较高的恒温箱中，1～2 d内死亡。死亡时体温比正常高5～10℃。

3. 气湿与畜禽疾病的关系

(1)高湿　能促进病原性真菌、细菌和寄生虫的发育，因而使畜禽易患癣、疥、湿疹等皮肤病；相对湿度大于70%时，亦有利于空气中猪布氏杆菌、鼻疽放线杆菌、大肠杆菌、溶血性链球菌和无囊膜病毒的存活，高湿还有利于球虫病的传播，在高湿的情况下，机体的抵抗力减弱，发病率增加，对传染病的蔓延较有利，机体病后的过程也较沉重，死亡率增加；高温、高湿的环境，易造成饲料垫草的霉变，可使雏鸡群爆发曲霉菌病，而造成重大的损失；而低温高湿的环境下，畜禽易患各种感冒性疾患，如神经炎、风湿症、关节炎、肌肉炎和消化道疾病。

(2)低湿　空气过分干燥，若再加上高温，能使皮肤和外露黏膜发生干裂，从而减弱皮肤和外露黏膜对微生物的抵抗能力；低湿有利于白色葡萄球菌、金黄色葡萄球菌、鸡白痢沙门氏菌及有脂蛋白质囊膜的存活。低湿时，易引起畜禽的呼吸道疾病，还引起家禽羽毛生长不良及发生啄癖，猪皮肤落屑；高温低湿对幼畜的危害较大，能引起消化不良、食滞、迫使水分蒸发(幼畜体热调节能力差)造成腹泻，影响生长发育，甚至发病死亡。

(二)畜舍中的湿度标准和防潮防燥措施

1.舍内的湿度标准

对动物的生理机能来说，50%～70%的相对湿度是比较适宜的，但冬季在畜舍里要保持这样的湿度水平较困难，因此规定下列最高限度：

(1)成年牛舍、育成牛舍：85%；犊牛舍、分娩舍、公牛舍：75%。

(2)成猪舍、后备猪舍：65%～75%；混合猪舍、肥猪舍：75%～80%。

(3)鸡舍：60%～75%。

(4)绵羊圈：80%；产羔间：75%。

2.舍内的防潮措施

(1)选好场址，选择地势高燥、排水好的场地。

(2)对于已建成的畜舍待其充分干燥后再使用。

(3)生产中尽量减少用水，及时清除粪尿污水。

(4)冬季舍内应有一个合理的通风，在保证舍温的情况下，尽可能多地排出水汽。

(5)使用干燥垫料吸附水汽。

3.舍内的防干燥措施

可在舍内洒水、放置湿麻袋片，也可在舍内喷雾。

四、气流与畜禽

(一)气流对畜禽热调节的影响

由于气流有利于散热，在不同季节气流对畜禽热调节的影响是不同的。

1.夏季

气流有利于畜禽的对流散热和蒸发散热，夏季对畜禽的热调节有良好的作用，有利于保证畜禽的健康和生产力。如气温为32.7℃时，风速由1.1 m/s提高到

1.6 m/s,鸡的产蛋率提高 18.5%;气温为 21.1～35.0℃时,气流自 0.1 m/s 增至 2.5 m/s,可使小鸡的增重提高 38%。因此,夏季应尽量提高舍内的风速,加大换气量。在集约化饲养条件下,由于密度大,应采用机械通风。研究表明,在露天或敞棚下,用风机通风也有良好的效果。

2.冬季

气流会增强畜禽的散热量,使能耗增多,使畜禽的饲料效率下降,甚至使生产性能降低。据报道,在气温为 2.4℃的鸡舍内,气流由 0.25 m/s 增加至 0.5 m/s,产蛋率由 77%降到 65%,平均蛋重由 65 g 降为 62 g。同时,气流过大,也易使畜禽患风湿病和呼吸道疾病。但在冬季舍内仍应保持适当的气流,以排出舍内的污浊空气,并使舍内的温湿度及化学组成均匀一致。

冬季若门窗或墙壁上有缝隙,就易产生贼风,贼风是在畜舍保温条件较好,舍内外温差较大时,通过墙体和门窗的缝隙,进入舍内的一股气温低、风速大的风。它易使畜禽发生关节炎、神经炎、肌肉炎等,严重时造成冻伤,因而民谚有"不怕狂风一片,就怕贼风一线"之说,它充分说明贼风对畜禽危害之大,因而,在冬季应做好舍内的维修工作。

(二)舍内的风速标准

(1)夏季,只要条件许可,风速尽可能大些,最好大于 0.6 m/s。

(2)春秋季,风速可保持在 0.3～0.5 m/s。

(3)冬季,舍内可保持在 0.1～0.2 m/s,但不能超过 0.25 m/s。

五、气压与畜禽

在高原地区,由于空气中氧分压的下降,使畜禽肺泡内及动脉血的氧分压也随之下降,引起缺氧现象。当海拔达 3 000 m 高度时,不适应高海拔的畜禽开始表现缺氧症状,如精神委靡、疲乏、呼吸和心跳加快、多汗、运动失调等。随着海拔的增高,因低气压缺氧而引起的呼吸、循环系统的机能亢进症状更加严重,气压过低还引起皮肤和口腔、鼻腔黏膜血管渗透性增加、甚至破裂出血,肠道内气体膨胀,发生腹痛,因这种现象发生在 3 000 m 以上的高山地区,故称为高山病。

高山病发生的主要原因,是由于低气压导致组织缺氧和血液中二氧化碳缺乏,同时与温度和湿度下降、紫外线过强有关。

在高原地区(海拔 3 000 m 以上)发展畜牧业,可通过逐渐过渡使畜禽对缺氧条件逐步适应、引入幼畜,或实行杂交育种的方法,来提高高原地区的畜禽生产能力。

六、温热因素的综合评定

在自然条件下，气温、气湿、气流、热辐射等温热因素对畜禽的影响是综合的，因为这些因素同时存在，而且一个因素发生变化，会使其他因素受到影响，用单项指标无法衡量这种综合作用。各因素之间或者相相辅相成，或者相互制约。任何一个温热因素的作用，都受其他因素的影响。例如，高温、高湿而无风，是最炎热的天气；低温、高湿、风速大是最寒冷的天气，这是相辅相成的一面；而如果高温、低湿而有风，或者低温、低湿而无风，则后两个因素对前一个因素产生制约作用，使高温或低温的作用显著减弱。因此在评定温热因素对畜禽的影响时，应该把各气象因素联合起来进行综合分析。当某一因素发生变化时，可以调整其他因素，例如当气温降低时，要注意防潮和控制风速。

（一）有效温度(ET)

有效温度亦称“实感温度”，它是根据气温、气湿、气流和热辐射等温热因素的相互制约或相辅相成作用，在人工控制的条件下，对机体热调节产生相同影响的空气温度。例如当风速为 0 m/s、相对湿度为 100%时，有效温度为 17.8℃，风速为 0.5 m/s、相对湿度为 80%，则有效温度为 21.9℃，在这两种温度下，人具有同样的舒适感。根据表 1-14 就可灵活运用其中任何一个因素，调整其他两个因素达到同样舒适的目的。表 1-14 是以人的裸体感觉为基础制定的，不完全适合于畜禽。但畜牧生产中可将气温、气湿、气流这三种主要的温热因素互相配合制定畜禽的有效温度，通过调节各种气象因素，使动物在高、低温时少受不良环境的影响。

表 1-14　在不同湿度和风速下穿着正常的人的有效温度　℃

相对湿度	气流速度/(m/s)				
/%	0	0.25	0.50	1.00	2.00
100	17.8	19.6	21.0	22.6	25.3
900	18.3	20.1	21.4	23.1	25.7
80	18.9	20.6	21.9	23.5	26.6
70	19.5	21.1	22.4	23.9	26.6
60	20.1	21.7	22.9	24.4	27.0
50	20.7	22.4	23.5	25.0	27.4
40	21.4	23.0	24.1	25.3	17.8
30	22.3	23.6	24.7	26.0	28.2

（李震钟. 家畜环境卫生学附牧场设计. 1993）

根据干球温度和湿球温度对动物体温调节（直肠温度变化）的相对重要性，分别乘以不同系数后相加所得的温度亦称为“有效温度”。人和各种动物的有效温度（ET）的表达式如下：

$$人:ET=0.15T_d+0.85T_w \quad 牛:ET=0.35T_d+0.65T_w$$

$$猪:ET=0.65T_d+0.35T_w \quad 鸡:ET=0.75T_d+0.25T_w$$

式中：T_d 为干球温度，T_w 为湿球温度。

如干球温度 30℃，湿球 25℃，对人、牛、猪和鸡的有效温度分别为 25.75℃、26.75℃、28.25℃和 28.75℃。可见，皮肤蒸发能力较强的人和其他动物，湿球温度较干球温度重要，皮肤蒸发能力较弱的动物，如鸡干球温度较湿球温度重要。

（二）温湿指数（THI）

温湿指数是将气温和气湿综合起来估计炎热程度的一种指标。原用于人，后来也普遍用于畜禽，特别是牛。

奶牛的 THI 常用下式计算：

$$THI=0.55T_d+0.2T_{dp}+17.5$$

式中：T_d 为干球温度（℉），T_{dp} 为露点温度（℉）。

一般欧洲牛，THI 大于 69 时就开始受热的影响，表现为体温升高，采食量、产乳量、受胎率和代谢率下降；但通常 THI 在 76 以下，乳牛经过一段时间的复习后，乳牛产奶量可逐渐恢复正常，见图 1-8。

鸡的温湿指数计算一般常用下式：

$$THI=0.4(T_d+T_w)+15$$

式中：T_d 为干球温度（℉），T_w 为湿球温度（℉）。

鸡的适宜 THI 值为小于 75，当 THI 等于或大于 75 时，应采取降温措施。

（三）风冷指数

风冷指数是将气温和风速相结合以估计寒冷程度的指标，用风冷却力（H）表示，反映天气条件对人类的冷却力，主要是估计裸体皮肤的对流散热量。

$$H=(\sqrt{100}v+10.45-v)(33-T_d)4.184$$

式中：H 为风冷却力[kJ/(m^2·h)]；v 为风速（m/s）；T_d 为干球温度（℃）；33 为无风时的皮肤温度（℃）。

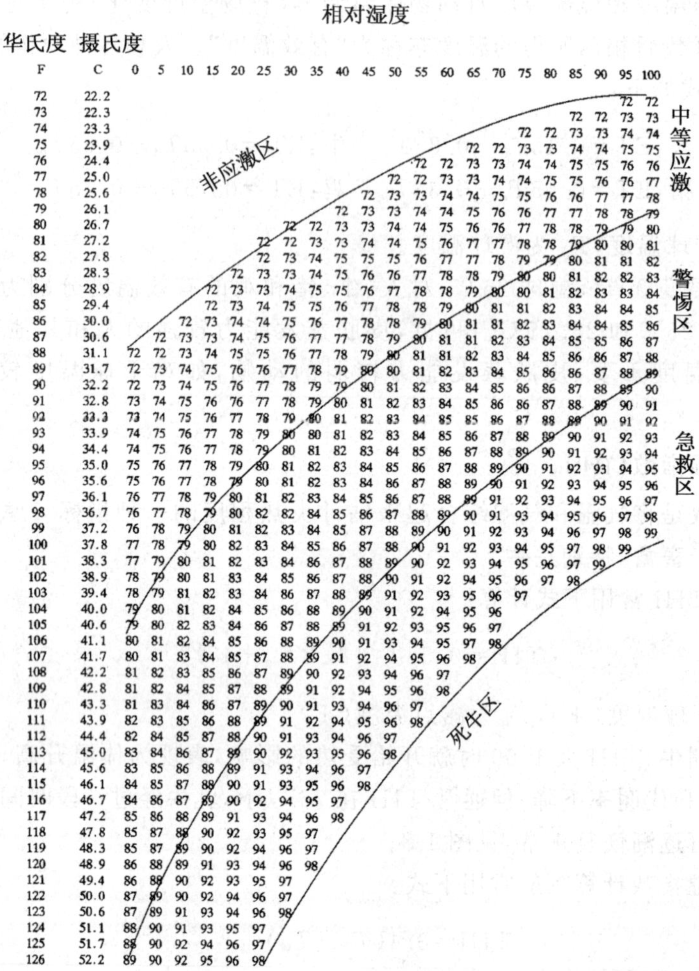

图 1-8 温湿指数对奶牛的影响

（李如治. 家畜环境卫生学. 2003）

风冷却力对畜禽生产中温热环境综合评定不够直观，可根据下式将其折算为无风时的冷却温度：

$$冷却温度(℃)=33-H/92.324$$

例如，气温－15℃，风速 6.71 m/s 时的风冷却力为 $H=5\ 953.832\ \mathrm{kJ/(m^2 \cdot h)}$，相当于无风时冷却温度(℃)＝33－5 953.832/92.324＝－31.5(℃)。即机体单位

面积单位时间内，在风速 6.71 m/s，温度 −15℃的散热量，与风速 0 m/s，气温 −31.5℃的散热量是一样的，两种情况动物有相同的寒冷感。

(四)主要气象因素的综合作用

(1)低温、高湿、有风　冬季风雪交加的牧区或者畜舍保温差、通风不合理时，会出现此种情况，这时机体散热大量增加，机体遭遇严重的冷应激，易引发呼吸系统和风湿类的疾病，且使饲料效率大幅降低。

(2)低温、低湿、有风　当冬季天气晴冷，且舍内通风量过大时，易出现此种情况，这时，风能显著增加机体的散热量，对动物的危害也很大，其影响仅稍小于低温、高湿、有风的情况。

(3)低温、高湿、无风　当畜舍外围护结构保温性能差，且冬季雨雪天舍内为保温而关闭门窗时，易出现此种情况。此时机体处于阴冷的环境中，失热量也较多，且舍内空气污浊，易引起感冒或幼畜禽的腹泻。

(4)高温、高湿、无风　夏季舍内或车船内通风不良时易出现此种小气候，这时机体散热严重遇阻，且环境中寄生虫繁殖较快，动物很易发生热射病和寄生虫病，生产性能下降非常严重。

(5)高温、低湿、有风　此种环境下，因低湿有利于畜禽的蒸发散热，有风也能增加动物的散热量，因而能够缓解高温对动物的危害，属于高温条件下相对有利的环境。

第三节　空气污染对畜禽健康的影响

一、空气污染概述

工业生产中产生的废气、废水、废渣，农业生产中使用的农药、化肥，交通运输业的废气、噪声，养殖业生产的废弃物、粪尿、污水等都易污染畜禽的空气环境。畜禽空气环境中的污染物主要是有害气体、尘埃、微生物和噪声，他们不仅会影响畜禽的正常生理机能，还造成动物发病率升高，生产性能下降。因而，在养殖生产中，要注意避免各种因素污染动物的环境，以保证其正常生活和生产。

二、空气污染物对畜禽的危害及其控制

(一)有害气体

1. 畜禽环境中的有害气体

主要是二氧化硫、一氧化碳、二氧化碳、氨气和硫化氢。其来源、性质、危害及卫生标准见表1-15。

表1-15 畜禽环境中的有害气体的来源、性质、危害和卫生标准

有害气体	来源	性质	危害	卫生标准
二氧化硫	石化燃料燃烧都能产生,以冶炼厂、硫酸厂、汽车尾气等为主,是大气的主要污染物	无色刺激性气体,易溶于水,在一定的条件作用下可氧化成三氧化硫,遇水生成硫酸,密度较大	有很强的刺激性和腐蚀性,主要危害动物的上呼吸道和眼睛,高浓度致死。其形成的酸雨使鱼种数量减少,土壤质量降低,生态系统破坏;二氧化硫被氧化后形成的硫酸雾,危害加大	一次最高容许浓度为0.5 mg/m^3,日平均容许浓度为0.15 mg/m^3
一氧化碳	石化燃料不完全燃烧产生,舍内取暖漏气时浓度较高	无色、无味的气体,燃烧时火焰呈浅蓝色,密度较空气略小	一氧化碳进入血液后很易与血红蛋白结合,形成碳氧基血红蛋白,碳氧基血红蛋白的解离速度是氧合血红蛋白的1/3 600,严重影响氧气的输送,使血管渗透性增高,最终导致死亡	一次最高允许浓度为3 mg/m^3,日平均最高允许浓度为1 mg/m^3
二氧化碳	舍内二氧化碳主要由畜禽呼出,舍内的有机物分解也可产生一部分	无色、略带酸味的气体,密度较大	本身无毒,当浓度过高时(超过4.5%),空气中会缺氧,而导致动物抗病力、生产性能下降,浓度很高时(超过15%～20%)窒息死亡	场区≤750 mg/m^3,畜禽舍≤2 950 mg/m^3
氨气	舍内氨气主要来自含氮有机物的腐败分解和尿液中	无色有刺激性臭味的气体,易溶于水,温度越低,在水中溶解的越多,密度较小	易溶解在呼吸道和眼睛黏膜的水中,形成氨水,造成碱性腐蚀,浓度高时形成灼伤,使组织溶解、坏死,降低动物的抗病力;氨气在血液中与血红蛋白结合,影响其运输氧气,引起肺水肿和血压升高,严重时呼吸中枢麻痹,窒息死亡	场区≤5 mg/m^3 猪舍≤20 mg/m^3 牛舍≤15 mg/m^3 成禽≤12 mg/m^3 雏畜禽≤8 mg/m^3

续表 1-15

有害气体	来源	性质	危害	卫生标准
硫化氢	舍内的硫化氢主要来源于粪便和蛋白水平较高饲料的变质	无色，臭鸡蛋气味的气体，密度较空气大，易溶于水	易造成动物的眼睛和呼吸道损伤，降低动物的抗病力；能造成头痛、恶心、心跳变慢，组织缺氧和肺水肿，高浓度可抑制呼吸中枢，造成窒息死亡	场区≤3 mg/m^3 猪舍≤15 mg/m^3 牛舍≤12 mg/m^3 成禽≤15 mg/m^3 雏畜禽≤3 mg/m^3

2.有害气体的防控

有害气体对动物的影响较大，而冬季舍内的有害气体浓度往往较高，尤其是设计不合理、管理不善的畜禽舍，常造成动物大量发病，生产性能严重降低。因而必须采取多种措施对有害气体加以防控。

(1)合理选择养殖场的场址：畜牧场应选在远离污染源且通风较顺畅的地方。

(2)科学设计畜禽舍：舍内要设置排水系统、清粪设施和通风系统。

(3)及时清除粪尿污物：因它们是舍内有害气体的主要来源，尽可能采用干清粪工艺，以防舍内积聚过量的污水而产生大量的氨气和硫化氢。

(4)合理组织通风换气：因低温时，通风与保温存在着矛盾，因而冬季通风换气的组织尤为重要，即不能因通风换气使舍温降得过多，又要尽可能多的排出舍内的有害气体，且要使舍内通风均匀，风速控制在 0.25 m/s 以内。

(5)科学配制日粮，在饲料中使用添加剂：舍内的有害气体主要是蛋白质腐败分解产生，为此降低日粮的蛋白质水平和提高其消化利用率就能够大大减少有害气体的产生。可采用理想蛋白质体系配制日粮，使蛋白水平降低 1%～2%，限制性氨基酸不足再用单体氨基酸进行平衡。另外，添加消化酶、益生菌(EM)和沸石，减少恶臭气体的产生。

(6)合理使用垫料和吸收剂：如冬季在舍内可使用垫料和沸石，以吸收舍内的有害气体。

技能训练　空气中有害气体的测定

【目的要求】

掌握畜禽舍内有害气体成分的检测方法，评定舍内空气环境卫生状况，并作为评定畜禽舍内通风换气是否适当的依据，确定换气量；制定改善舍内空气环境卫生的措施。

【内容方法】

(一)空气中氨的测定

1.容量分析法

(1)原理　使被检空气通过吸氨力较强的硫酸标准液,根据硫酸吸收前后的浓度之差(用氢氧化钠滴定),求得空气中氨的含量。

$$2NH_3+H_2SO_4=(NH_4)_2SO_4 \qquad 2NaOH+H_2SO_4=Na_2SO_4+2H_2O$$

(2)材料与用品

①试剂　A. 0.005 mol/L 硫酸液;量取 2.8 mL 浓硫酸加入无氨蒸馏水中,稀释至 1 L。用前再稀释 10 倍。B. 0.001 mol/L 氢氧化钠溶液:称取 0.4 g 氢氧化钠加入蒸馏水中,稀释至 1 L。C. 0.5% 酚酞酒精溶液:称取 0.5 g 酚酞加入 100 mL 95%酒精中。

②仪器　大气采样器、U 形气泡吸收管、移液管、滴定管等。

(3)操作步骤

①采样　用 10 mL 移液管向 U 形气泡吸收管加入 10 mL 0.005 mol/L H_2SO_4(注意应在干燥条件下仔细一次加入,不能外流),将其正确地接到采样器上,接通电源,把大气采样器计时旋钮按反时针转向拨至 5～10 min,并迅速调整转子流量计至 0.5 L/min,记录采样体积(V_t),同时记录采样点的温度及大气压力。采样后,样品在室温下保存,于 24 h 内分析。采样点的高度一般以畜禽呼吸带为准,离地高度,牛、马一般为 1～1.5 m;猪、羊为 0.5 m 处。采样时,应在同一地点同时至少采两个平行样品,两个平行样品结果之差,不应超过 20%。

②滴定　采样结束后,用洗耳球将 U 形管中的液体吹到锥形瓶中,加入 0.5% 酚酞指示剂 1～2 滴,用 0.01 mol/L NaOH 滴定至出现微红色并在 1～2 min 内不褪色,记录 NaOH 用量(A_1)。

③硫酸的标定　用 10 mL 移液管吸取 0.005 mol/L H_2SO_4 10 mL 置三角瓶中,滴入 1～2 滴酚酞指示剂,用 0.01 mol/L NaOH 滴定至出现微红色并在 1～2 min 内不褪色,记录 NaOH 用量(A_2)。

(4)结果计算

$$NH_3(mg/m^3)=\frac{(A_2-A_1)\times 0.17}{V_0}\times 1\,000$$

$$V_0=V_t\times\frac{273}{273+t}\times\frac{p}{101.325}$$

式中：A_1、A_2 分别为滴定 H_2SO_4 吸收液和标定 H_2SO_4 时 NaOH 用量(mL)；0.17 为 1 mL 0.005 mol/L H_2SO_4 可吸收 0.17 mg NH_3；V_0 为换算成标准状况下的采样体积(L)；V_t 为现场状态下的采样体积(L)；p 为采样时的大气压力(kPa)；t 为采样时的温度(℃)。

2. 检气管长度法(快速测定法)

(1)原理　硅胶经过百里酚蓝—乙醇—硫酸溶液处理后呈红色，遇氨变为黄色，根据变色柱长度测定氨的浓度。

(2)材料与用品　检气管、注射器及浓度标尺。

(3)测定步骤　在测定地点将检气管两端锉断，与 100 mL 注射器连接，以 2 m/s 速度抽 100 mL 被测气体，用浓度标尺量取变色柱长度，读取氨的浓度。

(二)空气中二氧化碳的测定(化学分析法)

1. 原理

氢氧化钡与空气中的二氧化碳能形成碳酸钡白色沉淀。利用过量的氢氧化钡来吸收空气中的二氧化碳，然后用草酸溶液滴定剩余的氢氧化钡而求得二氧化碳含量。

2. 材料与用品

(1)材料与试剂

A. 氢氧化钡溶液　取氢氧化钡($Ba(OH)_2 \cdot 7H_2O$)7.16 g，置于 1 000 mL 容量瓶中，加蒸馏水至刻度，此溶液 1 mL 约可结合 CO_2 1 mg。因氢氧化钡溶液不稳定，使用时需标定其浓度。

B. 草酸标准溶液　准确称取 2.836 g 草酸($H_2C_2O_4 \cdot 2H_2O$)，置于 1 000 mL 容量瓶中，加蒸馏水至刻度，此溶液 1 mL 与 CO_2 1 mg 相当。

C. 1%酚酞酒精溶液　称取 1 g 酚酞加入 100 mL 95%酒精中。

(2)仪器与用具　大气采样器、二氧化碳测定器、移液管、滴定管等。

3. 测定步骤

(1)采样　取 1 只喷泡式吸收管，在上端近口装一乳胶管，连接到钠石灰管上，用二联球排出内部原有气体，然后迅速从装有 $Ba(OH)_2$ 液的二氧化碳分析仪器中向喷泡式吸收管放入 20 mL $Ba(OH)_2$。把吸收液侧面管口接到大气采样器上，打开胶管夹，按氨气采气操作方法采样 2 L。采样结束后，取下吸收管，静置 1 h，取样滴定。采样时应同时记下气温和气压。

(2)$Ba(OH)_2$ 的标定　把 CO_2 滴定器的滴定装置(图 1-9)开口与钠石灰管相连，驱除其中空气，然后在 CO_2 分析仪器中迅速加入 5 mL $Ba(OH)_2$ 液(A_1)和 1 滴酚酞指示剂，使溶液呈红色，迅速盖上带滴定管的瓶塞，在上部小滴定管中加入草酸标准液（切勿超过上刻度）进行滴定，直至红色刚褪为止，记下草酸用量（C_1）。

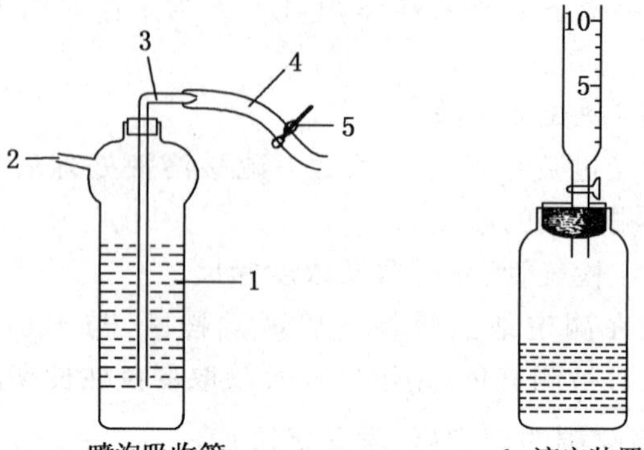

a. 喷泡吸收管　　b. 滴定装置

图 1-9　CO_2 测定器

1. 吸收液　2. 连接大气采样器　3. 玻璃管　4. 乳胶管　5. 夹子

（3）吸收液的滴定　用移液管吸取沉淀后的吸收液上清液 9～10 mL，迅速而准确地将其中的 5 mL（A_2）移入滴定装置的小三角瓶中，使溶液恢复红色。再继续用草酸滴定（滴定管中的草酸不足时可以补加），使红色再次消褪，记下草酸标准液的消耗量（C_2）。

4. 计算

计算公式如下：

$$CO_2=\frac{(C_1/A_2-C_2/A_2)\times 20\times 0.509}{V_0}\times 100\%$$

式中：A_1、A_2 分别为吸收 CO_2 前后标定和滴定 $Ba(OH)_2$ 时的取液量（mL）；C_1、C_2 分别为标定和滴定 $Ba(OH)_2$ 时草酸标准液的消耗量（mL）；V_0 为换算成标准状况下的采样体积（mL）；20 为吸收液的用量；0.509 为 CO_2 由重量换算为容量的系数。

（三）空气中硫化氢的测定

1. 定性检查法

以醋酸铅浸湿的试纸，在畜禽舍空气中片刻，有硫化氢存在时，因形成硫化铅使试纸变为黑色。

2. 碘滴定法

（1）原理　由于空气中的 H_2S 通过碘溶液形成碘氢酸，应用硫代硫酸钠测定

碘溶液吸收 H_2S 前后之差，求得空气中 H_2S 的含量。

(2)试剂

①0.1 mol/L 碘液　在室温下 1 L 蒸馏水仅可溶解 0.3 g 碘，为了取得较浓的碘液，须加入适量的碘化钾，以便生成易溶于水的化合物，即 $KI+I_2 \rightarrow KI_3$。首先用普通天平称取碘化钾 2.5 g，溶于 15～20 mL 蒸馏水中，再用分析天平精确称取碘 1.269 2 g 加入 1 000 mL 容量瓶中，将碘化钾液也加入同一容量瓶中振摇，使碘全部溶解后，加蒸馏水至刻度，保存于褐色玻璃瓶中备用。

②0.005 mol/L 硫代硫酸钠溶液　用分析天平称取化学纯硫代硫酸钠 2.481 g 加入 1 000 mL 容量瓶中，加部分蒸馏水使其全部溶解后，再加蒸馏水至刻度。硫代硫酸钠能吸收空气中的二氧化碳，应定期用 0.01 mol/L 碘液进行标定。

③5%淀粉溶液　称取可溶性的淀粉 0.5 g，溶于 10 mL 凉蒸馏水的试管中，于另一烧杯煮沸 90 mL 蒸馏水，当煮沸时，将试管中的淀粉倒入烧杯中混匀，冷却后即可使用。此液最好是在临用前配制。如需要保存时，可加入 0.5 mL 氯仿防腐。

(3)仪器与用具　同氨的测定。

(4)测定步骤

①采集被检空气的装置与氨的测定相同。将两吸收管中各盛碘液 20 mL。

②用 CD—1 型携带式大气采样器，以流速 1 L/min 左右，采气 40～60 L。

③采气完毕，将两支吸收管中已吸收了 H_2S 的碘液，全部倒入锥形瓶中，经充分混合后，吸取 10 mL 于 50 mL 锥形瓶中，加入淀粉液 0.5 mL，振荡后用 0.005 mol/L 硫代硫酸钠滴定至完全无色为止，记录硫代硫酸钠的用量(b)。

④另取 10 mL 未吸收过 H_2S 的 0.1 mol/L 碘液于锥形瓶中，按上述方法滴定，记录硫代硫酸钠的用量(a)。

(5)计算

$$X=\frac{(a-b)\times n\times 0.34}{V_0}\times 1\,000$$

式中：X 为空气中硫化氢的浓度(mg/m^3)；a 为空白滴定时硫代硫酸钠的用量(mL)；b 为滴定吸收 H_2S 后的硫代硫酸钠的用量(mL)；n 为滴定时所吸收的碘液，改算为总量时的倍数，如取 20 mL，即为总量的 1/2，以 2 乘之，0.34 为 1 mL 碘液相当于 0.34 g H_2S；V_0 为换算成标准状况下的采样体积(L)。

【作业习题】

将实验过程中的操作步骤、测量数据、计算方法和结果分析等完成一篇实验报告。

(二)微生物

1. 来源

舍内的微生物主要来源于舍外大气、物品、饲料、人员和畜禽。一般情况下,外界大气中微生物的数量不多,且多是非致病的腐败菌,但若选址不合理,离生物性污染源近,就会对畜禽构成较大的威胁;若进入畜禽舍的物品、饲料被污染过,则会把病原体一并带入房舍,人员若不经过认真消毒,也有可能携带微生物进入,发病动物和隐性带菌的畜禽和野生动物都会将病原体散入舍内。

2. 危害及传播途径

病原微生物导致动物发病需有一定的浓度,而畜禽舍因空气容量小,紫外线很少照到,空气中还常漂浮着较多的有机尘埃和动物喷出的飞沫,它们给微生物提供了营养和保护,因而病原菌常能达到感染健康畜禽的浓度,从而造成其发病。舍内微生物的传播途径主要是飞沫传播和尘埃传播,而又以飞沫传播为主,因动物患许多疾病如肺结核、流行性感冒感、肺炎、禽类的新城疫等都有呼吸道症状,会排出大量的带菌飞沫。

3. 微生物的防控措施

(1)选好场址,做好防护　远离医院、兽医院和其他养殖场,离居民区应有1 000 m以上的距离;牧场周边应设置围墙,种植防护林加以防护。

(2)加强消毒　新建养殖场应彻底消毒后再转入动物,畜牧场和畜禽舍的入口,应设消毒池或消毒槽,人员进入生产区时,需先消毒,并换上消毒过的衣物和鞋帽,严禁无关人员和大型车辆进入生产区,畜禽舍及场区定期消毒。

(3)做好环境绿化　既可以减少环境的微生物,又可以减少尘埃量。

(4)全进全出,隔离发病动物　禽场的周转必须做到,猪场在规模较大时也尽量采用,最好将不同年龄段和生产方向的动物饲养在不同的分场中,及时隔离发病动物。

(5)冬季要有适宜的通风　以便将微生物的浓度控制在较低的水平。及时将舍内的污物和动物尸体清除出舍,因这些物质往往是病原体的载体。

4. 消毒技术

详见第五章。

(三)尘埃

1. 来源

舍内尘埃除由舍外空气带进来一部分外,多数是舍内自身产生,如生产管理过程中饲料的分发,地面的清扫等都会产生较多的尘埃,此外畜禽体表脱落的毛屑和皮屑也是尘埃的重要来源。

2. 分类

一般按粒径来分。总悬浮颗粒物(TSP)是指飘浮在空气中的固态和液态颗粒物的总称,其粒径范围为 0.1~100 μm,可吸入颗粒物(PM_{10})指粒径在 10 μm 以下的颗粒物。

3. 危害

(1)对呼吸系统造成危害 空气中 10 μm 以上的尘埃一般较少,即使空气中有少量的,在呼吸时也被阻留在鼻孔和咽喉(鼻咽区)处,而可吸入颗粒物(PM10)在空气中飘浮的时间很长,对人畜健康影响很大,其中 5~10 μm 的颗粒能达到气管与支气管区域,直径小于 5 μm 的颗粒可以进入细支气管(呼吸支气管)和肺泡区,并蓄积在呼吸系统中引发哮喘、支气管炎、肺水肿和尘肺等多种疾病。

(2)伤害眼睛 尘埃降落在眼结膜上,对其产生刺激,造成分泌物增多,舍内的尘埃上常常携带病原菌,造成眼睛的病菌感染,使动物患灰尘性结膜炎。

(3)对皮肤造成影响 尘埃降落在畜禽体表上,可与皮屑、细毛、微生物、皮脂、汗液混合在一起,刺激皮肤,引起发痒、发炎,也会堵塞皮脂腺和汗腺管道,造成皮脂和汗液分泌受阻,易造成皮肤干裂,影响高温时畜体的热调节。

(4)造成动物发生过敏反应 在春季植物开花时,大量的花粉飘散在空气中,可造成一些敏感动物产生过敏,发生哮喘,上呼吸道炎症等。

4. 卫生学标准

畜舍空气中尘埃含量不超过 4 mg/m^3,禽舍不超过 8 mg/m^3。

5. 尘埃的防控

(1)做好绿化工作,改善地面状况 在牧场周边种植防风林带,以降低风速,在场内所有的空闲地面上种植植物,以降低风速,减少尘埃产生。

(2)合理通风 冬季在舍内保持适宜通风,以降低舍内尘埃量。

(3)改善饲养管理和饲料状态 在舍内分发饲料干草、翻动垫料动作宜轻,不干扫地面,适当降低饲养密度;在经济合理时,用颗粒料替代干粉料。

(4)易产生尘埃的场地远离畜禽舍,如饲料加工场所和干草垛等应与房舍有较大的间距。

(四)噪声

噪声是物体呈非周期性振动所产生的和环境不协调的声音,强弱以分贝(dB)来计量,它能够干扰人、畜的正常生理机能,造成多种器官损伤,引发一些疾病。

1.来源

一是从外界传入,如交通运输产生的声音、爆竹声、雷鸣声等传入了舍内;二是舍内机械设备运转产生,如风机、喂料机、清粪机等;三是畜禽自身产生,如活动、采食、鸣叫和争斗等。

2.危害

主要体现在两个方面,一是过强的噪声,如超过 90 dB 的噪声,会引起动物体内多种器官的功能失调和紊乱,造成抗病力降低,生产性能下降;二是突发的噪声,极易造成动物的惊恐,在当前高度集约化的状态下,影响更甚,它能造成动物的狂奔,惊飞,造成撞伤,有些动物会惊吓致死。一般来说,只要不是牧场选址极差,畜禽环境噪声超过 90 dB 的很少,但随着鞭炮燃放的解禁和交通运输的增加,突发噪声在环境中迅速增多。

3.防控

选好场址,远离噪声源;搞好场区绿化,利用植物吸收声波;牧场内进行合理规划,防止机动车辆进入生产区;饲料加工和设备维护场所离畜禽舍尽可能远些;选则性能好、噪声小的机械设备;加强管理,防止管理过程中突发噪声的产生,如门窗的突然快速关闭、用具随手乱扔等。

复习思考题

1.红外线的生物学作用应有哪些?

2.紫外线的生物学作用应有哪些?

3.光照对畜禽生殖和生长肥育有何影响?

4.影响等热区和临界温度的因素有哪些?

5.在高温环境中,畜禽是如何进行机体热调节的?

6.在低温环境中,畜禽是如何进行机体热调节的?

7.高温对畜禽健康和生产有何影响?如何防止?

8.低温对畜禽健康和生产有何影响?如何防止?

9.气湿对畜禽有哪些不良影响?怎样防止?

10.畜禽舍中的氨和硫化氢对畜禽有何危害?

11.畜禽舍中的尘埃和微生物对畜禽有何危害?

12. 如何减少畜禽舍空气中的有害气体、尘埃和微生物？

13. 空气病原微生物的传播途径有哪些？

14. 噪声对畜禽生产和健康有何影响？如何减小噪声对畜禽生产的不良影响？

15. 奶牛场有奶牛 100 头，7 月份牛舍内的气温为 32℃，相对湿度为 70%，已知道 6 月份奶牛平均产奶量为 19 kg，如 7 月份不采取降温措施，将会使奶牛场减少多少奶量？经济损失多少？（奶价为 2 元/ kg）。

16. 早春的一天，某奶牛场将长期在舍饲下的 40 头奶牛驱赶到运动场活动，晚上回舍发现多数奶牛的乳头冻伤。经测定，当时场上气温为 1℃，风速为 6.25 m/s，试分析奶牛为什么会冻伤乳头？

第二章 水环境卫生

知识目标

- 了解水源的种类和卫生要求，掌握水源选择的原则。
- 了解水体污染源及种类，掌握水的自净及其意义。
- 了解饮用水卫生标准，掌握饮用水卫生的评价方法。
- 了解水的特殊处理方法。
- 掌握水的净化技术和消毒方法。

技能目标

- 掌握水样采集的方法并熟练地对水进行感官性状的检验。
- 掌握水的硬度和水中"三氮"检测技术。

水是地球上最常见的物质之一，是包括人类在内所有生命生存的重要资源。就畜禽而言，水是影响畜禽生活和生产的重要环境因素，是畜禽有机体的重要组成部分，又是有机体进行各种生理活动与维持生命的必须物质。水也是影响畜禽舍小气候的重要因素。若水质不佳或水体受到污染，会使畜禽健康和生产力受到不良影响。只有满足畜牧生产对水质和水量的要求，才能保证畜禽健康和生产力的正常发挥。

第一节 水源的种类和选择及卫生防护要求

一、水源的种类及卫生特征

地球上的天然水源分为降水、地面水和地下水三大类（表 2-1）。三者之间密切联系又相互转化,参与自然界的水循环。

表 2-1　水源种类及卫生特征

种类	来源	水量	卫生特征	备注
降水	雨、雪水	不稳定	水质有地区性差异,易受污染,软水	不用作饮用水源
地面水	江、河、湖、塘、水库等	充足	水质受地域、流程、流量影响,污染机会多,自净能力强,水质较软	可用作饮用水源
地下水	是降水和地面水经过地层的渗滤积集而成	充足而稳定	水质透明、清洁、含细菌少,不易受污染,水质较硬	可用作饮用水源

(一)降水

降水是指雨、雪水,它由天然的蒸发水形成。在降水过程中,雨、雪水因与大气接触可吸收污染物,由于大气成分的地域性差异,使降水的化学组成出现差异。在收集过程中,亦可能受到污染。降水收集困难,贮存不便,水量受季节影响大,除缺水地区外,一般不用作饮用水源。

(二)地面水

地面水包括江、河、湖、塘、水库等,是由降水和地下水汇集而成的。其流经地域、流程、流量等不同,水质卫生特征也不同。一般含矿物质较少,水质较软,容易受到生活及工业废水的污染。地面水来源广,水量充足,取水方便,又因为它本身有较好的自净能力,故可作为饮用水的主要水源。作生活饮用水源时,一定要经过适当的净化和消毒处理,否则不能直接供生活饮用。

江、河水在涨水期或暴雨后,水中常含有大量泥沙及杂质,使水混浊或带色,细菌含量增高,但盐类含量较低。

湖、水库水由于流动较慢,冲刷较少,水中杂质沉淀较完全,因此水质一般较清晰。但往往有大量浮游生物生长、繁殖,使水着色并带臭味。有时,水体受城市污水及含氮、磷的工业废水的污染,使水中氮及磷含量大大增加,出现富营养化现象。

塘水容量较小,自净能力差,受地表生活性污物污染的机会多,因而是地面水中水质较差的水源。

(三)地下水

地下水是指广泛埋藏于地表以下的水,是降水和地面水经过地层的渗滤积集而成。分为浅层地下水和深层地下水。地下水卫生学特征是:由于经过地层过滤,水中所含悬浮物、有机物及细菌等大部分被滤除,所以水质比较透明、清洁,含细菌少，尤其是深层地下水，由于不透水层的覆盖，几乎不存在有机物污染的可能性，同时水质水量较稳定，是最好的水源。但地下水含矿物质较多，硬度比地面水要大，有的甚至含有某些矿物性毒物，会引起地方性疾病。

浅层地下水水位较高，仍然存在污染的可能性。深层地下水若地层存在溶洞、断层、裂隙等情况，特别是露头部分受到污染，其水质仍然可能受到污染，因此地下水的卫生防护问题仍不能忽视。泉水是地下水自行流出来的，来源于浅层地下水，其水质卫生学特征与深层地下水相近。泉水流至小溪时，容易受到地面污物的污染。

作为生活饮用的地下水含某些矿物质过高时，需要做特殊处理。

二、水源的选择及卫生要求

（一）水源选择应遵循下列原则

1. 水量充足

必须能满足畜牧场内人、畜生活及生产用水的需要，应满足消防和灌溉用水，并且考虑今后发展需增加的用水量。

人的生活用水指每个职工每日所消耗的水，包括饮用、洗衣、洗澡及卫生等用水，一般可按每人每日平均40～60 L计算。畜禽用水是指每头畜禽每日平均用水量，包括饮水、饲料调制、畜体清洁、刷洗饲槽和用具、冲洗畜床等所消耗的水。各种畜禽的需水量参见表2-2。

表2-2　各种畜禽每日用水量　　L/(头·只)

畜种	舍饲期用水量	放牧期用水量
乳牛	70～120	60～70
育成牛	50～60	50
犊牛	30～50	30
种母马	50～75	50
种公马、役马	60	50
马驹	40～50	25
带仔母猪	75～100	50
妊娠母猪、公猪	45	40
育成猪	30	25
幼猪、肥猪	15～20	15
成年母羊	10	5

续表 2-2

畜种	舍饲期用水量	放牧期用水量
羔羊	5	3
成年鸡	1	
火鸡	1	
雏鸡	0.5	
鸭	1.25	
鹅	1.25	

（冀行键.家畜环境卫生.2001）

2.水质良好

水源水质的相应指标经净化与消毒处理后，应能达到生活饮用水卫生标准。

3.水源周围环境条件较好

应便于进行卫生防护，取水点应设在城镇和工矿企业的上游。

4.取用方便

选择水源要取水方便，节省投资。地下水丰富的地区，应优先选择地下水源。

(二)水源的水质要求

我国《生活饮用水卫生标准》对饮用水水源水质作了以下规定。

(1)采用地表水为生活饮用水水源时应符合《地表水环境质量标准》的要求。

(2)采用地下水为生活饮用水水源时应符合《地下水质量标准》的要求。

(3)小型集中供水和分散式供水，因条件限制，水质部分指标可适当放宽。但应尽量符合水质标准的规定。

(4)集中式生活饮用水地表水源地水质超标项目经自来水厂净化处理后，必须达到《生活饮用水集中式供水单位卫生规范》的要求。

若不得不选用超过上述某项指标的水作为生活饮用水的水源时，应取得省、市、自治区主管部门同意，并以不影响健康为原则，根据超过幅度与有关部门共同研究处理方法，在限定的期间内使处理的水质符合标准要求。

三、水源的卫生防护

(一)地面水源的防护

农村用河、湖水作水源时，首先应选好取水点，并清除周围半径 100 m 内水域的各种污染源；取水点上游 1 000 m 和下游 100 m 水域不应有污水排放口。不得从事有可能污染该段水域水质的活动。有些地方在岸边修建自然渗滤井或沙滤井，对改善地面水水质可以收到很好的效果。

1. 自然渗滤井

河、湖、塘附近的浅层土壤具有一定的渗滤作用时，即可在离岸边 20～30 m 处打井，利用其土质的自然渗滤作用，使地面水经过渗滤，除掉水中悬浮的杂质及微生物后，流入渗井中，可使水的理化性状大大改善，细菌总数大大降低（图 2-1）。

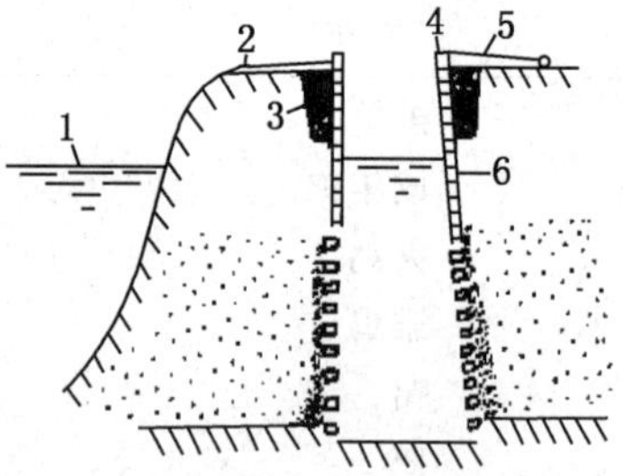

图 2-1 自然渗滤井

1. 河塘水 2. 排水沟 3. 黏土 4. 井栏 5. 井台 6. 井筒

2. 沙滤井（池）的组成

都是利用沙的过滤作用来改良水质。水流经特制的沙沟或矿层时，能够把水中悬浮的杂质隔滤下来；另外，在沙层表面隔下来的杂质中有大量的微生物，形成一层薄膜—生物膜。这种生物膜的孔隙更小，除隔滤作用以外还有吸附作用，可以滤除并吸附水中细小的杂质和微生物。沙滤沟或矿层用细沙、粗沙及碎石铺成，水引入沙滤沟后经过沙层过滤，再流入清水井中（图 2-2 ）。这样，水的感官性状、细菌总数等均可降低。

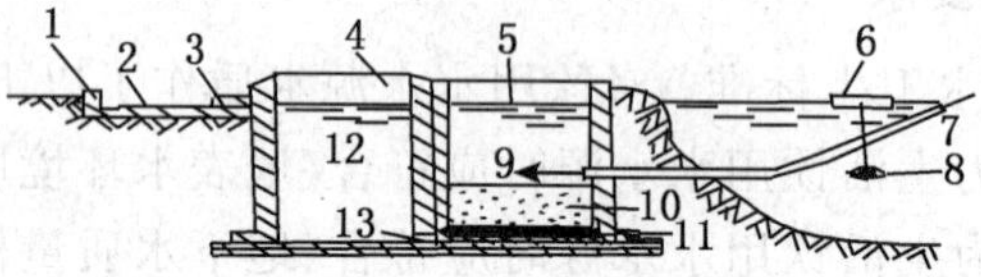

图 2-2 塘边沙滤井

1. 井台边栏 2. 井台 3. 踏步 4. 挂桶钩 5. 最高水位线 6. 竹或木浮子 7. 水塘 8. 坠石 9. 沙滤井 10. 沙 11. 石子 12. 贮水井 13. 连通管

另外，以池塘水作为水源时，可以采取分塘取水的方法，水质较好的专作饮用水源，并作好防护，以防污染。

（二）地下水源的防护

我国广大农村最主要的地下水水源是水井。部分水井构造比较简陋，如附近有工业废水排放或排水沟、厕所、垃圾、猪圈等污染源，经雨水冲刷或由地面渗透，很容易受到污染，会给人畜带来危害。因此，对水井加强卫生管理，是预防农村人、畜介水传染病的一项重要措施。为使水井安全卫生，必须有良好的卫生防护设施和严格的卫生管理制度。卫生防护一般要求如下。

1.水井位置

应便于取用，离住宅不要太远，服务半径不超过 150 m 。不宜建在依山或沼泽地带，以免下雨时雨水和山洪冲入井内或将井淹没；井址周围要清洁，水井周围 30 m 范围内不得设置渗水厕所、渗水坑、粪坑、垃圾堆和废渣堆等。

2.水井结构合理

(1)井底　下面先铺 30 cm 河沙，上面铺 30 cm 厚卵石块，也可以在沙上铺带孔的水泥板，以防止打水时搅动泥沙。

(2)井壁　用砖、石块或其他材料砌筑。井壁下段设高 1 m 的进水井壁，用砖石垒砌，不必用灰沙抹缝，周围填充厚 30～60 mm 的沙砾，以利于地下水渗入井中；井壁上段距井口 3 m 内用砖石密砌，用灰沙抹缝，外围填充 0.5 m 厚的黏土夯实，做成紧实无缝的防水层，以防地面水漏入井内。

(3)井台　用不透水材料砌成，要高出地面约 20 cm，半径 1～3 m，有向外倾斜的坡度，以便水向外流；在井台周围要有排水沟，便于排除积水。

(4)井栏　应高出井台 10～30 cm，并与井壁密接无缝，防止污水流入井内。

(5)井盖　井口上应加盖，可以固定在井栏上。为了便于防护，各地可以就地取材，修建各种密封井，避免或减少井水受到污染(图 2-3)。

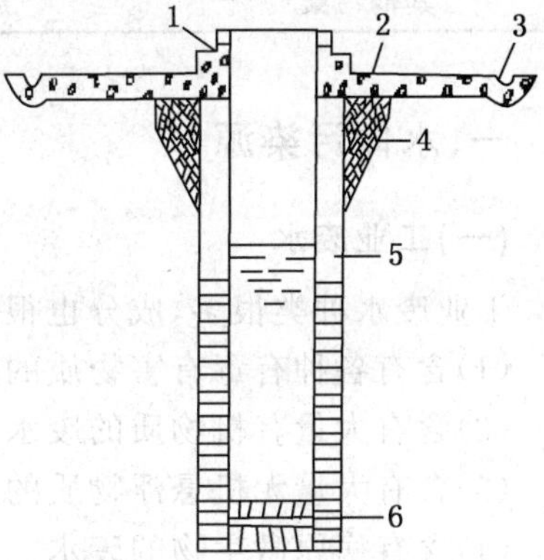

图 2-3　合理水井的结构

1.井栏　2.井台　3.排水沟

4.黏土层　5.井壁　6.井底

3.井水的卫生管理

在井的周围 3～5 m 范围内划作卫生防护带，并要定期进行卫生检查。

第二节　水体的污染及自净

水体的污染有自然的或人为的因素。水体中的生物生长、繁殖及死亡后残体分解，使水质产生不良颜色和难闻臭气，常称为水体的“本身污染”。自然因素如火山爆发、山洪爆发、雨水侵蚀等也能形成水污染。向江河、湖泊排放大量未经过处理的工业废水、灌溉污水、生活污水以及各种废弃物，造成水质恶化，这是人为的污染现象，通常所说的水体污染是指后者而言。水体污染物的来源、种类及危害见表2-3。

表 2-3 水体污染物的来源、种类及危害

来源	种类	危害
工业废水	有机物污染	引起疾病
生活污水	微生物污染	引起急、慢性中毒
农药污染	有毒物质污染	恶化水体的感官性状
畜产污水	致癌物质污染	妨碍水体的自净作用
其他污染	放射性物质污染	其他危害

一、水体污染源

(一)工业废水

工业废水种类很多，成分也很复杂，按其来源和性质可分为以下六类。

(1)含有各种有毒有害物质的废水　如化工、炼油、电镀、冶炼等工业废水。

(2)含有大量有机物质的废水　如造纸、制糖、食品加工等工业废水。

(3)含有大量无机悬浮物质的废水　如火力发电厂排出的粉煤、灰渣废水。

(4)含有病原微生物的废水　如生物制品、制革、屠宰厂等排出的废水。

(5)含有放射性物质的废水　如原子能发电站、放射性矿、核燃料工厂等工业废水。

(6)含热废水　如冷却或加热用水，可引起“热污染”。

(二)生活污水

包括淋浴、洗衣、洗物、厨房和冲洗大小便器的污水，以及医院、传染病原的污水等，它含有各种病原微生物和寄生虫卵，可引起介水传染病的传播。

(三)农药污染

长期滥用农药，可造成土壤污染，以至于污染水源，是威胁人、畜健康的潜在危害，如有机氯、铅、砷、汞等。

(四)畜禽生产污水

畜牧生产中的污水，含有大量有机物，并可能带有病原微生物和寄生虫卵，也有引起介水传染病传播的可能性。

(五)其他污染

水中水生植物如水草、藻类等大量死亡，残体分解可造成水体的“本身污染”。

此外，废气、废渣中的有毒物质，在降水时经过冲刷或溶解，也会造成水体污染。

二、水体污染物的种类

(一)有机物污染

生活污水、畜产污水以及造纸、食品工业废水等都含有大量的腐败性有机物，其涉及范围广，排出量大，受害规模非常广泛。腐败性有机物在水中首先能够使水混浊。当水中氧气充足时，在好气菌作用下，有机氮最终被分解为硝酸盐类的稳定无机物。当水中溶解氧耗尽时，有机物进行厌气分解，产生甲烷、硫化氢、硫醇之类的恶臭，使水质恶化，不适于饮用。而且有机物分解的产物是优质营养素，当营养物质浓度过高、水质过肥时便会形成水体富营养化，使水生生物大量繁殖，更加大了水的混浊程度，消耗水中的氧，产生恶臭味，威胁贝类、藻类的生存，造成鱼类死亡。此外，在粪便、生活污水等废弃物中往往含有某些病原微生物及寄生虫卵，而水中大量的有机物为其提供了生存和繁殖的条件，可能由此而造成疾病的传播和流行。

(二)微生物污染

天然水中常生存着各种各样的微生物，其中主要是腐物寄生菌。水中有机物含量愈高，微生物的含量往往也愈多。水源被病原微生物污染后，可引起某些传染病的传播与流行，如猪丹毒、猪瘟、副伤寒、马鼻疽、布氏杆菌病、炭疽病、钩端螺旋体病等。介水传染病的病原微生物来源，主要是病畜或带菌者的排泄物、尸体以及兽医院、医院的污水，以及屠宰场、制革厂、洗毛厂的废水。介水传染病的发生和流行，取决于水源污染的程度及病原菌在水中存活的时间等因素。由于天然水有自净作用，因此偶然的一次污染通常不会造成持久性的介水传染，但大量而经常性的污染则极易造成介水传染病的发生。

(三)有毒物质污染

常见的无机性毒物有铅、汞、砷、铬、镍、镉、铜、锌、氟、氰化物以及各种酸和碱等；有机性毒物中有酚类化合物、聚氯联苯、有机氯农药、有机磷农药、合成洗涤剂、有机酸、石油等。水体受有毒物质污染的主要原因有：

(1)由于排入了各种未经适当处理的工业废水；

(2)农田广泛施用农药，被雨水带入水体；

(3)在多矿地区地层中含有大量的砷、铅、氟等矿物质，致使该地区水中毒物含量增加。

各种不同性质的毒物污染水体后，可产生各种不良影响：

1.引起中毒

某些毒物如铅、砷、汞、氰化物、有机磷农药等，具有较大毒性，当其污染水体后，往往能使饮用这种水的畜禽中毒，并可影响鱼类生存。在一般情况下，毒物在水中浓度不是很高，因此由饮水而引起急性中毒的事例并不多见，但当水源经常受到污染时，水中较低含量的毒物可通过长期饮用而作用于畜体，引起慢性中毒，如饮水铅中毒、砷中毒和氟中毒等。

2.恶化水的感官性状

有些毒物如酚类、石油等，在一般浓度下虽对机体无直接毒害，但能使水发生异臭、异味、颜色、泡沫层、油层等，妨碍水的正常使用。

3.妨碍水体的自净

铜、锌、镍、铬等化学物质在水中能抑制微生物丛(它们能使水中有机物分解与氧化)的生长和繁殖，从而阻碍水的天然自净过程，影响水体的卫生。

(四)致癌物质污染

主要来自石油、颜料、燃料、化学等工业废水，常见的如砷、铬、镍、铍、苯胺、3,4-苯并芘及其他芳香烃等。有的致癌物质在水中还能在悬浮物、基底污泥和水生生物体内蓄积。

(五)放射性物质污染

天然水中放射性物质的含量极微，一般对机体无害。但人为污染，例如有人工放射性元素侵入水体时，就可使之急剧增强，甚至可危害机体的健康。

三、水污染的危害

(一)引起介水传染病的流行

水体如受到病原微生物的污染，则可能通过饮水、饲料和接触等方式导致介水传染病的流行。例如炭疽、布氏杆菌病、钩端螺旋体病、结核、口蹄疫、马鼻疽、猪瘟、猪丹毒、鸡新城疫、禽霍乱等均可通过水传播，特别是水禽的传染病。

介水传染病的发生和流行，受水体污染的程度以及病原微生物在水中生存的时间等因素的影响。在自然条件下，由于水体的自净作用，污染水体的病原微生物大多会很快死亡。因此，天然水偶然一次污染，不一定就会造成介水传染病的流行，但决不能忽视可能引起传染、流行的危害性。所以，对可能受到病原微生物污染的水源，应特别注意保护。

(二)引起急、慢性中毒

污染水体的化学物质很多，如铅、砷、汞、氟、有机磷农药等，它们对畜禽有机体都有一定的毒性,可能会引起急、慢性中毒。在一般情况下,水中毒物浓度不会很高,因此,饮水引起的急性中毒事例比较少见。但如果水源经常受到污染,水中毒物的含量虽低,仍可因为长期饮用而作用于机体,导致慢性中毒。在日本就有鸡、猪等畜禽因长期饮用低甲基汞水中毒而发病的。

另外,水体受到污染,还造成很多间接危害,如恶化水体的感官性状;妨碍水体的自净作用等。

四、水体的自净

(一)水的自净

水体受到污染以后,由于物理、化学、生物学等多种因素的综合作用,使污染逐渐消除的过程,称为水体的自净。但是,水体的自净是有一定限度的,当污染物浓度超过水体的自净能力时,其污染不能自行消除。

(二)水的自净作用

水体自净主要表现在以下几个方面。

1. 混合稀释作用

污染物进入水体后,逐渐与水混合、稀释,降低浓度,最后达到不能引起危害的程度。

2. 沉降与逸散

污染物进入水体后,其中密度大、颗粒大的悬浮物,因重力作用而下降。水流愈慢,沉降愈快。水中胶质微粒,因吸附周围污染物结合成团,加大重力而沉降,称为吸附沉降,水中一部分细菌和寄生虫卵也可一同下沉。

某些挥发性的污染物,如挥发性酚、硫化氢、氢氰酸等,在阳光、紫外线、高温、水流搅动等因素作用下,可逸散到大气中,称为逸散。

但是,沉降与逸散不能完全消除危害。如逸散到大气中的污染物,可使大气受到污染,若遇雨水降落,又返回水体,引起水体二次污染;沉降于水底的污染物,可因水流量增加,流速加快而重新冲起,引起水体的二次污染。

3. 中和作用

江、河水中通常溶解有二氧化碳,含有一些硅酸盐类和石灰石微粒等,进入水体的少量酸性废水或碱性废水能被中和,同时,酸性废水和碱性废水相互间也可中和一部分。但是此中和作用是有一定限度的,如排入过多,仍能引起水 pH 值的改变。

4. 有机物分解

污染物中的有机物进入水体后,可以逐渐分解。使复杂有机物变为简单物质,称为生物性分解。另外，水中有机物也可通过水解、氧化、还原等反应进行化学性分解。分解过程有需氧和厌氧两种类型。水体中溶解氧充足时，有机物进行需氧分解，终产物为性质稳定的亚硝酸盐、硝酸盐、硫酸盐、磷酸盐、二氧化碳等；如水体中溶解氧不足，则进行厌氧分解，终产物为性质不稳定的甲烷、氨、吲哚、粪臭素、硫化氢、硫醇、磷化氢等，且具有臭味。

水体中的溶解氧，由于需氧分解，不断被消耗，此过程称为“耗氧”；空气中的氧也不断地溶入水中，补充水体中的溶解氧，此过程称为“复氧”。急流和风力引起的波浪可使水的复氧加快，水体中绿色植物的光合作用，可使溶解氧增加。

5. 生物颉颃和日光照射

进入水体中的微生物，由于阳光紫外线的照射、水生生物间的颉颃作用、噬菌体的噬菌作用以及不适宜的生活环境等因素的影响，可以逐渐死亡或发生变异；寄生虫虫卵进入水体后，除血吸虫、肺吸虫等能在水中孵化外，一般先沉入水底，以后逐渐死亡。

进入水体中的微生物，包括病原微生物和非病原微生物两类，因其种类不同，所需的生存及繁殖条件也有所差异，目前对其规律尚不十分清楚，如何及早杀灭病原微生物，保留非病原微生物，并利用其来消除水体的污染，是今后需要研究的课题。

6. 生物转化和生物富集

某些污染物进入水体后，可以通过微生物的作用使其转化，伴随物质的转化使毒性增高或降低，水体污染的危害性也同时加重或者是减轻。此外，水体中的污染物被水生生物吸收后，可在体组织中浓集，还可以通过食物链：浮游植物→浮游动物→贝、虾、小鱼→大鱼，逐渐提高生物组织内污染物的聚集量（提高几倍甚至几十万倍）。凡进入体内难于异化的物质，都有在体内浓集的倾向，如有机氯化合物、甲基汞、多环芳香烃等。

（三）水的自净卫生学上的意义

通过水的自净作用，可使被污染的水体逐渐变为在卫生学上无害的水体。它具体表现为：

（1）有机物转变为无机物。

（2）致病微生物死亡或变异。

（3）寄生虫虫卵减少或失去活力而死亡。

（4）毒物的浓度降低或对机体不发生危害。

必须说明的是，水体的自净能力是有一定限度的，如果无限制地向水中排污，就会使这种能力降低或丧失，造成更严重的污染。所以必须执行污水排放的卫生规定。

(四)不同水源的自净

(1)江、河水的自净　江、河水的特点是流经地域广,流程长,容水面积宽,流量大,其自净能力强。

(2)湖泊、水库水的自净　湖泊和水库水的特点是水流比较缓慢,虽然悬浮物质易于沉降,但混合稀释能力较差,自净能力比江河水弱。当大量含氮、磷、钾的废水进入水体时,水生生物的营养物质增多,可出现富营养化问题,使水体中的藻类等水生植物大量繁殖,影响水质性状。

(3)海洋水的自净　海洋水的特点是有巨大的容量和沉降等自净能力,但海洋水能将污染物远距离转运,使远离污染区的国家和地区的水域也受到污染。污染物中不易溶解和不易分解的物质,可持续几个世纪在海洋中积蓄,通过生物、物理、化学等变化仍可能造成二次污染,给人类带来危害。另外,由于海洋的污染,海潮的逆流,接近入海口潮汐的河道,也可因海洋的污染而受到污染。

(4)地下水的自净　地下水上覆盖有不同厚度的土壤(浅层地下水)或不透水层(深层地下水)作为保护层,因而地下水有利于防止污染。但地下水因地层影响,溶解氧含量少,得不到阳光中紫外线的照射,流速缓慢,故自净能力较差。地下水一旦受到污染,在很长时间内不能消除,同时污染可能通过溶洞或砾石层发生远距离的转移。

第三节　饮用水的卫生标准及评价

一、饮用水水质标准

生活饮用水卫生标准是从保护人群身体健康和保证人类生活质量出发,经国家有关部门批准,以一定形式发布的法定卫生标准。它保证水质适于生活饮用,是对饮用水水质评价的依据,与人、畜健康有直接关系。我国现已公布和贯彻执行的水质卫生标准是《生活饮用水卫生标准》(GB 5749—2006),该标准是对 1985 年发布的《生活饮用水卫生标准》(GB 5749—85)的修订,并于 2007 年 7 月 1 日正式实施。水质指标由原来的 35 项增加至 106 项,增加了 71 项,修订了 8 项。其中,水质常规指标共 38 项。水质常规指标及限值见表 2-4。

表 2-4　生活饮用水卫生标准

编号	指标	限值
	感官性状指标：	
1	色度(铂钴色度单位)	15
2	混浊度(散射混浊度单位)/NTU	1
3	臭和味	无异臭、异味
4	肉眼可见物	无
	化学指示：	
5	pH	不小于 6.5 且不大于 8.5
6	铝/(mg/L)	0.2
7	铁/(mg/L)	0.3
8	锰/(mg/L)	0.1
9	铜/(mg/L)	1.0
10	锌/(mg/L)	1.0
11	氯化物/(mg/L)	250
12	硫酸盐/(mg/L)	250
13	溶解性总固体/(mg/L)	1 000
14	总硬度(以 $CaCO_3$ 计)/(mg/L)	450
15	耗氧量(COD_{Mn}法,以 O_2 计)/(mg/L)	3
16	挥发酚类(以苯酚计)/(mg/L)	0.002
17	阴离子合成洗涤剂/(mg/L)	0.3
	毒理指标：	
18	砷/(mg/L)	0.01
19	镉/(mg/L)	0.005
20	铬(六价)/(mg/L)	0.05
21	铅/(mg/L)	0.01
22	汞/(mg/L)	0.001
23	硒/(mg/L)	0.01
24	氰化物/(mg/L)	0.05
25	氟化物/(mg/L)	1.0
26	硝酸盐(以 N 计)/(mg/L)	10
27	三氯甲烷/(mg/L)	0.06

续表 2-4

编号	指标	限值
28	四氯化碳/(mg/L)	0.002
29	溴酸盐(使用臭氧时)/(mg/L)	0.01
30	甲醛(使用臭氧时)/(mg/L)	0.9
31	亚氯酸盐(使用二氧化氯消毒时)/(mg/L)	0.7
32	氯酸盐(使用复合二氧化氯消毒时)/(mg/L)	0.7
	微生物指标*：	
33	总大肠菌群/(MPN/100 mL 或 CFU/100 mL)	不得检出
34	耐热大肠菌群/(MPN/100 mL 或 CFU/100 mL)	不得检出
35	大肠埃希氏菌/(MPN/100 mL 或 CFU/100 mL)	不得检出
36	菌落总数/(CFU/ mL)	100
	放射性指标**：	指导值
37	总 α 放射性/(Bq/L)	0.5
38	总 β 放射性/(Bq/L)	1

* MPN 表示最可能数；CFU 表示菌落形成单位。当水样检出总大肠菌群时，应进一步检验大肠埃希氏菌或耐热大肠菌群；水样未检出总大肠菌群，不必检验大肠埃希氏菌或耐热大肠菌群。

** 放射性指标超过指导值，应进行核素分析和评价，判定能否饮用。

二、感官性状指标

水质的感官性状指标包括水的色度、混浊度、臭和味、肉眼可见物等项。通常可用眼、鼻、舌等感觉器官去直接感受。故称它们为感官性状指标。

（一）色度

清洁的水应该是无色的。自然界中的某些因素的影响可使水呈现出一定的颜色。如流经沼泽地带的地面水，由于含腐殖质而呈棕色或棕黄色；有大量藻类繁殖的地面水呈绿色或黄绿色；深层地下水含大量低铁盐，汲出地面后氧化成高铁而呈黄褐色；含有黑色矿物质时水呈灰色；当水体受到有色工业污染时，可呈现该工业废水所特有的颜色。色度一般用铂钴比色法测定，以“度”表示。我国规定饮用水色度不超过 15 度。

（二）混浊度

混浊度是表示水中所含不溶性物质多少的指标。清洁的水是透明的。泥沙、有机物、矿物、生活污水、工业废水都可使水的混浊度增加。水的混浊度可影响水的感官性状，有时还具有流行病学或毒理学的意义。我国《生活饮用水卫生标准》规定混浊度不超过1度。

地下水因有地层的覆盖和过滤作用，水的混浊度较地面水低。地面水往往由于降水将临近地面的泥土或污物冲入，或因生活污水或工业废水的排入，或因强风急流冲击水堤和岸边的淤泥，致使水的混浊度提高。

(三)臭

清洁的水没有异臭。地面水中如有大量的藻类或原生动物时，水呈水草臭或腥臭。当水中含有人畜排泄物、垃圾、生活污水、工业废水或硫化氢时，可出现不同的臭气。臭强度一般分为六级，测定时还需记录臭的性质，如鱼腥臭、泥土臭、霉烂臭等。

(四)味

清洁的水应适口而无味。天然水中各种矿物质盐类和杂物的量达到一定浓度时，可使水发生异常的味道。如水中含有过量的氯化物时有咸味；含硫酸钠或硫酸镁时有苦味；含有铁盐时呈涩味；含有大量腐殖质时呈沼泽味。

味的表示方法与臭类同，但在检验有污染可能的水时，须经煮沸后才能尝味。

(五)肉眼可见物

指水中含有的凡是肉眼可见的微小生物悬浮颗粒。它是水质不清洁的标志。饮水中不得含有肉眼可见物。

技能训练　水样采集和感官性状检验

【目的要求】

掌握水样的采集方法，会运用眼、鼻、舌等感官对水质进行检验。

【内容方法】

一、水样的采集

1. 材料

水样采样器、硬质玻璃瓶(或塑料瓶)、烧杯、三角烧瓶等。

2. 方法步骤

供物理、化学检验用的水样采集，应具有代表性。水样采集的方法、次数、深度、时间等，均由分析目的而定。一般采样量为2 L，采样时先将洁净的采样瓶用样水冲洗2～3次，再将水样收集于瓶内，可用硬质玻璃瓶或塑料瓶采集。当水样中含有多种油类时用玻璃瓶为宜；欲测微量金属离子的水样，以塑料瓶为宜。

采集自来水或具有抽水设备的井水时，先放水数分钟，使积留在水管中含杂质的水流出后，再将水样收集于瓶中。

采集井水（没有抽水设备）或江、河、湖、水库等水源水样时，应将水采样器浸入水下 20～30 cm 处，然后拉开瓶塞，使水进入瓶内，洗涤 2～3 次后采集水样，再倒入水样瓶内，塞紧瓶盖，贴上标签，备检。

供细菌卫生学检验用的水样，所用仪器必须预先做灭菌消毒处理。取完水样后立即将瓶塞塞紧、包好、扎牢，以保证在运送、保存过程中不受外界微生物污染。

采集自来水时，先用酒精灯将水龙头灼烧消毒，然后完全打开水龙头放水 5～10 min，使积留在水管中含杂质的水流出后，再用采样器采样。经常放水的水龙头，打开后放水 1～3 min 即可采样。

采集含余氯的水样时，应在水样瓶未消毒前，按每 500 mL 水样加 1.5％的硫代硫酸钠溶液 2 mL，连同水样瓶一并消毒，以便脱氯。

水样采集后应详细写采样记录，包括标号、瓶数、采样地点和深度、采样日期、时间、水源种类、采集水样时水的温度与大气温度、水源污染可能，以及采样单位、分析目的、分析项目、最后采样人签名。水样采集后必须尽快化验，若放置时间过长，水样成分易发生变化从而影响测定结果的准确性。

二、水质感官性状检查

1. 色度（铂・钴标准比色法）

本法适用于生活饮用水及其水源水中色度的测定。水样不经稀释，最低检测色度为 5 度，测定范围为 5～50 度。测定前应除去水样中的悬浮物。

(1)原理　用氯铂酸钾和氯化钴配制成与天然水黄色色调相似的标准色列，用于水样目视比色测定。规定 1 mg/L 铂[以 $(P_tCl_6)^{2-}$ 形式存在]所具有的颜色作为 1 个色度单位，称为 1 度。即使轻微的混浊度也干扰测定，混浊水样测定时需先离心使之清澈。

(2)试剂　铂-钴标准溶液：称取 1.246 g 氯铂酸钾（$K_2P_tCl_6$）和 1.000 g 干燥的氯化钴（$CoCl_2 \cdot 6H_2O$），溶于 100 mL 纯水中，加入 100 mL 盐酸（$\rho_{20}=1.19$ g/mL），用纯水定容至 1 000 mL。此标准溶液的色度为 500 度。

(3)仪器　成套高型无色具塞比色管（50 mL）、离心机。

(4)分析步骤

①取 50 mL 透明的水样于比色管中。如水样色度过高，可取少量水样，加纯水稀释后比色，将结果乘以稀释倍数。

②另取比色管 11 支，分别加入铂-钴标准溶液 0 mL，0.50 mL，1.00 mL，1.50 mL，2.00 mL，2.50 mL，3.00 mL，3.50 mL，4.00 mL，4.50 mL 和 5.00 mL，加纯水至刻度，摇匀，配制成色度为 0 度，5 度，10 度，15 度，20 度，25 度，30 度，35 度，40 度，45 度和 50 度的标准色列，可长期使用。

③将水样与铂-钴标准色列比较。如水样与标准色列的色调不一致，即为异色，可用文字描述。

(5)计算

$$色度(度)=V_1\times 500/V$$

式中：V_1 为相当于铂-钴标准溶液的用量，单位为毫升(mL)；V 为水样体积，单位为毫升(mL)。

2. 混浊度(目视比浊法)

本法以福尔马肼为标准，用目视比浊法测定生活饮用水及其水源水的混浊度。最低检测混浊度为 1 散射混浊度单位(NTU)。

(1)原理　硫酸肼与环六亚甲基四胺在一定温度下可聚合生成一种白色的高分子化合物，可用作混浊度标准，用目视比浊法测定水样的混浊度。

(2)试剂

①纯水　取蒸馏水经 0.2 μm 膜滤器过滤。

②硫酸肼溶液(10 g/L)　称取硫酸肼[$(NH_2)_2\cdot H_2SO_4$，又名硫酸联胺] 1.000 g 溶于纯水并于 100 mL 容量瓶中定容。

注意：硫酸肼具致癌毒性，避免吸入、摄入和与皮肤接触！

③环六亚甲基四胺溶液(100 g/L)　称取环六亚甲基四胺[$(CH_2)_6N_4$] 10.00 g 溶于纯水，于 100 mL 容量瓶中定容。

④福尔马肼标准混悬液　分别吸取硫酸肼溶液 5.00 mL、环六亚甲基四胺溶液 5.00 mL 于 100 mL 容量瓶内，混匀，在 25℃±3℃放置 24 h 后，加入纯水至刻度，混匀。此标准混悬液混浊度为 400 NTU，可使用约一个月。

(3)仪器　成套高型无色具塞比色管(50 mL)，玻璃质量及直径均须一致。

(4)分析步骤

①摇匀后吸取混浊度为 400 NTU 的标准混悬液 0 mL，0.25 mL，0.50 mL，0.75 mL，1.00 mL，1.25 mL，2.50 mL，3.75 mL 和 5.00 mL 分别置于成套的 50 mL 比色管内，加纯水至刻度，摇匀后即得混浊度为 0 NTU，2 NTU，4 NTU，6 NTU，8 NTU，10 NTU，20 NTU，30 NTU 及 40 NTU 的标准混悬液。

②取 50 mL 摇匀的水样，置于同样规格的比色管内，与混浊度标准混悬液同

时振摇均匀后，由管的侧面观察，进行比较。水样的混浊度超过 40 NTU 时，可用纯水稀释后测定。

(5)计算 混浊度结果可于测定时直接比较读取，乘以稀释倍数。不同混浊度范围的读数精度要求见表 2-5。

表 2-5 不同混浊度范围的读数精度要求 NTU

混浊度范围	读数精度	混浊度范围	读数精度
2～10	1	400～700	50
10～100	5	700 以上	100
100～400	10		

3. 臭和味(嗅气和尝味法)

本法适用于生活饮用水及其水源水中臭和味的测定。

(1)仪器 锥形瓶(250 mL)。

(2)分析步骤

①原水样的臭和味 取 100 mL 水样，置于 250 mL 锥形瓶中，振摇后从瓶口嗅水的气味，用适当文字描述，并按六级记录强度，见表 2-6。

与此同时，取少量水样放入口中(此水样应对人体无害)，不要咽下，品尝水的味道，予以描述，并按六级记录强度。

②原水煮沸后的臭和味 将上述锥形瓶内水样加热至开始沸腾，立即取下锥形瓶，稍冷后按上法嗅气和尝味，用适当文字加以描述，并按六级记录其强度，见表 2-6。

表 2-6 臭和味的强度等级

等级	强度	说明
0	无	无任何臭和味
1	微弱	一般饮用者甚难察觉，但臭、味敏感者可以发觉
2	弱	一般饮用者刚能察觉
3	明显	已能明显察觉
4	强	已有很显著的臭味
5	很强	有强烈的恶臭或异味

注：必要时可用活性炭处理过的纯水作为无臭对照水。

4. 肉眼可见物(直接观察法)

本法适用于生活饮用水及其水源水中肉眼可见物的测定。

将水样摇匀,在光线明亮处迎光直接观察,记录所观察到的肉眼可见物。

【作业习题】

将实验过程中的操作步骤、测量数据、计算方法和结果分析等完成一篇实验报告。

三、化学指标

(一)pH

决定于它所含氢离子及氢氧离子的多少。我国《生活饮用水卫生标准》规定,pH 不小于 6.5 且不大于 8.5。pH 过高,影响盐类溶解,使盐类析出,降低了氯化消毒的效果;pH 过低,水中金属离子的溶解性增大,水的腐蚀作用也增强。

(二)铝

人们曾经认为铝是对人体无害的物质,但近年的研究却发现,铝对人体健康有重要影响,已被确定为神经毒素。其来源大致有:土壤中铝元素溶解进入天然水体;水处理过程中投加铝盐混凝剂;输配水系统中某些建筑材料含有铝元素。

(三)铁

对人畜并无毒害,但含铁过高的水具有明显的金属味且色度增大,影响水的感官性状,并可使衣物、器皿等着色。

(四)锰

来自工业废水和自然界。微量锰可使水呈现颜色,多者出现黑色。锰的慢性中毒,可使肝脏脂肪变性,其他脏器充血,并可使衣物等着色。

(五)铜

水中铜元素达 1.5 mg/L 时,有明显的金属味,有着色作用,人长期摄入含高铜的水可引起肝硬化。铜主要来自工业废水。

(六)锌

随工业废水或镀锌管道进行水体,有金属涩味,使水混浊,长期摄入可刺激胃肠道,引起锌中毒。

(七)氯化物

天然水中一般都含有氯化物,其含量随地区而异。在同一地区内、水中氯化物含量通常相当恒定。如果水中氯化物含量突然增加，可怀疑被生活污水、工业废水或人、畜粪便等污染，尤其是同氮化物同时增加，更能说明水被污染的可能。

（八）硫酸盐

地下水中通常含有一些硫酸盐，主要来自地层矿物质且多以硫酸钙、硫酸镁的形态存在。水体被生活污水、工业废水和化肥硫酸铵等污染时，硫酸盐含量可突然增加。

（九）溶解性总固体

指水中溶解组分的总量，包括溶解于水中的各种离子、分子、化合物的总量，但不包括悬浮物和溶解气体。

（十）总硬度

是指溶于水中钙、镁等盐类的总含量。其中经煮沸生成沉淀而除去的碳酸盐硬度称为暂时硬度；煮沸后仍可存在于水中的非碳酸盐硬度称为永久硬度，两者之和称为总硬度。我国《生活饮用水卫生标准》规定，总硬度（以 $CaCO_3$ 计）不超过 450 mg/L。

地下水的硬度一般高于地面水。地面水的硬度随水流经过地区的地质状况不同而异，一般都不大。工业废水和含大量有机物的生活污水污染水体后，可使硬度增高。

（十一）耗氧量

以强氧化剂如高锰酸钾、重铬酸钾等氧化水中有机物所消耗的氧量，称为化学耗氧量，它可以作为水中有机物含量的一项间接指标，代表水中可被氧化的有机物和还原性无机物的含量，但由于无法确定一部分被氧化的无机物的量，不能反映有机物的化学稳定性及其在水中含量的实际情况，所以化学耗氧量只表示水中容易氧化物质的含量，没有生化需氧量反映的准确。

（十二）挥发酚类

酚类具有恶臭，饮水加氯消毒时，酚与氯结合，形成氯酚，恶臭更浓。慢性中毒出现神经衰弱、消化紊乱和贫血症状。动物长期摄入，妨碍生长发育。

（十三）阴离子合成洗涤剂

化学性质稳定，较难分解和消除，可使水产生异臭、异味和泡沫，妨碍水的净化处理。主要来自生活和工业废水。

（十四）氮化物

包括有机氮、蛋白氮、氨氮、亚硝酸盐氮和硝酸盐氮。当天然水被人畜粪便污染时，其中含氮有机物在水体中微生物的分解作用下，逐渐转变为蛋白氮等简单的有机氮，最后生成无机氨。氨是无氧条件下的产物，在有氧存在时，氨可进一步被微生物转化为亚硝酸盐、硝酸盐而变成无机物。在上述有机氮逐渐变成氨氮、亚硝酸盐氮和硝酸盐氮（简称"三氮"）的过程中，随粪便进入水中的病原微生物也逐渐消亡。因此，"三氮"的测定，可以协助了解水体污染和自然净化的情况。

1. 氨氮

氨氮是天然水被人畜粪便等有机物污染后，在耗氧微生物的作用下分解成的中间产物。当水中氨氮含量增多时，表示水体最近受到污染。需要注意的是，当水流经沼泽地或泥炭地时，可因植物性有机物的分解而使氨氮含量增高。

2. 亚硝酸盐氮

亚硝酸盐氮是水中氨在有氧条件下，经亚硝酸菌作用分解的产物，也是水中有机氮在变成硝酸盐之前的中间产物。亚硝酸盐的含量高，表明水中有机物的无机化过程尚未完成，污染危害仍然存在。

除了人畜粪便污染外，水中亚硝酸盐含量增高还有多种因素，如硝酸盐还原、夏季雷电作用使空气中氧和氮化和成氮氧化合物，遇雨后部分成为亚硝酸盐而进入水中等。因此在运用亚硝酸盐指标时必须弄清来源，以作出正确的评价。

3. 硝酸盐氮

硝酸盐氮是含氮有机物分解的最终产物。若水中仅硝酸盐含量增高，氨氮、亚硝酸盐氮含量均低甚至没有，说明污染时间已久，现已趋向自净。此外，水中的硝酸盐也直接来自地层。一般认为生活饮用水中硝酸盐氮含量不应超过 10 mg/L，含量过高（超过 20～30 mg/L）会引起高铁血红蛋白症。

"三氮"在水中分别出现的卫生学意义见表 2-7。

"三氮"在水中出现，必须结合其他指标，综合分析，判明来源。当三者均增高时，表明水体过去、新近都受到污染，目前正自净。

表 2-7 "三氮"在水中出现的卫生学意义

氨氮	亚硝酸盐	硝酸盐	卫生学意义
+	−	−	表示水受到新近污染
+	+	−	水受到较新近的污染，分解在进行中
+	+	+	一边污染，一边自净
−	+	+	污染物分解，趋向自净
−	−	+	分解已完成（或来自硝酸盐土层等）
+	−	+	过去污染已基本自净，目前又有新近污染
−	+	−	水中硝酸盐被还原成亚硝酸盐
−	−	−	清洁水或已自净

（冯春霞. 家畜环境卫生. 2001）

技能训练　水的总硬度测定和水中“三氮”指标检验

【目的要求】

掌握水的硬度和水中“三氮”(氨氮、亚硝酸盐氮、硝酸盐氮)测定的原理、方法和步骤。

【内容方法】

一、水的总硬度测定(乙二胺四乙酸二钠滴定法)

本法适用于生活饮用水及其水源水总硬度的测定。最低检测质量 0.05 mg，若取 50 mL 水样测定，则最低检测质量浓度为 1.0 mg/L。

1. 原理

水样中的钙、镁离子与铬黑 T 指示剂形成紫红色螯合物，这些螯合物的不稳定常数大于乙二胺四乙酸钙和镁螯合物的不稳定常数。当 pH=10 时，乙二胺四乙酸二钠先与钙离子，再与镁离子形成螯合物，滴定至终点时，溶液呈现出铬黑 T 指示剂的纯蓝色。

2. 试剂

(1)缓冲溶液(pH=10)。

①氯化铵-氢氧化铵溶液　称取 16.9 g 氯化铵，溶于 143 mL 氨水(ρ_{20}=0.88 g/mL)中。

②称取 0.780 g 硫酸镁($MgSO_4 \cdot 7H_2O$)及 1.178 g 乙二胺四乙酸二钠($Na_2EDTA \cdot 2H_2O$)，溶于 50 mL 纯水中，加入 2 mL 氯化铵-氢氧化铵溶液和 5 滴铬黑 T 指示剂(此时溶液应呈紫红色。若为纯蓝色，应再加极少量硫酸镁使呈紫红色)，用 Na_2EDTA 标准溶液滴定至溶液由紫红色变为纯蓝色。加入剩余的氯化铵-氢氧化铵溶液并用纯水稀释至 250 mL。合并后如溶液又变为紫红色，在计算结果时应扣除试剂空白。

注 1：此缓冲溶液应储存于聚乙烯瓶或硬质玻璃瓶中。由于使用中反复开盖使氨逸失而影响 pH 值。缓冲溶液放置时间较长，氨水浓度降低时，应重新配制。

注 2：配制缓冲溶液时加入 MgEDTA 是为了使某些含镁较低的水样滴定终点更为敏锐。如果备有市售 MgEDTA 试剂，则可直接称取 1.25 g MgEDTA，加入 250 mL 缓冲溶液中。

注 3：以铬黑 T 为指示剂，用 Na_2EDTA 滴定钙、镁离子时，在 pH 值 9.7～11 范围内，溶液愈偏碱性，滴定终点愈敏锐。但可使碳酸钙和氢氧化镁沉淀。从而造成滴定误差，因此滴定 pH 值以 10 为宜。

(2)硫化钠溶液(50 g/L)　称取 5.0 g 硫化钠($Na_2S \cdot 9H_2O$)溶于纯水中，并稀释至 100 mL。

(3)盐酸羟胺溶液(10 g/L)　称取 1.0 g 盐酸羟胺($NH_2OH \cdot HCl$)，溶于纯水中，并稀释至 100 mL。

(4)氰化钾溶液(100 g/L)　称取 10.0 g 氰化钾(KCN)溶于纯水中，并稀释至 100 mL。

注意：此溶液剧毒！

(5)Na_2EDTA 标准溶液[$C(Na_2EDTA)=0.01$ mol/L]　称取 3.72 g 乙二胺四乙酸二钠溶解于 1 000 mL 纯水中，并用锌标准溶液标定其准确浓度。

①锌标准溶液　称取 0.6～0.7 g 纯锌粒，溶于盐酸溶液(1+1)中，置于水浴上温热至完全溶解，移入容量瓶中，定容至 1 000 mL，并按式计算锌标准溶液的浓度：

$$c(\mathrm{Zn})=m/65.39$$

式中：$c(\mathrm{Zn})$为锌标准溶液的浓度，单位为摩尔每升(mol/L)；m 为锌的质量，单位为克(g)；65.39 为 1 mol 锌的质量，单位为克(g)。

②吸取 25.00 mL 锌标准溶液于 150 mL 锥形瓶中，加入 25 mL 纯水，加入几滴氨水调节溶液至近中性，再加 5 mL 缓冲溶液和 5 滴铬黑 T 指示剂，在不断振荡下，用 Na_2EDTA 溶液滴定至不变的纯蓝色，按式计算 Na_2EDTA 标准溶液的浓度：

$$c(\mathrm{Na_2EDTA})=c(\mathrm{Zn})\times V_2/V_1$$

式中：$c(\mathrm{Na_2EDTA})$为 Na_2EDTA 标准溶液的浓度，单位为摩尔每升(mol/L)；$c(\mathrm{Zn})$为锌标准溶液的浓度，单位为摩尔每升(mol/L)；V_1 为消耗 Na_2EDTA 溶液的体积，单位为毫升(mL)；V_2 为所取锌标准溶液的体积，单位为毫升(mL)。

(6)铬黑 T 指示剂　称取 0.5 g 铬黑 T($C_{20}H_{12}O_7N_3SNa$)用乙醇[$\varphi(C_2H_5OH)=95\%$]溶解，并稀释至 100 mL。放置于冰箱中保存，可稳定一个月。

3. 仪器

(1)锥形瓶，150 mL。

(2)滴定管，10 mL 或 25 mL。

4. 分析步骤

(1)吸取 50.0 mL 水样(硬度过高的水样，可取适量水样，用纯水稀至 50 mL，硬度过低的水样，可取 100 mL)，置于 150 mL 锥形瓶中。

(2)加入 1～2 mL 缓冲溶液,5 滴铬黑 T 指示剂,立即用 Na_2EDTA 标准溶液滴定至溶液从紫红色转变成纯蓝色为止,同时做空白试验,记下用量。

(3)若水样中含有金属干扰离子,使滴定终点延迟或颜色变暗,可另取水样,加入 0.5 mL 盐酸羟胺及 1 mL 硫化钠溶液或 0.5 mL 氰化钾溶液再行滴定。

(4)水样中钙、镁的重碳酸盐含量较大时,要预先酸化水样.并加热除去二氧化碳,以防碱化后生成碳酸盐沉淀,影响滴定时反应的进行。

(5)水样中含悬浮性或胶体有机物可影响终点的观察。可预先将水样蒸干并于 550℃灰化,用纯水溶解残渣后再行滴定。

5. 计算

总硬度按式计算:

$$\rho(CaCO_3)=(V_1-V_0)\times c\times 100.09\times 1\,000/V$$

式中:$\rho(CaCO_3)$为总硬度(以 $CaCO_3$ 计),单位为毫克每升(mg/L);V_0 为空白滴定所消耗 Na_2EDTA 标准溶液的体积,单位为毫升(mL);V_1 为滴定中消耗乙二胺四乙酸二钠标准溶液的体积,单位为毫升(mL);c 为乙二胺四乙酸二钠标准溶液的浓度,单位为摩尔每升(mol/L);V 为水样体积,单位为毫升(mL);100.09 为与 1.00 mL 乙二胺四乙酸二钠标准溶液$[C(Na_2EDTA)]=1.000$ mol/L 相当的以毫克表示的总硬度(以 $CaCO_3$ 计)。

二、氨氮检验(纳氏试剂分光光度法)

本法适用于生活饮用水及其水源水中氨氮的测定。最低检测质量为 1.0 μg 氨氮,若取 50 mL 水样测定,则最低检测质量浓度为 0.02 mg/L。

1. 原理

水中氨与纳氏试剂(K_2HgI_4)在碱性条件下生成黄至棕色的化合物(NH_2Hg_2OI),其色度与氨氮含量成正比。

2. 试剂

本法所有试剂均需用不含氨的纯水配制。无氨水可用一般纯水通过强酸型阳离子交换树脂或者加硫酸和高锰酸钾后重蒸馏制得。

(1)硫代硫酸钠溶液(3.5 g/L)　称取 0.35 g 硫代硫酸钠($Na_2S_2O_3\cdot 5H_2O$)溶于纯水中,并稀释至 100 mL。此溶液 0.4 mL 能除去 200 mL 水样中含 1 mg/L 的余氯。使用时可按水样中余氯的质量浓度计算加入量。

(2)四硼酸钠溶液(9.5 g/L)　称取 9.5 g 四硼酸钠($Na_2B_4O_7\cdot 10H_2O$)用纯水溶解,并稀释为 1 000 mL。

(3)氢氧化钠溶液(4 g/L)。

(4)硼酸盐缓冲溶液　量取 88 mL 氢氧化钠溶液(4 g/L),用四硼酸钠溶液稀释为 1 000 mL。

(5)硼酸溶液(20 g/L)。

(6)硫酸锌溶液(100 g/L)　称取 10 g 硫酸锌($ZnSO_4 \cdot 7H_2O$),溶于少量纯水中,并稀释至 100 mL。

(7)氢氧化钠溶液(240 g/L)。

(8)酒石酸钾钠溶液(500 g/L)　称取 50 g 酒石酸钾钠($KNaC_4H_4O_6 \cdot 4H_2O$),溶于 100 mL 纯水中,加热煮沸至不含氨为止,冷却后再用纯水补充至100 mL。

(9)氢氧化钠溶液(320 g/L)。

(10)纳氏试剂　称取 100 g 碘化汞(HgI_2)及 70 g 碘化钾(KI),溶于少量纯水中,将此溶液缓缓倾入已冷却的 500 mL 氢氧化钠溶液(320 g/L)中,并不停搅拌,然后再以纯水稀释至 1 000 mL。储于棕色瓶中,用橡胶塞塞紧,避光保存。试剂有毒,应谨慎使用。

注:配制试剂时应注意勿使碘化钾过剩。过量的碘离子将影响有色络合物的生成,使发色变浅。储存已久的纳氏试剂,使用前应先用已知量的氨氮标准溶液显色,并核对吸光度;加入试剂后 2 h 内不得出现混浊,否则应重新配制。

(11)氨氮标准储备溶液[$\rho(NH_3\text{-}N)=1.00$ mg/mL]　将氯化铵(NH_4Cl)置于烘箱内,在 105℃烘烤 1 h,冷却后称取 3.8190 g,溶于纯水中于容量瓶内定容至 1 000 mL。

(12)氨氮标准使用液[$\rho(NH_3\text{-}N)=10.00$ μg/mL](临用时配制)　吸取 10.00 mL 氨氮标准储备溶液,用纯水定容到 1 000 mL。

3.仪器

(1)全玻璃蒸馏器　500 mL。

(2)具塞比色管　50 mL。

(3)分光光度计。

4.样品的预处理

水样中氨氮不稳定,采样时每升水样加 0.8 mL 硫酸($\rho_{20}=1.84$ mg/L),4℃保存并尽快分析。

无色澄清的水样可直接测定。色度、混浊度较高和干扰物质较多的水样,需经过蒸馏或混凝沉淀等预处理步骤。

(1)蒸馏

①取 200 mL 纯水于全玻璃蒸馏器中,加入 5 mL 硼酸盐缓冲液及数粒玻璃

珠,加热蒸馏,直至馏出液用纳氏试剂检不出氨为止。稍冷后倾出并弃去蒸馏瓶中残液,量取 200 mL 水样(或取适量,加纯水稀释至 200 mL)于蒸馏瓶中,根据水中余氯含量,计算并加入适量硫代硫酸钠溶液脱氯。用氢氧化钠溶液(4 g/L)调节水样至呈中性。

②加入 5 mL 硼酸盐缓冲液,加热蒸馏。用 200 mL 容量瓶为接收瓶,内装 20 mL 硼酸溶液作为吸收液。蒸馏器的冷凝管末端要插入吸收液中。待蒸出 150 mL 左右,使冷凝管末端离开液面,继续蒸馏以清洗冷凝管。最后用纯水稀释至刻度,摇匀,供比色用。

(2)混凝沉淀　取 200 mL 水样,加入 2 mL 硫酸锌溶液,混匀。加入 0.8～1 mL氢氧化钠溶液(240 g/L),使 pH 值为 10.5,静置数分钟,倾出上清液供比色用。

经硫酸锌和氢氧化钠沉淀的水样,静置后一般均能澄清。如必需过滤时,应注意滤纸中的铵盐对水样的污染,必须预先将滤纸用无氨纯水反复淋洗,至用纳氏试剂检查不出氨后再使用。

5.分析步骤

(1)取 50.0 mL 澄清水样或经预处理的水样(如氨氮含量大于 0.1 mg,则取适量水样加纯水至 50 mL)于 50 mL 比色管中。

(2)另取 50 mL 比色管 8 支,分别加入氨氮标准使用溶液 0 mL、0.10 mL、0.20 mL、0.30 mL、0.50 mL、0.70 mL、0.90 mL 及 1.20 mL,对高浓度氨氮的标准系列,则分别加入氨氮标准使用溶液(3.12)0 mL、0.50 mL、1.00 mL、2.00 mL、4.00 mL、6.00 mL、8.00 mL 及 10.00 mL,用纯水稀释至 50 mL。

(3)向水样及标准溶液管内分别加入 1 mL 酒石酸钾钠溶液(经蒸馏预处理过的水样,水样及标准管中均不加此试剂),混匀,加 1.0 mL 纳氏试剂混匀后放置 10 min,于 420 nm 波长下,用 1 cm 比色皿,以纯水作参比,测定吸光度;如氨氮含量低于 30 μg,改用 3 cm 比色皿,低于 10 μg 可用目视比色。

注:经蒸馏处理的水样,只向各标准管中各加 5 mL 硼酸溶液,然后向水样及标准管各加 2 mL 纳氏试剂。

(4)绘制标准曲线,从曲线上查出样品管中氨氮含量,或目视比色记录水样中相当于氨氮标准的质量。

6.计算

水样中氨氮的质量浓度计算见式:

$$\rho(NH_3\text{-}N) = m/V$$

式中：$\rho(NH_3\text{-}N)$为水样中氨氮的质量浓度，单位为毫克每升（mg/L）；m 为从标准曲线上查得的样品管中氨氮的质量，单位为微克（μg）；V 为水样体积，单位为毫升（mL）。

三、亚硝酸盐氮检验（重氮偶合分光光度法）

本法适用于生活饮用水及其水源水中亚硝酸盐氮的测定。最低检测质量为 0.05 μg 亚硝酸盐氮，若取 50 mL 水样测定，则最低检测质量浓度为 0.001 mg/L。

1.原理

在 pH 1.7 以下，水中亚硝酸盐与对氨基苯磺酰胺重氮化，再与盐酸 N-(1-萘)-乙二胺产生偶合反应，生成紫红色的偶氮染料，比色定量。

2.试剂

(1)氢氧化铝悬浮液　称取 125 g 硫酸铝钾[$KAl(SO_4)_2 \cdot 12H_2O$]或硫酸铝铵[$NH_4Al(SO_4)_2 \cdot 12H_2O$]，溶于 1 000 mL 纯水中。加热至 60℃，缓缓加入 55 mL 氨水（ρ_{20}＝0.88 g/mL），使氢氧化铝沉淀完全。充分搅拌后静置，弃去上清液，用纯水反复洗涤沉淀，至倾出上清液中不含氯离子（用硝酸银硝酸溶液试验）为止。然后加入 300 mL 纯水成悬浮液，使用前振摇均匀。

(2)对氨基苯磺酰胺溶液（10 g/L）　称取 5 g 对氨基苯磺酰胺（$H_2NC_6H_4SO_3NH_2$），溶于 350 mL 盐酸溶液（1 份盐酸＋6 份纯水）中。用纯水稀释至 500 mL。

(3)盐酸 N-(1-萘基)-乙二胺溶液（1.0 g/L）　称取 0.2 g 盐酸 N-(1-萘基)-乙二胺（$C_{10}H_7NH_2CHCH_2 \cdot NH_2 \cdot 2HCl$），溶于 200 mL 纯水中。储存于冰箱内。可稳定数周，如试剂色变深，应弃去重配。

(4)亚硝酸盐氮标准储备液[$\rho(NO_2\text{-}N)$＝50 μg/mL]　称取 0.246 3 g 在玻璃干燥器内放置 24 h 的亚硝酸钠（$NaNO_2$），溶于纯水中，并定容至 1 000 mL。每升中加 2 mL 三氯甲烷保存。

(5)亚硝酸盐氮标准使用溶液[$\rho(NO_2\text{-}N)$＝0.10 μg/mL]　取 10.00 mL 亚硝酸盐氮标准储备液于容量瓶中，用纯水定容至 500 mL，再从中吸取 10.00 mL，用纯水于容量瓶中定容至 100 mL。

3.仪器

(1)具塞比色管：50 mL。

(2)分光光度计。

4.分析步骤

(1)若水样混浊或色度较深，可先取 100 mL，加入 2 mL 氧氧化铝悬浮液，搅拌后静置数分钟，过滤。

(2)先将水样或处理后的水样用酸或碱调近中性。取 50.0 mL 置于比色管中。

(3)另取 50 mL 比色管 8 支，分别加入亚硝酸盐氮标准液 0 mL、0.50 mL、1.00 mL、2.50 mL、5.00 mL、7.50 mL、10.00 mL 及 12.50 mL，用纯水稀释至 50 mL。

(4)向水样及标准色列管中分别加入 1 mL 对氨基苯磺酰胺溶液，摇匀后放置 2～8 min。加入 1.0 mL 盐酸 N-(1-萘)-乙二胺溶液，立即混匀。

(5)于 540 nm 波长，用 1 cm 比色皿，以纯水作参比，在 10 min 至 2 h 内，测定吸光度，如亚硝酸盐氮浓度低于 4 μg/L 时，改用 3 cm 比色皿。

(6)绘制标准曲线，从曲线上查出水样中亚硝酸盐氮的含量。

5. 计算

水样中亚硝酸盐氮的质量浓度计算见式：

$$\rho(NO_2\text{-}N) = m/V$$

式中：$\rho(NO_2\text{-}N)$为水样中亚硝酸盐氮的质量浓度，单位为毫克每升(mg/L)；m 为从标准曲线上查得样品管中亚硝酸盐氮的质量，单位为微克(μg)；V 为水样体积，单位为毫升(mL)。

四、硝酸盐氮检验(麝香草酚分光光度法)

本法适用于生活饮用水及其水源水中硝酸盐氮的测定。最低检测质量为 0.5 μg 硝酸盐氮，若取 1.00 mL 水样测定，则最低检测质量浓度为 0.5 mg/L。

亚硝酸盐对本标准呈正干扰，可用氨基磺酸铵除去；氯化物对本标准呈负干扰，可用硫酸银消除。

1. 原理

硝酸盐和麝香草酚在浓硫酸溶液中形成硝基酚化合物，在碱性溶液中发生分子重排，生成黄色化合物，比色测定。

2. 试剂

(1)氨水(ρ_{20}=0.88 g/mL)。

(2)乙酸溶液：1 份盐酸加 4 份纯水。

(3)氨基磺酸铵溶液(20 g/L)　称取 2.0 g 氨基磺酸铵($NH_4SO_3NH_2$)，用乙酸溶液溶解至 100 mL。

(4)麝香草酚乙醇溶液(5 g/L)　称取 0.5 g 麝香草酚[$(CH_3)(C_3H_7)$

C_6H_3OH,Thymol,又名百里酚],溶于无水乙醇中至 100 mL。

(5)硫酸银硫酸溶液(10 g/L) 称取 1.0 g 硫酸银(Ag_2SO_4),溶于 100 mL 硫酸(ρ_{20}=1.84 g/mL)中。

(6)硝酸盐氮标准储备溶液[$\rho(NO_3^--N)$=1 mg/mL] 称取 7.218 0 g 经 105~110℃干燥 1 h 的硝酸钾(KNO_3),溶于纯水中,并定容至 1 000 mL。加 2 mL 三氯甲烷为保存剂。

(7)硝酸盐氮标准使用溶液[$\rho(NO_3^--N)$=10 μg/mL] 吸取 5.00 mL 硝酸盐氮标准储备溶液,并用纯水定容至 500 mL。

3. 仪器

(1)具塞比色管 50 mL。

(2)分光光度计。

4. 分析步骤

(1)取 1.00 mL 水样于干燥的 50 mL 比色管中。

(2)另取 50 mL 比色管 6 支,分别加入硝酸盐氮标准使用溶液 0 mL,0.05 mL,0.10 mL,0.30 mL,0.50 mL,0.70 mL 和 1.00 mL。用纯水稀释至1.00 mL。

(3)向各管加入 0.1 mL 氨基磺酸铵溶液,摇匀后放置 5 min。

(4)各加 0.2 mL 麝香草酚乙醇溶液。

注:由比色管中央直接滴加到溶液中,勿沿管壁流下。

(5)摇匀后加 2 mL 硫酸银硫酸溶液,混匀后放置 5 min。

(6)加 8 mL 纯水,混匀后滴加试剂氨水至溶液黄色到达最深,并使氯化银沉淀溶解为止(约加 9 mL)。加纯水至 25 mL 刻度,混匀。

(7)于 415 nm 波长,2 cm 比色皿,以纯水为参比,测量吸光度。

(8)绘制标准曲线,从曲线上查出样品中硝酸盐氮的质量。

5. 计算

水样中硝酸盐氮的质量浓度计算见式:

$$\rho(NO_3^--N) = m/V$$

式中:$\rho(NO_3^--N)$为水样中硝酸盐氮的质量浓度,单位为毫克每升(mg/L);m 为从准曲线查得硝酸盐氮的质量,单位为微克(μg);V 为水样体积,单位为毫升(mL)。

【作业习题】

将实验过程中的操作步骤、测量数据、计算方法和结果分析等完成一篇实验报告。

四、微生物指标

水体受到工业废水、生活污水、人畜粪便等污染时，可使水中细菌大量增加，但水中病原菌很多，直接检验，方法复杂，时间长，而且得到的阴性结果也不能绝对保证水质的安全。通常是检查水中的总大肠菌群、耐热大肠菌群、大肠埃希氏菌、菌落总数来间接判断水质受到污染的状况，再结合水质理化分析结果综合分析，得到正确而客观的水质判断。

(一)总大肠菌群

在正常情况下，肠道中主要有大肠菌群、粪链球菌(肠球菌)和厌氧芽孢菌三类，它们都可随人、畜粪便进入水体，由于大肠菌群在肠道内数量最多，在外界环境中生存条件与肠道致病菌相近，且检验技术较简单，能直接反映水体受人、畜粪便污染的状况。我国《生活饮用水卫生标准》规定，总大肠菌群不得检出。

(二)菌落总数

菌落总数是指 1 mL 水在普通琼脂培养基中，于 37℃培养 24 h 后，所生长的细菌菌落总数。由于是在实验室条件下培养细菌，细菌总数并不能表示水中全部细菌，也不能说明究竟有无病原菌存在，因而细菌总数只能相对地评价水质是否受到污染。当水被人、畜粪便及其他物质污染时，水中细菌总数迅速增加。不同地区，水体自然因素的不同，其细菌总数也存在很大的差异。我国《生活饮用水卫生标准》规定水中细菌总数不得超过 100 个/mL。

五、毒理学和放射性指标

饮水的毒理学指标有砷、镉、铬、铅、汞、硒、氰化物、氟化物等 15 项，放射性指标包括总 α 放射性和总 β 放射性。对这些指标应严格要求，均不得超过水质标准(见表 2-4)上规定的限量。

(一)砷

砷是传统的剧毒药，三氧化二砷，俗称砒霜。天然水中微量的砷对机体无害，但含量较高则有剧毒，饮用可产生急性中毒，成年人口服 100～130 mg 砷可致死；长期饮用含砷量为 0.2 mg/L 的水可导致慢性中毒，表现为肝肾炎症、神经麻痹和皮肤溃疡等，近年来还发现有致癌作用。水中砷主要来源于冶炼、农药、氮肥、制革、染料等工业废水的污染，多以难溶或微溶于水的砷盐形式存在。农药砷酸铅、砷酸钙杀虫剂对环境污染较为严重，现已禁用。饲料添加剂阿散酸、洛克沙生也为砷制剂。

(二)镉

镉和镉化合物都是化学毒物。天然水中不含或含少量的镉,水中的镉主要来自于锌矿(镉与锌常相伴存在)和镀镉废水的污染。当饮水中镉含量达到0.035～0.26 mg/L时,长期饮用会危害畜禽的健康和生产力水平。饮水中镉含量不应超过0.005 mg/L。

(三)铬

天然的清洁水不含铬,水中铬的来源主要是电镀和制革等含铬工业废水的污染。铬一般以六价铬和三价铬两种形式存在,六价铬毒性比三价铬高出100多倍。铬除了引起中毒外,还有致癌作用。按六价铬计,饮水中不得超过0.05 mg/L。

(四)铅

天然水中不含铅,其主要来源是含铅工业废水(如铅蓄电池厂、印刷厂、颜料厂等)污染,或流经含铅矿层时,水中含铅量才大量增加。水中含铅量超过限值时,可引起慢性中毒,饮用水中铅含量不得超过0.01 mg/L。

(五)汞

汞的毒性很强,在机体内不易分解,排泄较慢,有机汞的毒性远高于无机汞。有机汞化合物属脂溶性,易进入生物组织,并有很高的富集作用,引起机体汞中毒。无机汞不溶于水,进入生物组织较少,但沉积在水体底层的无机汞,在微生物作用下可转化为有机汞进入生物体,产生危害。水中汞大多来源于工业废水(如电器、电解、农药、涂料、造纸、医药等)的污染,除直接污染外,也可由土壤转入水中。饮用水中汞含量不应超过0.001 mg/L。

(六)硒

水中含硒量与土壤中的含硒量有关。不同地域的土壤中含硒量有一定差别,饮水中含硒量不得超过0.01 mg/L。

(七)氰化物

氰化物毒性很强,长期饮用含氰化物的水,可使甲状腺素生成量减少,表现出甲状腺机能低下的一系列症状,引起慢性中毒;氰化物含量过高,可引起急性中毒。水中氰化物主要是由含氰化物的各种工业(如炼焦、电镀、选矿、金属冶炼等)废水污染引起的。我国《饮用水卫生标准》规定氰化物含量不得超过0.05 mg/L。

(八)氟化物

天然水中都含有微量的氟化物,水中含氟量低于0.5 mg/L时,能引起龋齿,含氟量过高(超过1.5 mg/L)可引起氟中毒。我国《生活饮用水卫生标准》规定含氟量限值为 1.0 mg/L。多数地区含氟不足情况并不普遍，大多情况下是含氟量过高，地面水含氟量过高主要是由含氟工业（如磷酸厂、玻璃厂、炼铝厂、枕木防腐厂等）废水污染引起的；含氟矿层丰富的地区，地下水含氟量往往较高。饮用水应注意在水源选择和饮水卫生上防氟化物超标。

第四节　饮用水的净化与消毒

畜禽养殖场大多位于郊区和农村，除近郊外，有自来水供应的较少。因此必须对水源进行净化与消毒处理。净化的目的主要是除去悬浮物质和部分病原体，改善水质的物理性状；消毒的目的主要是杀灭水中的病原体，防止介水传染病。地面水较为混浊，细菌含量较多，需要采用沉淀、沙滤和消毒法处理来改善水质；地下水较为清洁，只需消毒处理即可达到要求。有时水源水质受污染较为特殊，则应采用特殊处理措施（如除氟、除铁、除臭、软化等）。

一、饮用水的净化

（一）混凝沉淀

1. 混凝原理

当水流减慢或静止时，水中较大的悬浮物可因重力逐渐向水底下沉，使水初步澄清，即自然沉淀。但水中较小的胶质微粒和悬浮物，因带有负电荷，彼此相斥，不易凝集沉降，因此必须加入一定的混凝剂，使水中极小的悬浮物及胶质微粒凝聚成絮状物而沉降，即混凝沉淀。这种絮状物表面积和吸附力较大，可吸附一些不带电荷的悬浮微粒及病原体共同沉降，因而使水的物理性状大大改善。

2. 常用混凝剂

常用的有硫酸铝、碱式氯化铝、明矾、硫酸亚铁、三氯化铁等。净水剂必须储存在干燥、阴凉的地方，防止潮解失效。其中三氯化铁具有一定的腐蚀性，因此，要求装存的容器能耐腐蚀。每种混凝剂均有其适宜的 pH 值范围，要根据原水的 pH 值来选用。一般说来，如果原水的 pH 偏低宜选用碱式氯化铝，反之，则宜选用其他混凝剂。

3. 方法

(1)硫酸铝法　向水中加入硫酸铝后，与重碳酸盐结合成氢氧化铝胶体颗粒，可吸附水中悬浮微粒而凝集沉淀，其化学反应如下：

$$Al_2(SO_4)_3+3Ca(HCO_3)_2 \rightarrow 2Al(OH)_3\downarrow+3CaSO_4+6CO_2\uparrow$$

硫酸铝的一般用量为50～100 mg/L，即每50 kg水加硫酸铝2.5～5 g。集中式给水可建自然沉淀池与混凝沉淀池；分散式给水可将明矾碾碎加入水中，用棍棒顺一个方向搅动均匀；也可用一根竹筒，将筒的内部打通，最后一节不要打通，四周钻成小孔，将明矾由竹筒上部装入，然后把竹筒放在水桶或水缸的水中搅动，待出现矾花时即可取出，静置约0.5 h后，水即可澄清；或用纱布包明矾并系于棍棒上，持棒在水中搅动亦可。

硫酸铝要与水中的重碳酸盐作用后才可生成氢氧化铝胶体。因此，当水中的碱度不足和重碳酸盐的含量很低时，需加入适量的熟石灰[$Ca(OH)_2$]，才能保证有良好的混凝效果。熟石灰的用量约为硫酸铝用量的1/3左右。除硫酸铝外，尚可应用明矾[$Al_2(SO_4)_3\cdot K_2SO_4\cdot 24H_2O$]及三氯化铁($FeCl_3$)作混凝剂，用三氯化铁混凝的化学反应如下：

$$2FeCl_3+3Ca(HCO_3)_2 \rightarrow 2Fe(OH)_3\downarrow+3CaCl_2+6CO_2\uparrow$$

(2)碱式氯化铝法　碱式氯化铝使用方便、用量少，因其分子量较大，故吸附力强，范围宽。不需要投入熟石灰等碱性助凝剂。用铝片和稀盐酸及碳酸钠等原料可以土法自制生产。使用时可将碱式氯化铝液体逐滴滴入水中，当水中出现矾花(絮状物)时即可，静置后，水便可澄清；或按30～100 mg/L的用量加入水中，数分钟即可形成矾花下沉。

(二)沙滤

沙滤是把混浊的水通过沙层，使水中悬浮物、微生物等阻留在沙层上部，水即得到净化。常用的滤料是沙，因而称为沙滤，也可用矿渣、煤渣、硅胶等。沙滤的基本原理是阻留、沉淀和吸附作用，即阻留大粒子悬浮物，沉淀和吸附水中细菌、胶体等微小物质。滤水的效果取决于滤层的厚度、滤料粒径的适当组合、滤水速度、原水的混浊度以及滤池构造和管理等。

集中式给水的过滤，一般可分为慢沙滤池和快沙滤池两种。目前大部分自来水厂采用快沙滤池；而简易自来水厂多采用慢沙滤池。分散式给水的过滤，可在河或湖边挖渗水井，使水经过地层自然滤过，从而改善水质。如能在水源和渗水井之间挖一沙滤沟，或建筑水边沙滤井，则能更好地改善水质。此外也可采用沙滤缸或沙滤桶来滤过。在桶或缸中分层装入滤料，在桶的下部开一孔接出水管，水通过各层滤料后由出水管排出。滤料的铺法：最底层铺以1～2 cm直径大小的碎石10 cm厚左右，上面铺以棕皮二层，再上面铺粗沙10 cm，粗沙上面铺细沙约22 cm厚，上面再铺棕皮一层，棕皮上面压上约10 cm厚的碎石即可。滤桶(缸)下面接以清水缸贮存清水。沙滤使用过久，沙层堵塞，须用清水洗沙，除去悬浮物后继续使用。

二、饮用水的消毒

水经过混凝沉淀和砂滤处理后，病原菌仍有可能存在，为了确保饮用水的安全，必须再经过消毒处理。常用的消毒方法有物理消毒法（如煮沸消毒、紫外线消毒、臭氧法、超声波法等）和化学消毒法（如氯化法、高锰酸钾法等）两大类，目前应用最为广泛的是氯化消毒法，因为此法杀菌力强、设备简单、使用方便、费用低。

（一）氯化消毒原理

氯化消毒法是用氯或含有效氯的化合物进行消毒的一种方法。氯在水中形成氯酸及次氯酸根，与水中微生物接触时，容易扩散进入细胞膜内，与细胞中的酶系起化学反应，可破坏磷酸丙糖去氢酶的巯基，使细菌糖代谢障碍而死亡。据研究，次氯酸的灭菌效果约为次氯酸根的100倍。

$$Cl_2 + H_2O \rightarrow HOCl + HCl$$

$$HOCl \leftrightarrows H^+ + OCl^-$$

（二）氯化消毒剂

常用的药剂有漂白粉、漂白粉精和液态氯。小型水厂和一般分散式给水多用漂白粉或漂白粉精；大型水厂多用液态氯消毒。经加氯机配成氯的水溶液或直接加入管道中。漂白粉的杀菌能力取决于其所含“有效氯”。新制漂白粉一般含有有效氯25％～35％，漂白粉性质不稳定，易受空气中二氧化碳、水分、光线和高温等影响，使有效氯含量不断减少，如果有效氯含量低于15％，则不适于作饮水消毒用。因此必须密封、避光、低温、干燥、阴暗处保存。漂白粉精片的有效氯含量为60％～70％，性质较漂白粉稳定，使用比较方便。

（三）氯化消毒方法

根据不同水源及不同的供水方法，消毒方法可以多种多样。现介绍分散式给水消毒法：

1.常量氯消毒法

即按常规加氯量（参照表2-8）进行。

井水消毒是直接在井中按井水量加入氯化消毒剂，方法是：首先根据井的形状（圆筒形、长形或方形）测量井水的水量，用下列公式计算。

$$圆井水量(m^3)=水深(m)\times[水面直径(m)/2]^2\times 3.141\,6$$

$$方井水量(m^3)=水深(m)\times 水面长度(m)\times 水面宽度(m)$$

然后根据井水量(m^3)及井水加氯量(见表 2-8)计算出应加的漂白粉,放入碗中,先加少量水调成糊状,再加水稀释,静置,取上清液倒入井中,用水桶将井水搅动,使其充分混匀,0.5 h后,水中余氯应为0.3 mg/L。

缸水消毒时,将泉、河、湖或塘水置水缸中,若水质混浊,应预先经混凝沉淀或过滤再行消毒。方法是:先将漂白粉配成3%漂白粉消毒液(每毫升消毒液含有效氯10 mg),按每50 kg水加10 mL计算,将配好的漂白粉液加入缸水中,搅拌混匀,经30 min后,即可取用。漂白粉应临时新鲜配制,不宜放置过久,否则药效将损失。

若用漂白粉精片进行消毒,按每100 L水加1片(每片含有效氯200 mg)即可。

表 2-8 不同水源水消毒的常规加氯量

水源种类	加氯量/(mg/L)	1 m^3 水中加漂白粉量/g
深井水	0.5～1.0	2～4
浅井水	1.0～2.0	4～8
土坑水	3.0～4.0	12～16
泉水	1.0～2.0	4～8
湖、河水(清洁透明)	1.5～2.0	6～8
(水质混浊)	2.0～3.0	8～12
塘水(环境较好)	2.0～3.0	8～12
(环境不好)	3.0～4.5	12～18

注:漂白粉按含25%有效氯计算。

(冀行键.家畜环境卫生.2001)

2.持续氯消毒法

为了减少每天对井水或缸水进行加氯消毒的繁琐手续,可用持续氯消毒法。即在井水或缸水中放置装有漂白粉或漂白粉精片的有孔小容器,由于取水时水波振荡,氯液不断由小孔溢出,使水中经常保存一定的有效氯量。加到容器中的氯化消毒剂量,可为1次加入量的20～30倍,1次放入,可持续消毒10～20 d,效果良好。装漂白粉的容器可因地制宜地采用塑料袋、竹筒、广口瓶或青霉素玻瓶。

3.过量氯消毒法

一次加入常量氯化消毒加氯量的10倍(即10～20 mg/L)进行饮用水消毒。本法主要适用于新井开始使用、旧井修理或淘洗、居民区发生饮水传播的肠道传染病、井水大肠菌值或化学性状发生显著恶化或被洪水淹没或落入异物等情况。在处理消毒污染井水时，一般在投入消毒剂后，等待 10～12 h 再用水；若水中氯味太大，则用汲出旧水不断涌入新水的方法，直至井水失去明显氯味为止；亦可在水中按 1 mg 余氯投加 3.5 mg 的硫代硫酸钠脱氯后再用。

（四）影响氯化消毒效果的因素

1. 加氯量

加氯量的多少和水中消耗氯的物质种类和数量有密切的关系，水中的有机物和还原性物质多，加氯量也将增加。且水中余氯量也会随之增加。一般清洁水的加氯量为 1～2 mg/L，若过量加氯，不仅增加成本，而且自来水中有氯的味道，影响水的使用。相反，若加氯量少则达不到水质标准，极有可能因残存的细菌和病毒导致事故。

2. 混浊度

清洁的水中加氯的消毒效果比在混浊中加氯时好。原因是混浊度高的水中含有的有机物或无机物，都要消耗一部分氯，因此浑水中要增加投氯量。最好在经过沉淀和过滤后的水中加氯，否则会大大增加加氯量。此外，混浊度高的水中，微生物可受到混浊度颗粒的掩盖而少受或免受氯的作用，以致降低消毒效果。

3. 水温和 pH 值

氯加到水中后，很快水解成为次氯酸（HClO）和次氯酸根（ClO^-），次氯酸的杀菌效果超过次氯酸根 80～100 倍。随着水的 pH 值和水温变化，两者在水中含量的比例也会发生变化。例如，在 pH＝7 的条件下，20℃时 HClO 占 75%，ClO^- 占 25%，如果温度降低到 0℃时 HClO 所占比例增加，而 ClO^- 则减少。水温和 pH 值都较低时，HClO 比例较高，消毒效果较好，消毒接触时间可以缩短。在同样加氯量时，酸性水中的消毒效果比碱性水中要好（见表 2-9），也是 HClO 所占比例增大的结果。

表 2-9　水中氯在不同 pH 值条件下生成 HClO、ClO^- 的量（20℃）　%

pH 值	HClO	ClO^-
6.0	96.8	3.2
7.0	75.2	24.8
8.0	23.2	76.8
9.0	2.9	97.1

（冯春霞. 家畜环境卫生. 2001）

4. 接触时间

加氯以后，应有一定的氯和水接触时间，使氯和水中杂质以及微生物起反应，达到消毒目的。加氯时接触时间不应少于 30 min,水中尚有余氯 0.2～0.4 mg/L 时,方可收到较为满意的效果。接触时间不足,消毒效果相对要差些;接触时间过长,可能会降低剩余氯量。

三、自来水的工艺流程

水源水需要经过一定的处理工艺,才能变成可饮用的自来水。以地表水为水源的水处理工艺简述如下(图 2-4)。

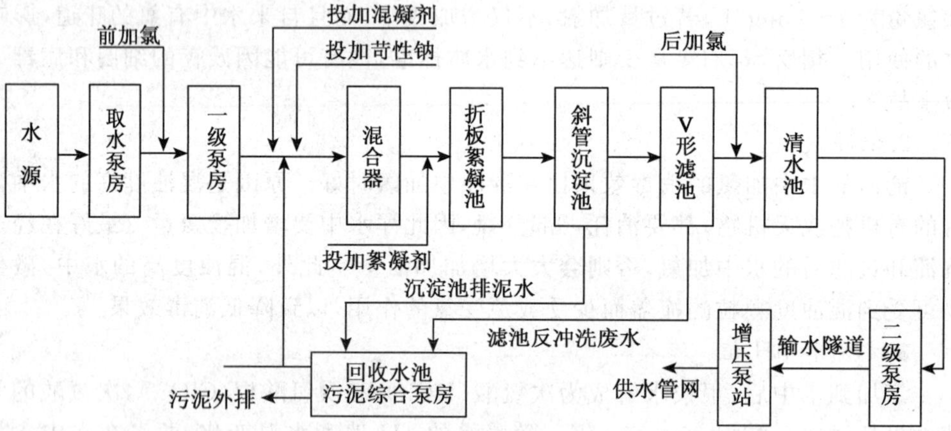

图 2-4 自来水工艺流程图

自来水的净化消毒,首先要选好合适的水源,用直径 1 m 以上管道输水管自流或泵入取水泵房,在进入一级泵房前加氯以杀灭藻类、植物和贝类动物。再通过一级泵房将水送至厂内处理系统中。进入净水构筑物之前,往混合器中定量投加混凝剂——硫酸铝或聚合氯化铝、加苛性钠(提高原水碱度),混合后,再往絮凝池中投加絮凝剂,进入折板絮凝反应池混凝形成矾花,流经蜂窝斜管沉淀池进行沉淀分离,再经过 V 形气水反冲洗滤池进行过滤,进入清水池后加氯消毒,停留一定时间,由二级泵房经增压泵站加压输送到供水管网。由斜管沉淀池、V 形滤池沉淀和滤出的排泥水、反冲洗废水再进入回水水池内进行回收,污泥外排出去,而回收水再进入混合器中加以利用。

饮用水的净化方法,基本上还是采用常规的混凝→沉淀→沙滤→投氯消毒工艺。每一工艺配以相应的构筑物(如沉淀池、滤池、清水池等),投加了消毒剂的水经清水池、并在池内停留 1 h 左右就成为合格的饮用水,再经过二级泵房(输水泵房)加压输送到城市管网中,供生活饮用和生产使用。可见,从水源水到符合国家卫生标准的饮用水，要经过必要的处理工艺，投入一定的生产成本（如药剂、电力、物力、人力等）。随着科学技术的发展，自来水的生产工艺已越来越先进，居民可放心饮用自来水。

第五节　水的特殊处理

水源如含铁、氟量过高，硬度过大或有异味、异臭时，应采取特殊处理。

一、除铁

水中溶解性铁盐常以重碳酸亚铁[$Fe(HCO_3)_2$]、硫酸亚铁[$FeSO_4$]、氯化亚铁[$FeCl_2$]等形式存在，有时为有机胶体化合物（腐殖酸铁）。重碳酸亚铁可用曝气（氧化）法使其成为不溶解的氢氧化铁[$Fe(OH)_3$]；硫酸亚铁或氯化亚铁可加入石灰，在高 pH 条件下氧化为氢氧化铁，经沉淀过滤除去；有机胶体化合物可用硫酸铝或聚羟基氯化铝等混凝沉淀去除。

二、除氟

可于水中加入硫酸铝（每除去 1 mg/L 氟离子，需投加 100～200 mg/L 的硫酸铝）或碱式氯化铝（1 L 水中加入约 0.5 mg），经搅拌、沉淀而除氟。在有过滤池的水厂，可采用活性氧化铝法。

三、软化

水质硬度过大时，可用石灰、碳酸钠、氢氧化钠等加入水中，使钙、镁化合物沉淀而除去硬度。也可采用电渗析法、离子交换法等。

四、除臭

用活性炭粉末作滤料将水过滤除臭，或在水中加活性炭后混合沉淀，再经沙滤除臭。也可用大量氯除臭。地面水中藻类繁殖发臭，可在原水中投加硫酸铜（1 mg/L 以下）灭藻。

在实践中，可以根据水源水质的具体情况，采取相应的措施。一般情况下，混浊的地面水需要沉淀、过滤和消毒；较清洁的地下水只需消毒处理即可；有时水受到特殊有害物质的污染，才需要采取特殊净化措施。

复习思考题

1.水源的种类有哪些？水源的选择应遵循哪些原则？
2.水的自净作用有哪些？有何卫生意义？
3.检测水中“三氮”有何卫生学意义？
4.影响饮用水的氯化消毒效果的因素有哪些？
5.饮用水的净化和消毒的方法有哪些？并说明各自的作用原理。

第三章　土壤、饲料及畜禽放牧、运输卫生

知识目标

● 掌握土壤的组成、土壤质地类型特点、土壤污染及防治的基本方法。

● 掌握饲料中霉菌污染的特点和常见霉菌及其毒素对畜禽的危害及预防技术。

● 了解饲料中常见有毒有害成分和对畜禽的危害。

● 掌握饲料中有毒有害成分去毒以及中毒的防治措施。

● 了解放牧卫生的基本知识。

● 熟悉各种畜禽运输方式的基本卫生要求。

技能目标

● 能够熟练地对饲料品质进行感官性状观察、鉴定。

● 能够快速、准确地对饲料中有毒有害成分进行测定。

第一节　土壤卫生

土壤是地球陆地表面具有肥力的疏松层，是由矿物质、有机质（固相）、土壤水分（液相）和土壤空气（气相）三相物质组成的，具有孔隙结构的环境介质。具有独特的组成、结构和功能。它和空气、水一样，是畜禽生活的基本外界环境之一，其卫生状况直接或间接地影响着畜禽机体的健康和生产性能。

一、土壤质地及卫生学特征

土壤是由地壳表层岩石、矿物质经过长期的风化和生物学作用形成的，由许多大小不同的颗粒和颗粒间存在的孔隙所组成。根据土壤机械分析，土壤中各粒级

土粒含量的相对比例或质量分数称为土壤机械组成。土壤质地是根据土壤机械组成划分的土壤类型。通常分为沙土、黏土和壤土三大类。其分类标准见表 3-1。

表 3-1 土壤质地的分类 %

土壤机械组成	黏土类			壤土类			沙土类	
	重黏土	黏土	轻黏土	重壤土	壤土	轻壤土	沙土	沙砾
≤0.01 mm 粉粒含量	>80	80～50	50～40	40～30	30～20	20～10	10～5	<5
>0.01 mm 沙粒含量	<20	20～50	50～60	60～70	70～80	80～90	90～95	>95

(安立龙.家畜环境卫生学.2005)

土壤质地不同,其物理特性如土壤的热容量、透气性、透水性、容水量和毛细管作用等有很大的差异,因而也有着不同的卫生学意义。

(一)沙土类

沙土类土壤的颗粒粒径较大,粒间孔隙大,透气性、透水性能强,容水量、吸湿性小,毛细管作用弱,所以不容易滞水,易于干燥,有利于土壤中有机物的分解,便于自净。但其热容量小,导热性能大,易增温也易降温,昼夜温差大,温度随着季节性的变化明显,不利于畜禽的健康和生长。

(二)黏土类

黏土类土壤的颗粒粒径较小,粒间孔隙极小,透气性、透水性弱,容水量大、吸湿性强,毛细管作用强,所以容易滞水、泥泞,同时由于黏土类土壤透气性差,不易干燥,土壤自净能力较弱,不利于有机物的分解,容易滋生病原微生物,对畜禽机体也不利。

(三)壤土类

壤土是介于沙土与黏土之间的土壤质地类型,兼具有沙土和黏土的优点,它既具有一定数量的大孔隙,又含有较多的毛细管孔隙。因此,透气性、透水性都很好,持水性小,易于保持干燥,雨后也不会泥泞,可防止病原微生物、寄生虫(卵)和蚊蝇等的滋生和繁殖。同时,由于透气性好,有利于土壤本身的自净作用。这种土壤导热性小,热容量较大,土壤温度相对稳定,对畜禽机体健康和生长生产有利,是作为畜牧场场址的较为理想的土壤质地类型。

二、土壤组成及卫生学意义

土壤的组成成分很复杂,包括固、液、气三相物质。畜禽机体的化学组成元素主要是从饲料中获得,而饲料中的营养元素主要来自于土壤。因此,土壤中的化学元素与畜禽的健康及生长发育有着密切的关系。生物地球化学性地方病的发生：①具有明显的地区性；②与地质中某种化学元素之间有着明显的剂量反应关系。

(一)土壤中的常量元素与畜禽

1. 钙

畜禽缺钙时，表现为食欲减退，生长缓慢，易患幼畜佝偻病和成年畜禽软骨症。而过量的钙可使日粮消化率降低，使钙、磷平衡受到破坏，体内铁、锰、镁和碘等元素的代谢紊乱，出现骨畸形。大部分土壤不会缺钙，但酸性土壤中含钙量较低，可通过施用石灰等进行调解。畜禽机体缺乏钙时，可在日粮中添加石粉、贝壳粉或蛋壳粉等。

2. 磷

畜禽缺磷时，表现食欲不振，废食和异食癖等，也会引起幼畜佝偻病和成年畜禽软骨症。一般多发于牧草含磷量 0.2%以下的地区。在土壤中施用磷肥可提高饲料作物中磷的含量。当畜禽日粮中磷不足时，可添加骨粉或脱氟磷酸盐等高磷饲料添加剂。

3. 钠

在畜禽机体钠缺乏时，表现食欲不振，饲料报酬降低，幼畜生长缓慢，成年畜禽体重减轻，生产性能下降及异嗜癖等。植物性饲料中钠的含量一般都比较低，尤其是山地土壤中生长的农作物。畜禽可通过在饲料中添加食盐等来满足需要。

4. 镁

畜禽缺镁时，可导致畜禽物质代谢紊乱，引起外周血管扩张，脉搏次数增加，严重者可导致神经过敏，肌肉痉挛，甚至昏迷而死亡。畜禽缺镁痉挛症主要是由于土壤和饲料中镁含量不足而造成的，尤其是湿润多雨地带的沙质土。当畜禽日粮中的镁缺乏时，可补饲硫酸镁、氧化镁或碳酸镁等。

5. 钾

畜禽机体钾的不足可引起食欲异常，消化不良，生长受阻和异食癖等。通常畜禽日粮中不会缺钾，仅见少数含钾量很低的地区。但钾的过量可影响钠、镁等元素的吸收，甚至引起"草痉挛"症。

(二)土壤中的微量元素与畜禽

1. 土壤中微量元素的来源与转移

成土母质(岩石等)是土壤中微量元素的主要来源。在不同成土母质上形成的土壤，其微量元素的种类和含量的差异很大。

土壤质地和有机质含量的不同，微量元素含量亦有所不同。通常沙质土壤中微量元素的含量较低，黏土和含腐殖质较多的黑钙土中微量元素的含量较高，且黑钙土中的微量元素常富集于有机质丰富的表层土中。许多自然因素（如地热、降水、气候等）亦影响土壤微量元素的分布。如地质淋溶作用，可使迁移能力较强的微量元素（如碘、氟等）转移，导致某些湿润气候的山区土壤中缺乏相应的微量元素，而在一些干旱地区的土壤中微量元素则过多。

土壤中微量元素的存在形态也可影响微量元素的转移，可溶性微量元素容易转移。而有些土壤（如酸性土壤）虽然某些元素含量较高，但因其被土壤有机质牢固地结合而难以为植物所吸收，也可能导致动物和植物对某些微量元素的缺乏。因此，植物对土壤微量元素的吸收利用，其有效含量又受到土壤酸碱性、氧化还原状态、有机质含量及土壤质地等多种因素的影响。

2. 土壤中微量元素与畜禽健康

畜禽主要从饲料或饮用水中获得微量元素，而土壤是饲料与饮用水中微量元素的源泉。因此，由于某些地区的生物地球化学特性，使土壤中某种微量元素含量过多或过低，而且长期得不到改善，往往成为某些生物地球化学性地方病的主要原因。

（1）碘　碘是畜禽机体甲状腺素的组成成分。动物（尤其是幼龄动物）碘缺乏可引起生长发育缓慢，甲状腺肿大，降低畜禽的基础代谢，繁殖能力和生产性能下降等。此病主要分布在远离海洋的内陆地区及高原地带。不同土壤类型碘的含量也不同。在缺碘地区，可给畜禽补饲碘化食盐，碘化钾与食盐的比例为1∶(10 000～30 000)。

（2）锌　锌是畜禽必需的微量元素之一。锌缺乏可引起食欲降低，皮肤粗糙，生长发育缓慢，免疫力下降。种畜、种禽的睾丸明显萎缩，精子生成减少，繁殖力降低等。在酸性土壤中，能被饲料作物利用的有效锌较多，但在碱性土壤中，有效锌供给量较少。饲料中一般不会缺锌，当日粮中锌不足时，可给畜禽补饲硫酸锌、氧化锌或碳酸锌等。

（3）铁　铁是动物机体合成血红蛋白和肌红蛋白的原料，是体内多种酶的组成部分。大部分饲料中的含铁量能满足畜禽的需要，但哺乳幼畜尤其是仔猪体内贮存量较少，容易引起缺乏症，表现精神委靡，食欲减退，被毛粗乱，皮肤和黏膜苍白，生长停滞，轻度腹泻，严重者死亡。缺铁时可补给硫酸亚铁、氯化亚铁等铁盐或肌肉注射右旋糖苷铁制剂；也可补饲黄土作为铁源。

（4）铜　缺铜时，可影响畜禽正常的造血功能，表现为贫血，生长受阻，免疫力下降，繁殖力降低等。我国土壤含铜量适中，仅见少数土壤如沼泽土和泥炭土等容易发生缺铜症。缺铜地区可向土壤中施用硫酸铜化肥或直接给畜禽补饲硫酸铜等。

(5)氟 畜禽机体缺氟时,易发生龋齿。但在生产中,多见机体长期摄入过量的氟,引起地方性氟中毒。主要表现为斑釉齿和氟骨症。斑釉齿即氟齿病,其特点是牙釉质出现白垩、黄褐色斑点和牙齿缺损等,氟骨症主要表现颌骨和长骨长出外生骨疣,关节粗大僵硬、跛行等。

(6)钴 钴是机体必需的微量元素之一,是维生素 B_{12} 和酶的组成部分。它参与核糖核酸及与造血有关的物质代谢。具有促进生长发育,预防贫血等功能。机体缺钴时,表现为食欲减退,被毛粗乱,易折断,体弱消瘦,黏膜苍白,生长停滞、体重下降,贫血等。

(7)硒 硒是谷胱甘肽过氧化物酶的组成成分,具有抗氧化功能。硒缺乏时,畜禽生长缓慢,可引起猪营养性肝坏死,雏鸡渗出性素质病,羔羊白肌病,繁殖机能紊乱等。硒过多可引起中毒。急性中毒常表现视觉障碍或瞎眼,痉挛瘫痪,肺部充血、出血,严重者窒息而死亡;慢性中毒表现食欲降低,反应迟钝,消瘦、贫血,脱毛、蹄壳变形乃至脱蹄,关节僵硬变形和跛行等症状。

3.微量元素类产品应用的有关问题

动物生产者不但用微量元素产品来预防和治疗许多疾病,而且用其提高畜禽的生产性能。在考虑微量元素对畜禽健康与生产力的影响和具体应用时,需注意以下问题:

(1)畜禽在人为控制条件下生活和生产,其是否会发生生物地球化学性地方病,取决于饲养制度和饲养方式。分散传统的畜牧业养殖方式,畜禽的饲料和饮水完全受该地区土壤条件的影响,而现代工厂化、集约化及规模化的饲养方式,饲料的种类和来源较为广泛,因此,即使当地土壤中微量元素含量异常,也不一定会发生地方病。

(2)畜禽种类、品种、年龄和个体不同,对各种微量元素的需要量与敏感性有所差异。如牛羊等反刍动物对钴的缺乏比单胃动物敏感,仔猪较成年猪更容易患缺铁性贫血症等。

(3)在畜禽体内,各种微量元素之间存在着各种颉颃或协同作用。因此,微量元素过多或不足以及彼此之间比例不协调,均可引起体内微量元素的平衡发生变化,从而导致生理、生化过程异常,使畜禽生产力降低,乃至引发疾病。

(4)在研究微量元素需要量和确定补给标准时,首先要考虑当地土壤及饲料中各种微量元素的含量,同时还要注意土壤施肥、环境污染等因素而导致的微量元素的变动。

三、土壤的污染、自净与防治

土壤是一切废弃物的容纳者和处理场所。天然的污染物或人类活动产生的污染物进入土壤，经过复杂的生物转化和迁移，最终成为无害状态，标志着土壤自净过程的基本完成。但对废弃物卫生管理不善、处理或利用不当，会使土壤中存在病原微生物和寄生虫(卵)，有毒有害物质蓄积，改变土壤的构成和性状，破坏土壤的功能，从而造成土壤污染。

(一)土壤污染的特点

1. 土壤污染影响的间接性和隐蔽性

土壤污染对畜禽所产生的危害是间接的。土壤污染后主要通过饲料植物或水源对机体产生影响，通过检查饲料及地下水(或地面水)被影响的情况来判断土壤污染的程度。从土壤污染开始到导致后果，是一个漫长的、间接的和逐渐累积的隐蔽过程，因此土壤污染问题通常都不太容易受到重视。

2. 土壤污染转化的复杂性

污染物进入土壤后，其转归过程比较复杂。比大气和水中的污染物的转化过程要复杂得多。例如，有毒重金属进入土壤后，有的被吸附，有的变为难溶盐类而在土壤中长期滞留，当土壤理化性质改变时，又会发生新的变化。

3. 土壤污染影响的长期性

多数有机化学污染物质需要一个较长的降解时间。因此，土壤被一些污染物污染后其影响是长期的。土壤一旦被污染，很难短时间内消除，特别是有机氯农药、有毒重金属和某些病原微生物等，对畜禽可产生长期持续的危害。

4. 土壤污染的难治理性与水体污染、大气污染的相关性

土壤污染一旦发生，仅仅依靠切断污染源的方法往往很难消除，有时要靠换土、淋洗土壤等方法才能解决问题。土壤污染还与水体污染、大气污染密切相关，三者相互影响。

(二)土壤的主要污染源及危害

土壤污染物的种类繁多，主要有重金属污染、农药、化肥和有机物污染、放射性污染、生物性的污染等。按土壤污染物的来源将土壤污染源分为自然污染源和人为污染源。其中人为污染源包括生产性污染源和生活性污染源是目前土壤污染的主要来源。

1. 工业“三废”的污染

工业“三废”的污染主要来源于采矿、冶金、火力发电、化工、造纸、纺织印染、屠

宰、食品等工业。排入大气中的工业废气、粉尘、烟尘、金属飘尘中含有很多有毒物质，它们受重力作用或随降雨落入土壤中，造成土壤污染。

2.农业生产中农药、化肥等污染

化学农药的种类很多，都含有有毒有害物质，长期使用或施用不当，均可造成土壤等环境的污染。目前，污染土壤较为严重的农药，主要有有机氯农药和含汞、砷和铅等重金属的农药。其中有机氯农药主要有六六六、滴滴涕、氯丹、毒杀酚、狄氏剂等。这些有机氯农药，化学性质稳定，不容易分解，在土壤中可长期保存。一些含汞、砷和铅等重金属的农药，施用后经分解，可转变为无机元素，但仍具有元素本身的毒性，在土壤中积累后，短时间内很难消除。

农业生产中滥用化肥对土壤的污染，主要造成土壤中硝酸盐等物质大量积累，使饲料中含有过量的硝酸盐，被畜禽采食后，可在胃中还原为亚硝酸盐，引起动物中毒。施用未经科学处理的人、畜粪尿，会使土壤受到病原微生物和寄生虫(卵)的污染，病原体可在土壤中生存较长的时间，尤其是能形成芽孢的杆菌。土壤也是蠕虫病(钩虫病、蛔虫病、鞭虫病等)传播的必经之路，因为这些土源性蠕虫的生活史中有一阶段必须在土壤中发育，然后才能感染畜禽。某些劣质化肥(粗制磷肥等)含有较多的氟、镉、砷等有毒元素，如过量施用，会使土壤中有害物质增加，造成污染。如砷类化合物进入畜禽体内，与细胞氧化酶巯基结合，破坏酶的结构和功能，阻碍细胞氧化和呼吸，导致组织细胞死亡。砷类化合物还能侵害神经系统，破坏神经细胞，引起一系列神经症状，侵袭血管，破坏血管壁通透性，引起出血或淤血。

3.畜产废弃物及生活废弃物的污染

畜牧生产及人类生活产生的垃圾、粪便和污水等废弃物都含有大量的有机物及有毒有害成分。据调查生活污水的排放量占到了污水排放总量的一大半，而且在数量、污染物的排放比例上远远超过了工业污水的排放量。其中对土壤的主要污染是病原性微生物及寄生虫(卵)的污染。病原微生物进入土壤后，虽然一部分可能被多种不利因素灭活，但还有多种病原微生物和寄生虫(卵)能长期生活在土壤中或继续繁殖，保持或扩大了传染源。如肠道病原菌可在土壤中存活 100～170 d，结核杆菌能生存 1 年左右，而需氧芽孢杆菌，如炭疽杆菌的芽孢生存时间可达 15 年之久，厌氧芽孢杆菌、产气荚膜杆菌也能长期生存。土壤还是许多寄生虫(卵)生长、发育所需要的环境。这些病原体污染土壤后可直接或间接的引起相应的疾病，从而危害畜禽乃至人体的健康。

4.交通的污染

随着经济的快速发展，我国汽车等交通工具数量不断增加，其污染也日益加剧。由于汽车尾气大量的排放，通常公路两旁的土壤中，铅的含量很高，畜禽采食交通流量大的公路两边 30 m 以内的饲草，进入动物体内，可沉积于骨髓，破坏卟啉的结构，导致血红蛋白的合成受阻，使幼红细胞数量增多，出现贫血。铅还可侵入神经系统，引起中毒，表现一系列神经症状。大气污染物中二氧化硫，氮氧化物形成的酸雨落入土壤中，使土壤酸化，可提高有害金属元素的活性，加重对畜禽的危害。

5. 土壤放射性物质的污染

放射性物质的污染是指人类活动排放出的放射性污染物，使土壤的放射性水平高于天然本底值。放射性污染物可通过多种途径污染土壤。放射性废水排放到地面上，放射性固体废物埋藏处置在地下，核企业发生放射性排放事故等，均可造成局部地区土壤的严重污染。

（三）土壤的自净作用

土壤受到污染后，通过其物理、化学和生物学的作用，使病原体死亡，各种有害物质转化到无害的程度，土壤可逐渐恢复到污染前的状态，这一过程称为土壤自净。土壤自净与土壤特性和污染物在土壤中的转归有着非常密切的关系。

1. 物理净化作用

土壤是一个多相的疏松多孔体，进入土壤中的难溶性固体污染物可被土壤机械阻留；可溶性污染物可被土壤水分稀释，降低其毒性，或被土壤固相表面吸附，但随水迁移至地表水或地下水层；某些污染物也可挥发或转化成气态通过孔隙迁移至大气中。物理净化作用只能使土壤污染的浓度降低或使污染物迁移，而不能使其从整个自然界消失。

2. 化学净化作用

污染物进入土壤后，可发生一系列化学反应，如凝聚与沉淀反应、氧化还原反应、络合-螯合反应、酸碱中和反应、水解反应，或经紫外线照射引起的光化学降解作用等。使污染物分解为无毒等物质。

3. 生物净化作用

土壤中存在大量依靠有机物生存的微生物，它们具有氧化分解有机物的能力。各种有机污染物在微生物及其酶的作用下，通过生物降解，可被分解为简单的无机物而消散。

（四）土壤污染的防治

1. 控制和消除土壤污染源

（1）控制和消除工业“三废”的排放　通过大力推广闭路循环，无毒生产新工艺等对工业“三废”进行回收，变废为宝，开展综合利用，使其化害为利。对不能综合利用的“三废”，要进行净化处理，使之达到国家规定的排放标准。对于重金属污染物，原则上不准排放。对污灌区要加强监测，控制污灌数量，避免盲目污灌。建立污水处理设施，污水必须经过处理后才能进行灌溉。灌溉前应进一步检测水质，加强监测，防止超标，以免污染土壤。

(2)加强对生活废弃物的处理　生活废弃物包括生活垃圾、人、畜粪便和生活污水等。其不但含有大量的细菌、病毒、寄生虫(卵)等病原体，还含有一些有毒有害的化学物质。因此，对生活废弃物科学地处理、利用，是防治土壤污染的重要措施。对于人、畜粪尿，应采用堆肥、发酵等方法，以杀灭其中的病原微生物和寄生虫(卵)；对于生活垃圾，要经过严格机械分选和高温堆腐处理。

(3)合理施用农业肥料　根据土壤条件、农作物的营养要求、肥料本身的性质及在土壤中的转化，确定化肥的最佳施用标准、施用期限与方法等。同时对人、畜粪尿等有机肥要妥善进行处理，保证其施用的安全性。

(4)开展农药污染的综合防治　首先，应进行农业上的综合防治。这种防治以农业防治为基础，化学防治为主导，因地制宜，科学合理地运用化学、生物、物理机械等防治手段，充分利用植物检疫的有效措施，以达安全、经济、有效的控制管理病、虫和杂草等危害的目的。其次，要严格执行施药的安全间隔期。所谓施药的安全间隔期是指最后一次施药到作物收获之间的最低限度的间隔天数。

最终还是要积极发展、施用高效、低毒、低残留的农药新品种。为防止化学农药污染，应尽快研究筛选高效、低毒、无公害的农药，以取代剧毒有害的化学农药。积极推广应用生物防治措施，大力发展生物高效农药。

2.治理土壤污染的措施

(1)生物防治　土壤污染物质可以通过生物降解或植物等吸收而被净化。蚯蚓是一种能提高土壤自净能力的环境动物，利用它还能处理城市垃圾和工业废弃物以及农药、重金属等有害物质。其次，积极推广使用农药污染的微生物降解菌剂，以减少农药残留量。此外，可利用植物吸收去除污染。严重污染的土壤可改种某些非食用的植物如花卉、树木、纤维作物等，也可种植一些非食用的吸收重金属能力强的植物，如羊齿类、铁角蕨属植物对土壤重金属有较强的吸收聚集能力，它对镉的吸收率可达到10%，连续种植多年则能有效降低土壤含镉量等。

(2)施加抑制剂　对于重金属轻度污染的土壤，使用化学改良剂可使重金属转变为难溶性物质，减少植物对它们的吸收。酸性土壤施用石灰，可提高土壤pH，使镉、锌、铜、汞、铅等形成氢氧化物沉淀，从而降低它们在土壤中的浓度，减少对植物的危害，同时可加速绝大多数有机农药的降解。对于硝态氮积累过多并已流入地下水体的土壤，可通过施用脲酶抑制剂、硝化抑制剂等化学抑制剂，以控制硝酸盐和亚硝酸盐的大量累积。

(3)增施有机肥　增施有机肥料可增加土壤有机质和养分含量，既能改善土壤理化性质特别是土壤胶体性质，又能增大土壤环境容量，提高土壤的净化能力。如受到重金属和农药等污染的土壤，增施有机肥料可增加土壤胶体对其吸附能力，同时土壤腐殖质可络合污染物质，显著提高土壤钝化污染物的能力，从而减弱其对植物的危害。

(4)加强水田管理　加强水田管理可减少重金属的危害，如淹水可明显抑制水稻对镉的吸收，放干水则相反。除镉外，铜、铅、锌等均能与土壤中的硫化氢反应，产生硫化物沉淀。

(5)改变耕作制度　改变耕作制度会引起土壤环境条件的变化，可消除某些污染物的毒害。据研究，实行水旱轮作是减轻和消除农药污染的有效措施。如DDT、六六六农药在棉田中的降解速度很慢，残留量大，而棉田改水田后，可大大加速DDT和六六六的降解。

(6)深翻、客土　对于轻度污染的土壤，采取深翻或客土的方法。对于污染严重的土壤，可采取铲除表层土或客土的方法。这些方法的优点是土壤改良较彻底，适用于小面积改良。但对于大面积污染土壤的改良，非常费事，代价较高，难以推行。

第二节　饲料卫生

一、含硝酸盐和亚硝酸盐类饲料

畜禽饲料中毒有20%是硝酸盐和亚硝酸中毒，而且中毒死亡率高达50%。硝酸盐和亚硝酸盐中毒在我国一年四季均可发生，但以春末、秋冬发病较多，特别是在白菜上市时发病最多。

1.含有硝酸盐的饲料

蔬菜类饲料、牧草、树叶类和水生饲料等青绿饲料等均含有不同程度的硝酸盐。其中以叶菜类饲料如小白菜、白菜、萝卜叶、苋菜、牛皮菜、甘蓝、菠菜、莴苣叶、甜菜茎叶、南瓜叶等含量较多。青刈燕麦和玉米中含量也很高。

通常，新鲜青绿饲料中富含硝酸盐，不含亚硝酸盐或含量甚微。但在天气干旱的条件下或菜叶黄化后，其含量显著增加；少数植物由于亚硝酸盐还原酶的活性很低，也可能使亚硝酸盐含量增加。

2.硝酸盐和亚硝酸盐对畜禽的危害

(1)引起亚硝酸盐中毒(高铁血红蛋白血症)　硝酸盐不能直接引起高铁血红蛋白血症，必须在一定条件下转变为亚硝酸盐，亚硝酸盐被吸收入血后，亚硝酸根离子与血红蛋白结合，使正常的低铁血红蛋白氧化为高铁血红蛋白(MHb)，使血红蛋白失去携带氧的能力，造成机体组织缺氧，从而引起畜禽机体高铁血红蛋白血症。动物表现皮肤及可视黏膜发绀，体温降低，呼吸加强，心率加快，肌肉震颤，行走摇摆，严重者昏迷而死亡等一系列症状。

$$Hb \cdot Fe^{2+} \xrightarrow{NO_2^-} Hb \cdot Fe^{3+}$$

饲料植物中的硝酸盐转化为亚硝酸盐的途径有两条：①体外形成：即硝酸根离子在进入畜禽机体之前就已经转化为亚硝酸根离子。常见于青绿饲料长期不合理地堆放而发热、腐烂或小火焖煮及煮后长时间焖置于锅中时，使混杂于饲料中的硝酸盐还原菌(如沙门氏杆菌、大肠杆菌等)得到适宜的水分和温度等条件而大量的繁殖，于是迅速将硝酸盐还原为亚硝酸盐。②体内形成：即饲料中的硝酸盐被畜禽采食后，经胃肠道中硝酸盐还原菌的作用而转化为亚硝酸盐。正常情况下，牛、羊等反刍动物能将硝酸盐还原为亚硝酸盐，再进一步还原为氨而被机体吸收利用。但当反刍动物采食了大量的含硝酸盐较高的青饲料或其瘤胃还原氨的能力下降时，即使是采食新鲜青饲料也很容易发生亚硝酸盐中毒。单胃动物摄入的硝酸盐通常在肠道上部被吸收，很少形成亚硝酸盐。但在胃酸不足或发生消化机能障碍等胃肠道疾病时，也可促使硝酸盐还原菌的大量繁殖，将进入机体的硝酸盐快速还原为亚硝酸盐，在亚硝酸盐尚未进一步还原氨之前被吸收而导致中毒。

亚硝酸盐对畜禽毒害的程度，与亚硝酸盐的含量、动物的种类、个体差异和不同的年龄等因素有关。各种畜禽中以猪对亚硝酸盐最为敏感，马、牛和羊次之。

(2)参与合成致癌物质——亚硝胺　亚硝胺是亚硝胺类化合物的简称，具有很强的致癌作用，其中二甲基亚硝胺(DMNA)致癌性最强。当饲料中胺类或酰胺类与硝酸盐或亚硝酸盐共存时，可形成亚硝胺。

3.预防措施

(1)做好青绿饲料的保存工作，注意饲料的调制和饲喂方法。青绿饲料要按照饲喂计划采摘供应，不要长时间堆放；短时间存放时，应选在干燥、阴凉和通风良好的地方，经薄层摊开。叶菜类的青绿饲料应新鲜生喂，若需蒸煮，宜大火快煮，现煮现喂。对已腐败变质的青绿饲料禁止饲喂。

(2)在饲喂含硝酸盐较多的饲料时，要严格控制其饲喂量，同时可适当喂给含碳水化合物较高的易消化的饲料，以提高反刍动物瘤胃的还原能力。此外，在饲料中添加维生素 A，也可减弱硝酸盐和亚硝酸盐的毒性。

(3)在种植饲料作物或牧草时，应科学合理的配方施肥，注意控制氮肥的用量和施用时间，尤其是在临近收获或放牧时期，不要过多地施用。

(4)积极选育低富集硝酸盐饲料植物品种。研究认为，硝酸盐还原酶的活性强度是高遗传的。因此，通过作物育种途径进行筛选低富集硝酸盐饲料植物品种是预防硝酸盐和亚硝酸盐危害的途径。

二、含氰甙类饲料

1. 含有氰甙的饲料种类及含量

含有氰甙的植物很多，有 2 000 多种。常用于饲料的主要有：生长期的高粱(尤其是高粱幼苗及再生苗)、玉米、苏丹草(幼嫩的苏丹草及再生草含量较高)、木薯、亚麻籽饼和箭舌豌豆等。

2. 氰甙对畜禽的危害

畜禽采食富含氰甙的饲料后，易引起氢氰酸中毒。通常氰甙对机体无害，但氰甙进入畜禽机体后，在胃内由于胃液中盐酸的作用和与氰甙共存的酶的水解，可产生游离的氢氰酸，氢氰酸被机体吸收后，CN^- 能迅速与氧化型细胞色素氧化酶中的 Fe^{3+} 结合，形成氰化高铁细胞色素氧化酶，从而抑制该酶的活性，阻止了组织对氧的吸收而导致机体缺氧。

3. 氢氰酸中毒的预防措施

(1)合理利用含氰甙的饲料　高粱、玉米等饲料茎叶在幼嫩时不能饲用，应在抽穗时晾干后加以利用；利用苏丹草时，第一茬适于刈割或青贮、晒制干草，其再生草可用于放牧。放牧时，以草丛高度达 50～60 cm 为宜。

(2)严格控制喂量，可与其他饲料饲草搭配饲喂。

(3)减毒处理　氢氰酸的沸点很低，加热很容易挥发，可采用水浸泡法和加热蒸煮法等进行减毒处理。如木薯去皮后，用水浸泡煮熟(煮时将锅盖打开)，然后弃去汤汁，熟薯再用水浸泡；亚麻籽饼应打碎，用水浸泡后，再加入食醋，敞开锅盖煮熟，使氢氰酸挥发掉等。此外，采用磨碎、发酵和焙炒等措施，也可除去饲料中部分氢氰酸。

三、菜子饼、粕中的有毒成分

菜子是油菜、甘蓝、芥菜和萝卜等十字花科芸薹属植物的种子。菜子中含有硫葡萄糖甙(即芥子甙)、芥子碱和芥子酸等有毒的物质，限制了菜子饼、粕的应用价值。

1.菜子饼、粕中的有毒物质及其毒性

(1)硫葡萄糖甙及其降解产物　菜子中含有硫葡糖糖甙(即芥子甙),是由苷元和葡萄糖部分通过硫苷键连接而成。其本身对畜禽无毒。但在榨油过程中,由于菜子细胞受到破坏,芥子甙可与其共存的芥子酶接触,在适宜的温度、湿度和 pH 等条件下,由于芥子酶的催化作用,使芥子甙水解而生成异硫氰酸酯类(即芥子油)和噁唑烷硫酮等有毒的物质。芥子油有辛辣味,具挥发性和脂溶性,高浓度的异硫氰酸酯对皮肤和黏膜有强烈的刺激作用,长期或大量饲喂畜禽菜子饼、粕,可引起胃肠炎、肾炎及支气管炎。同时芥子油中的硫氰离子(SCN^-)是与碘相似的单价阴离子,在血液中含量较多时,可与碘离子进行竞争,能抑制甲状腺滤泡细胞浓集碘的能力,从而导致甲状腺肿大。噁唑烷硫酮是致甲状腺肿物质,其作用机理为阻碍甲状腺素的合成,引起垂体前叶促甲状腺素的分泌增加,导致甲状腺肿大。

(2)芥子碱　菜子饼、粕中含有1%～1.5%的芥子碱。芥子碱富含苦味,影响适口性和畜产品品质。

此外,菜子饼、粕中还含有1.5%～3.5%的单宁、2%～5%的植酸等抗营养因子,不但可影响畜禽的适口性,而且能影响钙、磷等营养素的吸收。

2.菜子饼、粕的去毒处理方法

(1)水浸泡法　硫葡萄糖甙具水溶性,用冷水或温水(40℃左右)浸泡 2～4 d,每天坚持换水 1 次,可除去部分芥子甙。用水浸泡法去毒处理简单易行,但水溶性营养物质损失较多。

(2)加热处理法　利用蒸、煮等加热处理方法,使芥子酶失去活性而不能水解芥子甙,并可使已形成的芥子油挥发掉。但经此法处理后,饼、粕中蛋白质的利用率下降,且由于芥子甙仍存留于饼、粕中,饲喂后可能在畜禽肠道或饲料等其他来源的芥子酶或微生物的作用下,继续分解而产生有毒成分。

(3)化学处理法　即采用氨、碱或硫酸亚铁等化合物进行处理。氨处理法即每 100 份菜子饼、粕用浓氨水(含氨 28%)4.7～5.0 份,用水稀释后,均匀撒在饼、粕中,覆盖堆放 3～5 h,然后置蒸笼中蒸 40～50 min,即可饲喂。碱处理法可破坏芥子苷和绝大部分芥子碱,最好每 100 份菜子饼、粕加碳酸钠 3.5 份,用水稀释后,均匀撒在饼、粕中,覆盖堆放 3～5 h,即可饲喂。硫酸亚铁作用在于二价铁离子可与芥子甙及其降解产物分别形成螯合物,从而使它们失去毒性。

(4)坑埋法　坑埋法简单易行且成本较低,对芥子油脱毒效果较好。本法可选择朝阳、地势较高、水位较低、干燥的地方,挖一规格为宽 0.8 m,深 0.7～1.0 m 的长方形的坑(长度可因处理菜子饼、粕的数量而定),将菜子饼、粕粉碎后按 1∶1 的比例加水，浸透泡软后装入坑内，顶部和底部均铺一层草，在顶部覆土 20 cm 以上，2 个月后即可饲喂。

(5)培育“双低”油菜品种　所谓“双低”油菜品种是指油菜子中低硫甙和低芥酸。这是从根本上解决菜子饼、粕去毒和提高其营养价值的有效方法。目前，我国在引进和选育“双低”油菜品种方面做出了积极的努力，并已取得成效。

3. 菜子饼、粕合理利用

(1)去毒处理，限量饲喂　菜子饼、粕中硫葡萄甙及其分解产物的含量，随着菜子的种类、品种和加工方法的不同有很大变化。菜子饼、粕中芥子油含量超过 0.3%，噁唑烷硫酮含量高于 0.6%时，应先进行去毒处理后再喂给畜禽。经去毒处理的菜子饼、粕，其用量以不超过日粮的 20%为宜；若去毒效果不佳，则不应超 10%。

(2)与其他饼、粕搭配饲喂　菜子饼、粕与其他饼、粕(如葵花籽饼、亚麻籽饼、豆饼等)或动物性蛋白质饲料适当搭配，可有效控制其毒物的含量，且有利于营养素的互补。

我国饲料卫生标准中规定，菜子饼、粕中异硫氰酸酯(以丙烯基异硫氰酸酯计)≤4 000 mg/kg；鸡配合饲料和生长肥育猪配合饲料≤500 mg/kg；肉用仔鸡、生长鸡配合饲料中的噁唑烷硫酮≤1 000 mg/kg，产蛋鸡配合饲料≤500 mg/kg。

四、棉籽饼、粕中的有毒成分

棉籽经榨油后的副产品棉籽饼、粕含有棉酚及环丙烯类脂肪酸等有毒物质，长期或大量饲喂，可导致畜禽中毒，从而限制了其利用。

1. 棉籽饼、粕中的有毒物质及其毒性

(1)棉酚　棉籽饼、粕中含有结合棉酚(无毒)和游离棉酚(有毒)两种。其中游离棉酚的毒性大小主要取决于游离棉酚含量的多少。机器压榨因压力大，温度较高，饼、粕中游离棉酚含量较少，机榨加溶剂浸提，含量更少。传统的土榨法，由于压力小，温度低，棉籽饼、粕中游离棉酚含量较高。

游离棉酚对畜禽的消化系统、循环系统、神经系统和生殖系统等组织和脏器均会产生危害。大量棉酚进入消化道后，可刺激胃肠黏膜，引起胃肠炎。吸收入血后，能损害心脏、肝脏、肾脏等实质脏器。棉酚能增强血管壁的通透性，使周围组织发生浆液性浸润和出血性炎症。棉酚呈脂溶性易积累于神经细胞中，使神经机能紊乱。游离棉酚能影响雄性动物的繁殖性能及禽蛋品质，使蛋黄变成黄绿色或红褐色。

(2)环丙烯类脂肪酸　棉籽饼、粕中的环丙烯类脂肪酸主要是使母鸡的卵巢和输卵管萎缩，产蛋率下降，孵化率降低，并对鸡蛋品质产生不良影响。当其贮存后，蛋清变为桃红色，有人称之为“桃红蛋”。环丙烯类脂肪酸还可使鸡蛋蛋黄变硬，加热后可形成“海绵蛋”。

2. 棉籽饼、粕的去毒处理方法

(1)加热去毒法　将棉籽饼、粕经过蒸、煮、炒等加热处理，使游离棉酚与蛋白质结合形成无毒的结合棉酚，可去毒75%～80%。

(2)添加铁制剂处理法　铁制剂可与游离棉酚结合形成不能被畜禽吸收的复合物而随粪便排出体外，从而减少了棉酚对机体的危害。生产中，最常用的棉酚去毒铁制剂是硫酸亚铁($FeSO_4 \cdot 7H_2O$)。硫酸亚铁等铁制剂不仅可作为棉酚的脱毒剂，而且能降低棉酚在动物肝脏中的蓄积量。去毒时，可根据棉籽饼中游离棉酚的实际含量，按铁元素与游离棉酚呈1∶1质量比，向饼、粕中加入硫酸亚铁。由于硫酸亚铁含有结晶水，实际中硫酸亚铁的用量应按游离棉酚量的5倍计算。具体做法是将粉碎过筛的硫酸亚铁粉末按量均匀拌入棉籽饼、粕中，然后按每千克饼、粕加2～3 kg水，浸泡约4 h后直接饲喂即可。

3. 棉籽饼、粕的合理利用

(1)直接用作饲料　工厂化制油工艺生产的棉籽饼、粕，一般含游离棉酚0.06%～0.08%。这类棉籽饼、粕可不经脱毒处理，直接与其他饲料配合使用。在肉猪、肉鸡饲粮中的安全用量为10%～20%，母猪及产蛋鸡的安全用量为5%～10%。

(2)脱毒处理，间歇控制饲喂　土榨法生产的棉籽饼、粕，游离棉酚含量一般均在0.2%左右，有的含量甚至更高，应进行去毒处理后再喂给畜禽。经去毒处理的棉籽饼、粕，其用量以不超过日粮的20%为宜。连续饲喂2～3个月，停喂2～3周后再喂。

(3)合理搭配其他蛋白质饲料饲喂　饲粮中高水平蛋白质可降低棉酚的毒性，如果在日粮中适当补充鱼粉、血粉或赖氨酸等饲料，饲养效果会更好。此外，棉籽饼、粕与其他饼粕(如葵籽饼、菜子饼、豆饼等)适当搭配，可达到减少毒素摄入的目的。

我国饲料卫生标准中规定，棉籽饼、粕中游离棉酚≤1 200 mg/kg，产蛋鸡配合饲料≤20 mg/kg，肉用仔鸡、生长鸡配合饲料≤100 mg/kg，生长肥育猪配合饲料≤60 mg/kg。

技能训练　饲料中有毒成分的检测

【目的要求】

熟悉常见畜禽饲料中的有毒有害成分，掌握其及有毒成分的检测原理及操作方法。

【内容方法】

一、饲料中亚硝酸盐的测定

1. 定性检验(联苯胺反应)

(1)原理　在酸性溶液中,亚硝酸盐将联苯胺重氮化成一种醌类化合物,呈棕红色。

(2)试剂　联苯胺-冰醋酸溶液:取 0.1 g 联苯胺,溶于 10 mL 冰醋酸中,加水稀释至 100 mL。

(3)操作方法　取被检样品滤液 2 滴于滴定板上,加联苯胺-冰醋酸溶液 1 滴,若呈现棕红色为阳性反应。或取样滤液 1～2 mL 于小试管中,加联苯胺-冰醋酸溶液数滴,若有亚硝酸盐存在,即呈现棕红色;含量较少时仅呈淡黄色。

2. 定量检验

(1)原理　饲料样品在微碱性条件下除去蛋白质,在酸性条件下试样中的亚硝酸盐与对氨基苯磺酸反应,生成重氮化合物,再与 N-1-萘乙二胺盐酸盐偶合形成红色物质,进行比色测定。

(2)仪器　研钵、分光光度计、分析天平、恒温水浴锅、烧杯、容量瓶、试剂瓶、长颈漏斗、量筒、吸量管、移液管等。

(3)试剂

①四硼酸钠饱和溶液　称取 25 g 四硼酸钠($Na_2B_4O_7 \cdot 10H_2O$),溶于 500 mL 温水中,冷却后备用。

②10.6%亚铁氰化钾溶液　称取 53 g 亚铁氰化钾[$K_4Fe(CN)_6 \cdot 3H_2O$],溶于水,加水稀释至 500 mL。

③22%乙酸锌溶液　称取 110 g 乙酸锌[$Zn(CH_3COO)_2 \cdot 2H_2O$],溶于适量水和 15 mL 冰乙酸中,加水稀释至 500 mL。

④0.5%对氨基苯磺酸溶液　称取 0.5 g 对氨基苯磺酸($NH_2C_6H_4SO_3H \cdot H_2O$),溶于 10%盐酸中,边加边搅拌,再用 10%盐酸稀释至 100 mL,贮于暗棕色试剂瓶中,密闭保存。

⑤0.1% N-1-萘乙二胺盐酸盐溶液　称 0.1 g N-1-萘乙二胺盐酸盐($C_{10}H_7NHCH_2NH_2 \cdot 2HCl$),用少量水研磨溶解,加水稀释至 100 mL,贮于暗棕色试剂瓶中,密闭保存。

⑥5 mol/L 盐酸溶液　量取 445 mL 盐酸,加水稀释至 1 000 mL。

⑦亚硝酸钠标准贮备液　称取经(115±5)℃烘至恒重的亚硝酸钠 0.300 0 g,用水溶解,移入 500 mL 容量瓶中,加水定容,此溶液每毫升相当于 400 μg 亚硝酸

根离子。

⑧亚硝酸钠标准工作液吸取 5.00 mL 亚硝酸钠标准贮备液，置于 200 mL 容量瓶中，加水稀释至刻度，此溶液每毫升相当于 10 μg 亚硝酸根离子。

(4)操作方法

①样品试液制备　称取约 5 g 饲料试样，精确到 0.001 g，置于 200 mL 烧杯中，加约 70 mL 温水(60±5)℃和四硼酸钠饱和溶液 5 mL，水浴加热 15 min(85±5)℃，取出，稍凉，依次加入 2 mL 10.6%亚铁氰化钾溶液、2 mL 22%乙酸锌溶液，每一步须充分搅拌，然后将烧杯内溶液全部转移至 150 mL 容量瓶中，用水洗涤烧杯数次，并入容量瓶中，加水定容至刻度，摇匀，静置澄清，用滤纸过滤，滤液为试液备用。

②标准曲线的绘制　吸取 0、0.25、0.50、1.00、2.00、3.00 mL 亚硝酸钠标准工作液，分别置于 50 mL 棕色容量瓶中，加水约 30 mL，依次加入 2 mL 0.5%对氨基苯磺酸溶液、2 mL 盐酸溶液，混匀，在避光处放置 3～5 min，加入 2 mL 0.1% N-1-萘乙二胺盐酸盐溶液，加水稀释至刻度，混匀，在避光处放置 15 min，以 0 mL 亚硝酸钠标准工作液为参比，用 10 mm 比色池，在波长 538 nm 处，测其他各溶液的吸光度，以吸光度为纵坐标，各溶液中所含亚硝酸根离子质量为横坐标，绘制标准曲线。

③试样的测定　准确吸取试液约 30 mL，置于 50 mL 棕色容量瓶中，从“依次加入 2 mL 0.5%对氨基苯磺酸溶液，2 mL 盐酸溶液……”起，按标准曲线绘制的方法显色和测量样品试液的吸光度。

结果计算

$$X=m_1\times\frac{150}{V\times m}\times 1.5=\frac{225\times m_1}{V\times m}$$

式中：X 为试样中亚硝酸盐(以亚硝酸钠计)含量(mg/kg)；V 为试样测定时，吸取试液的体积(mL)；m_1 为体积为 V 的试液中所含亚硝酸根离子质量(由标准曲线可得)(μg)；m 为试样质量(g)；1.5 为亚硝酸钠质量和亚硝酸根离子质量的比值。

二、饲料中氰化物的测定

1. 定性检验(苦味酸试纸法)

(1)原理　氢氰酸或氰化物在酸性条件下生成氰化氢气体，与碳酸钠反应生成氰化钠，氰化钠与苦味酸试纸作用可形成红色的异氰紫酸钠。

(2)仪器与材料　恒温水浴锅、锥形瓶、量筒、剪刀、试纸等。

(3)试剂

①1%的苦味酸溶液；

②10%碳酸钠；

③10%酒石酸溶液。

(4)操作方法

①制样　称取样品10 g置于150 mL锥形瓶中，加水20～30 mL，将样品浸没。

②制备苦味酸试纸　将试纸浸泡于1%的苦味酸溶液中，在室温下阴干；剪成50 mm×8 mm的纸条备用，临用时再滴加10%碳酸钠溶液使之湿润。

③检验　在锥形瓶中加入10%酒石酸溶液5 mL，使之呈酸性，立即将苦味酸试纸夹于瓶口与瓶塞之间，使试纸条悬垂于瓶中(勿接触瓶壁及溶液)。然后置于40～50℃水浴，加热30 min。若试纸呈橙红色，表明有少量氢化氰或氰化物存在；呈红色，表明有大量氢化氰或氰化物存在。

2. 定量测定

(1)原理　以氰甙形式存在于植物体内的氰化物经水浸泡水解后，进行水蒸气蒸馏，蒸出的氢氰酸被碱液吸收。在碱性条件下，以碘化钾为指示剂，用硝酸银标准溶液滴定定量。

(2)仪器　水蒸气蒸馏装置、分析天平、微量滴定管、凯氏烧瓶、棕色容量瓶、锥形瓶、移液管等。

(3)试剂

①5%氢氧化钠溶液；

②0.5%硝酸铅溶液；

③5%碘化钾溶液；

④5%铬酸钾溶液；

⑤6 mol/L氨水　量取400 mL浓氨水，加水稀释至1 000 mL；

⑥0.1 mol/L硝酸银标准贮备液。

(4)制备　称取17.5 g硝酸银，溶于1 000 mL水中，混匀，置暗处，密闭保存于玻塞棕色瓶中。

(5)标定　称取1.5 g经500～600℃灼烧至恒重的基准氯化钠，准确至0.000 2 g。用水溶解，移入250 mL容量瓶中，加水稀释至刻度，摇匀。准确移取此溶液25 mL于250 mL锥形瓶中，加入25 mL水及1 mL 5%铬酸钾溶液，再用0.1 mol/L硝酸银标准贮备液滴定至溶液呈微红色为终点。

①硝酸银标准贮备液的摩尔浓度按下式计算：

$$c_0=\frac{m_0\times 25}{V_1\times 0.084\,5\times 250}=\frac{1.710\,9\times m_0}{V_1}$$

式中：c_0 为硝酸银标准贮备液的摩尔浓度(mol/L)；m_0 为基准氯化钠质量(g)；V_1 为硝酸银标准贮备液的用量(mL)；0.058 45 为每毫摩尔氯化钠的质量(g)。

②0.01 mol/L 硝酸银标准工作液　临用前，将 0.1 mol/L 硝酸银标准贮备液用煮沸并冷却的水稀释 10 倍即可(必要时应重新标定)。

(6)操作方法

①试样水解处理　称取 10～20 g(精确到 0.001 g)试样于凯氏烧瓶中，加水约 200 mL，塞严瓶口，在室温下放置 2～4 h，使其水解。

②蒸馏　将盛有水解试样的凯氏烧瓶迅速连接于水蒸气蒸馏装置，使冷凝管下端浸入盛有 20 mL 5%氢氧化钠溶液的锥形瓶的液面下，蒸馏，收集蒸馏液 150～160 mL，取下锥形瓶，加入 10 mL 0.5%硝酸铅溶液，摇匀，静置 15 min，过滤于 250 mL 容量瓶中，用水洗涤沉淀物和锥形瓶 3 次(每次 10 mL)，并入滤液中，加水稀释至刻度，混匀。

③滴定　准确移取 100 mL 滤液置另一锥形瓶中，分别加入 8 mL 6 mol/L 氨水、2 mL 5%碘化钾溶液，混匀。在黑色背景衬托下，用微量滴定管以硝酸银标准工作液滴定至出现混浊时为终点，记录硝酸银标准工作液消耗体积。在相同的实验条件下，以蒸馏水代替蒸馏液作空白试验，用硝酸银标准工作液滴定，记录其消耗体积。

结果计算

$$X=c\times(V-V_0)\times 54\times\frac{250}{100}\times\frac{1\,000}{m}=\frac{135\,000\,c(V-V_0)}{m}$$

式中：X 为试样中氰化物(以氢氰酸计)的含量(mg/kg)；m 为样品质量(g)；c 为硝酸银标准工作液摩尔浓度(mol/L)；V 为试样滴定时硝酸银标准工作液消耗的体积(mL)；V_0 为空白试验硝酸银标准工作液消耗的体积(mL)；54 为 1 mL 1 mol/L 硝酸银相当于氢氰酸的质量(mg)。

三、饲料中游离棉酚的测定

1. 棉酚的定性检验

棉酚具羟基和醛基，具有酚、萘、醛的性质。因此，可与某些化合物产生显色反应。

(1)取被检磨碎样品少许，加浓硫酸数滴，若有棉酚存在呈樱红色。

(2)取被检磨碎样品少许，加三氯化锑氯仿溶液，呈绿色；与三氯化铁乙醇溶液反应呈暗绿色；与醋酸铅作用产生棕黄色沉淀。

(3)取被检样品 2 g 入试管，加 20 mL 乙醇，充分振摇后，取上清夜 1 mL 于另一试管中，加入粉状氯化锡少许，摇匀，显暗红色。

2. 棉酚的定量测定

(1)原理　在 3-氨基-1-丙醇存在下用异丙醇与正己烷的混合溶剂提取游离棉酚，用苯胺使棉酚转化为苯胺棉酚，在最大吸收波长 440 nm 处进行比色测定。

(2)仪器与材料　样品粉碎机、分级筛、振荡器、分光光度计、恒温水浴锅、具塞三角烧瓶、棕色容量瓶、吸量管、移液管、漏斗、表玻璃、玻璃珠、定量滤纸等。

(3)试剂

①异丙醇[$(CH_3)_2CHOH$]。

②正己烷。

③冰乙酸。

④3-氨基-1-丙醇($H_2NCH_2CH_2OH$)。

⑤苯胺($C_6H_5NH_2$)　如果测定的空白试验吸收值超过 0.022 时，在苯胺中加入锌粉进行蒸馏，弃去开始和最后的 10%蒸馏部分，放入棕色的玻璃瓶内贮存在冰箱(0～4℃)中。

⑥异丙醇-正己烷混合溶剂(体积比为 6∶4)。

⑦溶剂 A　量取约 500 mL 异丙醇-正己烷混合溶剂、2 mL 3-氨基-1-丙醇、8 mL 冰乙酸和 50 mL 水于 1 000 mL 的容量瓶中，再用异丙醇-正己烷混合溶剂定容至刻度。

(4)操作方法

①样品制备将自然干燥后的饲料样品粉碎，过 20 目筛，称取 1～2 g 试样(精确到 0.001 g)置于 250 mL 具塞三角烧瓶中，加入 20 粒玻璃珠，用移液管准确加入 50 mL 溶剂 A，塞紧瓶塞，放入振荡器内振荡 1 h(120 次/min 左右)。用干燥的定量滤纸过滤，过滤时，在漏斗上加盖一表玻璃，以减少溶剂挥发，弃去最初几滴滤液，收集滤液于 100 mL 具塞三角烧瓶中。

②用吸量管吸取等量双份滤液 5～10 mL(每份含 50～100 μg 的棉酚)分别至 2 个 25 mL 棕色容量瓶 a 和 b 中，如果需要，用溶剂 A 补充至 10 mL。用异丙醇-正己烷混合溶剂稀释瓶 a 至刻度，摇匀，该溶液用作试样测定液的参比溶液。

③用移液管吸取 2 份 10 mL 的溶剂 A 分别至 2 个 25 mL 棕色容量瓶 a_0 和 b_0

中，用异丙醇-正己烷混合溶剂补充瓶 a_0 至刻度，摇匀，该溶液用作空白测定液的参比溶液。加 2.0 mL 苯胺于容量瓶 b 和 b_0 中，在沸水浴上加热 30 min 显色。然后，冷却至室温，用异丙醇-正己烷混合溶剂定容，摇匀并静置 1 h。

④样品测定　用 10 mm 比色池，在波长 440 nm 处，用分光光度计以 a_0 为参比溶液测定空白测定液 b_0 的吸光度，以 a 为参比溶液测定试样测定液 b 的吸光度，从试样测定液的吸光度值中减去空白测定液的吸光度值，得到校正吸光度 A。

结果计算

$$X=\frac{A\times 1\ 250\times 1\ 000}{a\times m\times V}=\frac{A\times 1.25}{amV}\times 10^6=\frac{1.25\times 10^6 A}{amV}$$

式中：X 为游离棉酚含量(mg/kg)；A 为校正吸光度；m 为样品质量(g)；V 为测定用滤液的体积(mL)；a 为质量吸收系数，游离棉酚为 62.5 $cm^{-1}\cdot g^{-1}\cdot L$。

【作业习题】

1. 如何进行饲料取样，所测得的有毒成分的结果更准确？

2. 将实验过程中的操作步骤、测量数据、计算方法和结果分析等完成一篇实验报告。

五、含有感光过敏性物质的饲料

1. 含有感光过敏性物质的饲料

含有感光过敏性物质的饲料常见的有荞麦、狭叶羽扇豆、苜蓿、白三叶、多年生黑麦草、芜菁、油菜、蒺藜、灰菜和车前草等。此外，被蚜虫、葚孢菌等污染的蔬菜、牧草等饲料，饲喂给畜禽也可引发感光过敏症。

2. 感光过敏性物质的危害

畜禽采食了含有感光过敏物质的饲料，受到日光照射后，通过机体的氧化作用，可损伤细胞结构而释放出游离组织胺，使毛细血管扩张，通透性增强，形成红斑和引起组织局部性水肿乃至出现坏死等症状。发生感光过敏症的畜禽多见于绵羊、猪。

3. 预防感光过敏症的措施

在饲养白毛(羽)畜禽的过程中，对含有光过敏物质的饲料要少喂或不喂。若要饲喂，最好在避光阴暗、无阳光直射的封闭式舍内饲喂。

六、霉菌毒素对饲料的污染

霉菌是真菌的重要组成部分，其种类繁多，广泛存在于自然界中。霉菌对饲料和粮食的污染非常普遍，尤其在高温、高湿、阴暗及通风不良的环境中更是大量繁殖。绝大多数霉菌是非致病性的，对畜禽的健康无害，但部分霉菌（曲霉菌属、青霉菌属、镰刀菌属等）可污染饲料，使饲料霉变，破坏其营养成分，使饲料失去饲用价值，而且少数霉菌污染饲料后，在适宜的条件下可产生毒素，引起畜禽的急、慢性中毒，甚至造成“三致”作用，严重危害畜禽的健康（表 3-2）。

表 3-2　饲料中主要霉菌毒素及其危害

霉菌毒素	来源	污染饲料	敏感动物	主要危害
黄曲霉毒素	黄曲霉和寄生曲霉等	玉米、花生、豆类、棉籽及其饼粕	所有动物	肝实质细胞坏死、黄疸、肝出血、肝癌等
赭曲霉毒素	赭曲霉及鲜绿青霉等	玉米、麦类、高粱、豆类及糠麸	鸡、猪等	主要损伤肾、肝，引起肾小管上皮细胞变性、坏死；肝组织脂肪变性、透明变性和灶状坏死等
烟曲霉毒素	烟曲霉菌等	玉米、大米、高粱	猪、马等	肝脏损伤、呼吸道疾病及死胎等
玉米赤霉烯酮	禾谷镰刀菌等	玉米、麦类、豆类、青贮饲料	猪、牛等	雌激素亢进症
T-2 毒素	三线镰刀菌、拟枝孢镰刀菌、梨孢镰刀菌等	谷、麦类	家禽、牛、猪	造血机能障碍，组织器官出血等
呕毒素（DON）	镰刀菌等	谷、麦类	猪	造血机能障碍、呕吐、皮肤炎症乃至坏死

（一）霉菌毒素中毒特点

畜禽发生霉菌毒素中毒时，和其他疾病不同，有其共同的特点：①中毒的发生与某些饲料有关，中毒的畜禽均采食了相同的饲料或其中某一相同的成分，在一段时间内相继发病，而同时间、同地点饲喂不同饲料的畜禽不发病。②检查可疑饲料可发现有某些霉菌和霉菌毒素的污染，通过动物试验可以发生相同的中毒病。③发病往往具有明显的地区性和季节性。④霉菌毒素中毒不是由霉菌本身所致。因此，无流行病学上的传染性和免疫性。⑤摄入霉菌毒素的量不足不致引起急性或亚急性中毒时，无明显的早期症状，但长期少量摄入可引起慢性毒害，甚至呈现“三致”作用，易被忽视。

(二)黄曲霉毒素(AFT)

1.黄曲霉毒素的产生和种类

黄曲霉毒素主要是由黄曲霉和寄生曲霉中的特定菌株产生的肝脏毒性代谢产物。在自然界中黄曲霉较寄生曲霉存在更为广泛。最适于在玉米、花生上生长繁殖,也常在麦类、豆类、薯干、稻米等上面生长繁殖。适于繁殖的温度在30～38℃,相对湿度80％～85％。这些产毒菌株的产毒最适宜的条件是基质水分在16％以上,相对湿度在85％以上,温度在23～32℃。黄曲霉毒素是一类结构极其相似的剧毒化合物。根据其在紫外线照射下所发荧光颜色的不同,可分为B族和G族。在自然条件下污染饲料的黄曲霉毒素主要有4种,即黄曲霉毒素B_1、G_1、B_2和G_2,其中以黄曲霉毒素B_1的毒性最强。

2.黄曲霉毒素对畜禽的危害

黄曲霉菌具有很强的分解蛋白质和糖化淀粉的能力,能使饲料霉变,降低饲料的品质。其代谢产物具有肝毒性,急性中毒能引起动物肝出血,肝实质细胞坏死,胆管上皮增生,肝细胞脂质消失延迟等。慢性中毒的动物表现消化系统功能紊乱,贫血,繁殖能力降低,饲料利用率降低,生长发育缓慢,生产性能下降,免疫系统和天然防御机能受到破坏,可诱发肝癌、胆管细胞癌、胃腺癌、结肠癌和卵巢癌等。

我国饲料卫生标准规定,黄曲霉毒素B_1在畜禽配合饲料及浓缩饲料中的允许量(μg/kg):肉用仔鸡、仔鸭前期与雏鸡、雏鸭、仔猪≤10,肉用仔鸡后期与生长鸡、产蛋鸡、鹌鹑、生长肥育猪、种猪≤20,肉用仔鸭后期、生长鸭、产蛋鸭≤15,奶牛精料补充料≤10,肉牛精料补充料≤50。

3.黄曲霉毒素的预防措施

(1)防霉 防霉是预防饲料被霉菌及其毒素污染的最根本措施。引起饲料霉变的主要因素是温度和湿度。因此,防止其霉变的方法主要有:

①控制水分 在饲料和粮食作物收获时,应及时充分晒干,防止雨淋;在运输、贮存的过程中要注意通风干燥,控制水分。一般谷物的含水量在13％以下,玉米在12.5％以下,花生仁在8％以下,霉菌不容易生长与繁殖。

②控制温度 饲料和粮食作物应进行低温贮存,可有效防止霉变。

③化学防霉 在仓库定期采用化学熏蒸剂熏蒸或在饲料中添加防霉剂等,可达到防霉的作用。常用的熏蒸剂有氯化苦、磷化氢、环氧乙烷、溴甲烷等。防霉剂有丙酸及丙酸盐、乙酸及乙酸盐和苯甲酸及其钠盐等。

④控制粮堆中的气体成分,进行缺氧防霉。

⑤选育抗霉的作物品种 农作物的抗霉能力与遗传因素有关。因此,积极培育抗霉作物新品种也是一项有效、经济、实用的防霉措施。

(2)去毒 霉菌污染玉米等饲料后，霉变较轻者，可采用去毒处理后再喂给畜禽。若发霉严重者，不宜作为饲料应用。目前，去毒处理的方法主要有：

①剔出霉粒法 对于霉变轻微的，毒素主要集中在霉坏、破损、变色及虫蛀的粮粒中，可采用手工、机械或电子挑选的办法，拣除霉粒后再利用。

②碾压加工法 霉菌污染粮粒的部位主要在种子的皮层和胚部。通过碾轧加工，除糠去胚，可减少大部分毒素。

③水洗法 先将霉玉米等饲料用清水淘洗，然后磨碎，加入 3～4 倍清水搅拌，静置，浸泡 12 h 后，除去浸泡液，再加入等量清水同法反复进行，每天换水 2 次，直至浸泡水无色为止。

④微生物脱毒法 利用微生物进行生物转化作用，可使霉菌毒素破坏或转变为低毒物质，达到脱毒的目的。研究表明，无根根霉、米根霉、橙色黄杆菌和亮菌等对除去粮食中的黄曲霉毒素有较好的效果。

⑤吸附法 铝硅酸盐类、甘露低聚糖、纳米材料等吸附剂可不同程度地吸附黄曲霉毒素。因此，在饲料中酌情添加使用，可除去其部分有毒成分，降低对畜禽的危害性。

(三)赤霉菌毒素

1. 赤霉菌毒素的产生和种类

赤霉菌毒素是由赤霉菌或镰刀菌产毒菌株的代谢产物。主要有赤霉烯酮和赤霉病麦毒素两类。

2. 赤霉菌毒素对畜禽的危害

(1)赤霉烯酮(F-2 毒素) 具有雌激素样作用。可使畜禽发生雌激素亢进症。在各种畜禽中，猪最为敏感，雏鸡不敏感。猪急性中毒表现为阴户肿胀，乳头潮红，乳腺增大，妊娠母猪流产，严重的可出现直肠和阴道垂脱，子宫增大增重甚至扭曲，卵巢萎缩。亚急性中毒可使猪不育，产仔数减少，仔猪体弱或产后死亡，生存的小公猪表现睾丸萎缩，乳腺增大等雌性化作用。

(2)赤霉病麦毒素 即脱氧雪腐镰刀菌烯醇(DON)，又称致呕毒素，采食赤霉病麦(或玉米)能使猪食后致吐，对马还伴有醉酒状神经症状，又称醉谷症。

3. 赤霉菌毒素中毒的预防措施

(1)防霉 赤霉菌主要以田间浸染为主。因此，应从田间防霉着手。如选育抗赤霉菌小麦、玉米等品种；开沟排渍，降低田间湿度；花期喷洒杀菌剂等。其次，在收获时采取快收、及时脱粒和晒干，并贮存于干燥通风场所；第三，病粮与好粮最好要分开，实行单收、单打和单存。

(2)去毒

①水洗法 先将1份霉变小麦等饲料加入3～4倍清水,搅拌均匀,静置,浸泡12 h,除去浸泡液,再加入等量清水同法进行2次后,可将大部分毒素洗掉。

②去皮法 被污染的谷物等饲料,毒素往往仅存在于表皮。碾去表皮,可脱去大部分毒素,饲喂畜禽。

③稀释法 将少量未经去毒的病麦等饲料掺入其他饲料中饲喂。病麦用量对猪一般不超过日粮的6%～10%;牛、羊和家禽用量可适当增加。

④吸附法 目前,市场上霉菌毒素吸附剂很多,有单一制品,也有复合产品,有选择的在饲料中添加吸附剂,可除去其有毒成分,减轻赤霉菌毒素对畜禽的影响。

(3)合理利用 对含赤霉菌毒素的小麦等饲料可控制喂量,并增喂青绿多汁饲料。

七、其他饲料中的有毒成分

1.马铃薯中的有毒成分

(1)马铃薯中的有毒物质及危害 马铃薯的块根、茎叶及花中含有的有毒成分主要是茄碱(马铃薯素),它是一种碱性配糖体。因其首先在龙葵中被发现,亦称龙葵素、龙葵碱等。成熟的马铃薯块茎中的毒素含量很少,仅为0.004%～0.01%,但当其发芽或被阳光晒绿时,龙葵素含量明显增加,可达0.5%～0.7%,而含量达0.2%即可中毒。畜禽中毒一般多见于神经性,并兼具有胃肠炎。若长期少量吸收毒素会引起机体消瘦。

(2)马铃薯的合理利用 马铃薯应存放置于干燥、凉爽和无阳光直射的地方保存,可防止发芽、变绿。对已发芽或变绿的马铃薯最好不饲喂给动物。若作为饲料,应对发芽或变绿的部分削掉,用水浸泡1 h左右捞出后,再充分蒸煮,即可饲喂,煮时加些食醋效果会更好。经过处理的马铃薯喂量应控制在日粮的25%以下,孕畜最好不喂。

2.蓖麻中的有毒成分

(1)蓖麻中的有毒物质及危害 蓖麻毒素和蓖麻碱是蓖麻茎叶、蓖麻籽饼(粕)中的有毒成分。其中,蓖麻毒素的毒性最强,多存在于蓖麻籽实中,对动物消化道、肝、肾、呼吸中枢及运动中枢等均可引起危害,严重者可致死亡。通常,马、骡等极为敏感,但反刍动物抵抗力较强。

(2)蓖麻的合理利用 用蓖麻籽饼(粕)饲喂畜禽时,应经煮沸2 h或加压蒸汽处理30～60 min去毒后再利用,也可破碎加水适量,封缸发酵4～5 d后作为饲料;对于蓖麻茎叶,不可鲜喂,可经加热封缸处理后再利用,饲喂时用量应由少到多,逐渐过渡适应,用量可控制在日粮的10%～20%。

八、农药对饲料的污染

(一)农药残留的产生

农药残留是指在农业生产中,由于施用农药而存留于动植物体、农副产品、饲料和环境中的农药及其具有毒性的代谢物、降解转化产物和反应杂质等的总称。农药进入饲料大致有三条途径。一是直接喷洒于植物体的农药被植物吸附或吸收;二是施入或落入土壤等环境中的农药被植物根部吸收。三是农药可通过动物性饲料原料等食物链,在生物体内富集,最后影响畜禽健康。农药残留量的大小,与不同的农作物种类、农药的品种、性质、施用浓度、施用方法、施用时间和不同土壤质地等因素有关。

(二)农药残留的种类及危害

目前,我国的农药以杀虫剂为主。因此,农药对农作物及饲料的污染主要由杀虫剂所引起。

1.有机氯杀虫剂

有机氯农药为广谱高效杀虫剂。其代表药有六六六、滴滴涕、林丹、绿丹、七氯、狄氏剂、三氯杀虫酯、硫丹、灭蚁灵等。此类农药化学性质稳定,脂溶性强,在自然条件下不易降解,残效期长,大量或长时间地使用,可在农产品、动物和人体内大量蓄积,对健康造成潜在的危害。

大多数有机氯农药的毒作用为神经毒和细胞毒,主要侵害中枢神经系统的运动中枢、小脑、肝和肾等。其具体表现为刺激中枢神经系统,使中枢神经系统兴奋,骨骼肌震颤;损害肝脏组织与肝功能,影响细胞氧化磷酸化过程,肝变性坏死;影响生殖机能,使性周期紊乱,透过胎盘,影响胎儿生长发育等。

2.有机磷杀虫剂

有机磷杀虫剂是分子结构中都含有磷元素的一类高效广谱杀虫剂,是继有机氯农药停用后的最主要的农药。常用有机磷类农药有敌百虫、敌敌畏、对硫磷、久效磷、马拉硫磷、乐果、甲拌磷、甲胺磷、辛硫磷等。大多数有机磷杀虫剂对畜禽的急性毒性较强。进入机体后,主要抑制动物体内胆碱酯酶(AchE)的活性,发生与胆碱能神经机能亢进相似的神经症状。主要表现为流涎,瞳孔缩小,呕吐,腹泻,呼吸困难,肌肉震颤、痉挛,先兴奋不安后抑制,重者发生昏迷甚至死亡。

3.氨基甲酸酯类杀虫剂

氨基甲酸酯类杀虫剂具有选择性、杀虫效力强,作用迅速,杀虫谱广等特点,是当今杀虫剂中的第二类农药，其产量仅次于有机磷农药。目前，主要品种有西维因、速灭威、灭多威及呋喃丹等。

氨基甲酸酯类杀虫剂难溶于水，易溶于有机溶剂，在碱性环境中易分解，化学性质较有机磷稳定，可在土壤中存留1个月左右。它对畜禽等的急性毒性属中等毒，进入机体内，能够抑制神经组织、红细胞及血浆中的胆碱酯酶，形成氨基甲酰化酶，使胆碱酯酶失去水解乙酰胆碱的能力，造成体内乙酰胆碱大量蓄积，表现与有机磷类农药中毒相同的症状，但中毒时间较短，恢复较快。此外，氨基甲酸酯类杀虫剂还可阻碍乙酰辅酶A的作用，使糖原的氧化过程受阻，导致肝、肾病变等。

4. 拟除虫菊酯类杀虫剂

拟除虫菊酯类杀虫剂具有高效、用量少等特点。市场上品种很多，如溴氰菊酯（敌杀死）、氰戊菊酯（速灭杀丁）、氯菊酯（除虫精）等。

拟除虫菊酯类杀虫剂的毒作用是通过对细胞膜钠泵的干扰，使神经膜动作电位的去极化期延长，周围神经出现重复动作电位，导致肌肉的持续收缩，增强脊髓中间神经元和周围神经的兴奋性。

（三）防止残留农药危害畜禽的措施

1. 积极发展高效、低毒、低残留的农药，禁用和限用部分剧毒和稳定性强的农药

随着人们环保和食品安全意识的增强，大力发展高效、低毒、低残留的新型杀虫剂已成为全球杀虫剂工业的发展方向。由于国家禁用高毒、高残留农药的力度不断加大，高效安全的杀虫剂尤其是生物杀虫剂已得到飞速发展，如苏云金杆菌、阿维菌素和病毒杀虫剂等已在一些主要农作物上得到广泛应用。

2. 合理制定并执行农药在农产品中的残留极限

残留极限是指农副产品中允许不同农药的最高限度的残留量。低于这个残留限度，即使长期食用，仍可保证食用者健康。绝大多数的农药，均允许有限度的残留。在生产中，应严格执行其标准。

3. 科学制定并执行农药的安全间隔期

安全间隔期是指最后一次施药到农作物收获时农药残留量达到允许范围的最低间隔天数。安全间隔期的长短与农药品种、植物种类、地区条件和季节气候等因素有关。如有机氯农药（DDT、六六六等）一般为1个月；大多数有机磷农药为2周。

4. 规范的使用农药，控制农药的用量、浓度、次数

农作物中农药的残留量与农药的性质、剂型、施用量、浓度、次数和施用方法等有关。通常残留量与施用量、浓度和施用次数等呈正相关。乳剂的黏着性和渗透

性较大，残留量较多，残效期较长；可湿性粉剂的水悬液次之；粉剂最少。喷雾在农作物上的残留量比喷粉的多。接近农作物收获时停止施药。

5. 严格执行饲料中农药残留标准

我国饲料卫生标准中规定，米糠、小麦麸、大豆饼(粕)、鱼粉中的六六六的允许含量≤0.05 mg/kg；肉用仔鸡、生长鸡、产蛋鸡配合饲料的允许含量≤0.3 mg/kg；生长肥育猪配合饲料≤0.4 mg/kg。米糠、小麦麸、大豆粕、鱼粉中的滴滴涕的允许含量≤0.02 mg/kg；鸡配合饲料、猪配合饲料≤0.2 mg/kg。

第三节　放牧卫生

在牧草生长繁茂、资源丰富的地区，各种畜禽均可进行放牧饲养。放牧饲养可充分利用自然饲料资源，节省粮食，促进畜禽的正常的生长发育；可增强畜禽的新陈代谢，使肌肉、心脏、肺脏及其他器官得到良好的锻炼；科学地放牧能提高畜禽的生活力和生产性能，大大降低饲养成本。

一、放牧地的卫生要求

1. 放牧地饲草应充足，无毒、无害

放牧地要求地势平坦，牧草生长茂盛，最好无毒害植物和拉扯羊毛的荆棘等。放牧之前，要检查放牧地区，若有以上植物，应进行彻底清除。

2. 放牧地要保证流行病学上的安全

曾经发生过传染病的牧地要及时封锁，被蠕虫侵入的低洼或沼泽地区要禁牧。修整好进入牧地的通道，兽墓要与牧地进行隔离。

3. 放牧地应有安全的水源

放牧宿营地附近水源要充足，清洁卫生。放牧之前，要对水源的卫生状况进行调查，如感官性状指标、化学性状指标、细菌学指标乃至毒理学指标等，以保证放牧地水源的卫生安全。

4. 确定适宜的载畜量

载畜量是指一定草地面积在放牧季节内，放牧适度时能够使畜禽良好生长及正常繁殖的放牧天数与放牧头数。以草定畜就是根据草地的产草量，确定放牧牲畜的头数。

二、放牧场的基本设备

1. 在春、冬放牧的草场，应建设简易棚设，以防御低温及风雪的侵袭

棚舍要选择在地势高燥，背风向阳，光线充足的地方。对棚舍的设计，力求简便、实用，而且便于拆卸移动；搭建棚舍可采用当地价廉易得、质地轻便的材料。棚舍的数量要基本满足容纳全部畜禽的需要。在一个大棚舍，最好再分割成若干个小间，以防止畜禽分群过大而拥挤，互相干扰，影响畜禽休息，甚至导致孕畜流产。各种畜禽放牧棚舍通常所需面积为(m^2/单位)：奶牛 4～ 5，育成母牛 2～3，产羔母羊 1.1～1.6，母马 12～13，公马 13。在春秋及夏季牧场放牧时，若天气不冷，亦可不修建棚舍。

2. 畜禽进行放牧时，还须设有围栏设备

设立围栏不但可以节省放牧人力，也便于草地的科学利用。一般围栏有固定式和移动式两种。固定式围栏的立柱可采用木柱、水泥柱或角钢等材料，每隔 5～15 m 竖立一根，在立柱上缠上 5～7 道刺铁丝(隔层间距 30 cm，最下层离地面 25 cm 左右)，将草场围成各种分区牧地。现在，一些畜牧业比较发达的国家，多设置电围栏，使用电瓶或太阳能蓄电池供电，通过脉冲器使低压电流变成几千伏高压脉冲电流，输送到电围栏的铁丝上，利用脉冲电流，以控制畜禽在围栏内采食牧草，便于饲养管理。电围栏结构简单，经济方便，可随意搬动。

三、放牧前的准备

1. 畜禽的健康检查与防疫驱虫

在畜禽放牧前，要对所有的畜禽进行健康检查，并对畜群进行接种疫苗和驱虫。

2. 畜禽的修蹄、护蹄

畜禽在放牧之前，应进行修蹄、护蹄，以防止由于放牧走路而导致蹄病的发生。

3. 畜群的分群管理

畜群的划分一般可根据畜种、性别、年龄、生产性能及草地状况等因素来考虑。我国牧区对于奶牛可分为奶牛群、干奶牛群、犊牛群、育成牛群、肥育牛群；羊群可分为繁殖母羊群、羯羊群、羔羊群、种公羊群；马群可分为繁殖母马群、幼驹群、育成马群、种马群。不同的畜群对牧场的要求有所不同，应根据牧场的特点，固定给适合的畜群利用，如高产奶牛群和肥育后期的肉牛，可分配给产量高的优质牧地。高燥的禾本科草场可固定给马群等。各种畜群的大小，则因各种自然条件的不同，劳动力的多少而有差异，一般牧区畜群大，半农半牧区畜群次之，农区畜群最小。

四、放牧期的管理

1. 放牧应注意逐渐适应

畜禽从舍饲转为放牧需要逐渐进行，通常要经 7～10 d 的过渡时间。在这段时间里，应逐渐增喂青饲料，相应减少干精饲料的喂量。同时注意逐渐延长畜禽的运动时间及在舍外的停留时间，以增强畜禽禽热的调节机能，使其慢慢适应外界的自然环境，尤其能经受寒冷的刺激。

2. 确定适宜的放牧时间

除了一些草场可常年放牧外，一般放牧从早春开始到晚秋结束。通常在牧草分蘖分支根系稳定后，禾本科牧草开始抽穗，豆科牧草长出侧枝(即牧草高度达 8～10 cm 时)开始放牧，在下霜前 15 d 收牧，使多年生牧草生长一段时间，以利越冬。每天应在早上露水干后出牧，在傍晚露水出现前收牧。雨后不能立即放牧，以防止畜禽感冒、消化不良、鼓胀、腹泻、孕畜流产及其他消化道疾病。在炎热的夏季，也可利用晚间放牧。

3. 实行分区轮牧

分区轮牧是一种科学利用草原的方式，它是根据草原生产力和放牧畜群的需要，将放牧场划分为若干分区，规定放牧顺序、放牧周期和分区放牧时间的放牧方式。实行分区轮牧的草地，便于加强草地管理，牧后残余的牧草利于分区刈割，畜禽粪便可得到均匀的撒布，可减轻畜禽对牧草的践踏损伤，抑制杂草、毒草的生长，减少粪便污染，科学限制了畜禽的活动范围，既保护了牧地，增加了载畜量，也提高了草地的利用率，增加了放牧的经济效益、社会效益和生态效益。

4. 供给充足卫生的饮水

放牧之前，对畜禽饮用水的卫生状况要进行调查，符合饮用水标准的水源，方可饮用。对放牧奶牛的水源距放牧地不要超过 1.5 km，以免往返疲劳，影响生产性能。利用天然水源作为饮用水的，要对水源进行防护，严禁畜禽直接进入水源中饮水，以免畜禽在水中排泄粪尿，造成水源污染。饮用流动的溪水或河水等地面水时，切勿让畜禽的头部迎对着上游的方向，否则因畜禽口渴暴饮而引起呛水。深秋，孕畜不可在傍晚以后再饮用天然水源，以防因冷水的刺激而导致流产现象。

5. 根据牧草的种类和生长状况，按畜禽的不同生产性能，给予适当的补饲

对于牧草生长不良的牧地应以青绿多汁饲料为主；对于牧草生长繁茂的牧地，有条件的可适当补充些精饲料；对于牧地土壤中缺乏碘、铜、钴、钼、硒等微量元素的，应注意补充些矿物质盐。补饲时间可选在白天及晚间休息时进行。为防止畜禽异嗜癖，要补喂食盐。一般可将盐粒放在补料木槽中任其自由舔食。各种畜禽

对食盐的每月需要量：牛 1.0～3.0 kg，绵羊 0.25 kg，山羊 0.15 kg，马 2.0 kg。

6. 根据天气状况，灵活调整放牧计划

放牧时要密切注意天气状况，天气不良时不可远途放牧。放牧时，要观察风向，天气炎热时，可顶风放牧，即早晚顺风出牧，中午逆风归营；但不能顶着太阳放牧，以免造成日射病和热射病的发生。暴风雨雪时，要立即停止放牧，如来不及归牧时，应将畜群驱赶于背风处，防止畜群受惊吓而逃散。

7. 随时观察畜禽的饮食和健康状况

放牧人员应随时观察畜群的食欲和健康状况，一旦发现病畜，应及时进行诊断、隔离和治疗。机械性的损伤在放牧时也时有发生。因此，应注意牧道的修整，牧地木桩、突出尖锐物等要予以及时清除，深坑悬崖要适当遮拦，以防畜禽发生挫伤、刺伤或跌伤等意外事故。

第四节 畜禽运输卫生

畜禽良种的推广和引进，畜禽的转运日趋频繁。因此，熟悉畜禽的运输卫生知识，积极创造良好的运输条件，使畜禽在转运途中以及到达运输目的地保持原有的健康水平、体重和生产性能，预防疾病的传播，具有重要意义。根据交通工具的不同，畜禽的运输包括铁路、公路、水路和航空运输等四种方式。

一、铁路运输

铁路运输具有运输速度快、运输量大、运输成本较低、安全可靠和受天气条件的影响小等特点，成为畜禽长途转运的主要方式。

（一）装运前准备

1. 做好运输计划

运输计划的主要内容包括运输日期、押运人员的配备、中途休息、饮水地点以及途中所需要的各种物品，如篷布、垫草、料槽、水桶、扫帚、铁锹、手电筒、消毒用具和常备药品等。

2. 备足饲料和垫草

一般每头每天家畜的干草的用量分别约为：牛 12 kg、马 8 kg、羊 3 kg；猪的精料可按每头每天 4 kg 计算。大家畜垫草每天约 1 kg。

3. 运输畜禽的准备

转运的畜禽应在启运前 5～10 d 开始由普通饲料逐渐过渡为运输饲料，即减少精饲料的数量，增加优质干草和多汁饲料的量。另外，对运输畜群要进行卫生检疫，确认健康无病的由铁路兽医检疫站发给检疫证明书，然后凭证明书向火车站办理托运手续。第三，家禽装载前要充分饮水，切勿饲喂过饱。一般在车站停留 6 h 后，即可进入车厢启运。

4. 车厢的准备

装运畜禽的车厢要根据当时的气候、畜禽种类、路途远近而定，普通货车多采用中等吨位(30 t)的货车。车厢两侧应有窗户；若必须用无窗车厢装运时，应打开车门，再将车门口用木条钉成 1～1.5 m 高的木栅，以利于通风和安全。敞篷车皮在冬季不能使用，夏季使用时亦须搭棚，防止烈日暴晒。畜禽转运最好使用栅栏式的牲畜专用运输车，这种车厢上有棚顶，两侧为木条栅栏，空气流通，光线良好，能满足畜禽转运的需要。

装载牛、马等大家畜的车厢应设置拴系缰绳用的铁环或横杠；装载猪的车厢最好用木栅栏分隔成 2～4 间。运输猪、羊时，也可用木笼等装运，采用双层装载法，能增加装载量，节省运输费用。若采用双层装载时，必须上层地板不漏水，并在两层地板间设排水沟，在下层车厢的适当位置设置容器，承接上层流下的粪水。

凡无通风设备、车架不牢固、铁皮车厢以及装运过腐蚀性物质、化学试剂、矿物质、散装食盐及农药等货物的车厢，都不可用来装运畜禽。

(二)装运时的注意事项

(1)装车地点应保持安静，防止动物应激。

(2)认真检查装车台或踏板(一般长 2.2～2.4 m，宽 1 m 左右)与车厢的接合状况及坚固性，要求平整不滑，以免发生挫伤。

(3)装载时，需按车厢装载头数分批进行。每节车厢装载畜禽的数量，应根据车辆种类及车厢载重量、畜禽的种类、运输季节、运输路程的长短等情况来确定。铁路部门规定：通常 30 t 的货车装运体高 1.16 m 以上的大家畜为 16 头，犊牛不超过 40 头，种马不超过 12 匹；羊只单层装 80 只，双层装 150 只；猪单层装 50 头，双层装不超过 100 头。目前，商业系统规定的家畜装载量见表 3-3。

(4)在畜禽进入车厢时，应让温驯的畜禽带头先上车，必要时用食物引诱或强制性驱赶上车。切忌采用硬拉、抓鬃、拉尾、鞭打、脚踢等粗暴的方法。在车厢内安排畜禽时，应尽可能将常在一起饲养的拴在一起，以免相互踢咬，造成外伤。

表 3-3 铁路运输车厢的装载量 头

畜种	家畜毛重/kg	冬 春		夏 秋	
		单层车	双层车	单层车	双层车
猪	60～100	80	150	70	130
	100 以上	70	130	60	110
牛	150～250	28			
	250～350	24			
	350～450	20			
	450 以上	18			
羊		100～110	80～90		

(5)畜禽上车以后,应拴系在车厢内固定的铁环或横杠上,最好采用纵列顺装法,即头朝向车厢中门的空隙部分。这样,既便于饲喂、管理,也利于畜禽休息。同时纵列顺装,畜禽在火车开动或紧急停车时,易于保持身体平衡,减轻火车行驶振动对家畜四肢和蹄部的影响。在家畜长途运输中,其体重的减轻程度也比横列装运法低。研究表明,横列装运,运行 1 500 km,体重减少 2.17%,而纵列装运仅为 0.3%。

(6)猪、羊可采用双层或多层装载法,可不必拴系。通常,成年猪、羊在夏季可装 2～3 层,冬季 3 层。装运仔猪、羔羊可用木笼,其规格为长 100 cm、宽 80 cm、高 60 cm,每个木笼可容纳 6～8 头(只);成年猪、羊木笼高为 100～120 cm,长和宽可根据实际需要灵活掌握。装运时,要留出人行通道,便于检查和饲喂。

(三)运输途中饲养管理

在畜禽运输途中,每节车厢实行专人(熟悉动物生物学习性和饲养管理的基本知识)押运,加强饲养管理,畜禽不会减轻体重或降低不明显。

1. 合理饲喂

畜禽在运输途中每天饲喂 2～3 次,每次间隔 8 h,要保证充足清洁的饮水,每天应饮水 2 次以上(夏天气温高时,应增加饮水次数)。

2. 加强车厢卫生管理

车厢应每天清扫 2～3 次,收集的粪便和垫草等废弃物不得沿途随意抛弃,应到铁路指定车站或到站后再将其全部清除。注意车厢的通风换气,夏季可将窗户及车厢后门全部打开。冬季要防止畜禽聚堆挤压。天气炎热时,除加强通风换气外,还可在车厢内喷洒冷水,予以降温。天气寒冷时,应关闭门、窗,铺设垫草做好保温。对于种畜及贵重动物在运输途中还要进行刷拭畜体。

3.及时进行健康检查

在运输途中应经常观察畜禽的健康状况，发现病畜要进行隔离，并及时予以治疗、护理。病畜所用过的饲槽、水桶等器具，须经严格冲洗消毒处理后，方能供其他畜禽使用。

4.严格执行兽医卫生法规

在运输中途，停靠车站不准私自装载未经兽医检疫的其他畜禽。病死的畜禽必须到指定车站卸下后按兽医卫生法规处理，不准沿途出售或随意抛弃。对路途较长的运输，可选择适当的车站休息一天。

(四)终点站处理

1.安全卸下畜禽

到达运输终点站后，应保持卸车地点的安静。首先检查踏板与车厢的接合状况，以免畜禽发生意外伤害。一般让健康畜禽先下车，再卸病、弱畜禽，最后按车站兽医卫生管理规定处理病死的畜禽。对于多层装载的猪、羊，应先卸下层再卸上层。

2.畜禽卸车后的管理

牛、马等畜禽卸车后，应用干草擦拭躯体及四肢，然后让其慢慢走动，安排在适当的场所饮水和喂给干草。对于新引进的种畜到达目的地后，到指定的检疫隔离场进行为期1个月的隔离检疫。

3.彻底清理、消毒车厢

在装卸畜禽较集中的车站，都设有消毒站。可将装运畜禽的车厢，按清理、消毒的要求的不同分为三级进行处理：

一级车厢：到达站点后，没有发现病畜和可疑病畜，这种车厢只需进行一般清扫与洗涤。

二级车厢：曾运载过一级传染病(如口蹄疫、丹毒、布氏杆菌病等)患畜，或可疑的非恶性传染病畜的车厢，这种车厢除清扫、洗涤外，尚需进行消毒处理。

三级车厢：曾运载过恶性传染病患畜的车厢，应在兽医人员监督下反复消毒两次。

二、公路运输

(一)运输特点

汽车运输机动灵活、简捷便利，但途中颠簸振动较大，运输费用较高。一般远离铁路线的偏远地区，将畜禽运往火车站或肉品联合加工厂多采用此种运输方式，适合畜禽的短途转运。

(二)运输前准备

1. 运输车辆的准备

运输畜禽多用卡车。应根据装运的畜禽的种类、数量等情况,选择适宜吨位的车辆。一般在车厢两侧和后面设有较高的车厢板。通常,装猪的卡车,车厢板不得低于 1 m,装载大畜禽的不得低于 1.7～2.0 m。车厢底部要求严密不漏水。车厢内不得有尖锐的突出物。凡装运农药、化学试剂、化肥及其他剧毒物品的车厢,在未经清扫、刷洗、消毒前,不得用以装运畜禽。装运大家畜时,应设有隔木,固定在两畜之间,以防止意外伤害。在驾驶室顶部设置横木以供拴系。装车前,在车厢前部留出一块空隙用木板拦住,以供放置草料及押运人员休息用。同时,车辆最好配带帆布篷或随车携带防雨器具,以备雨天应用。

2. 装卸地点的选择

装卸畜禽最好选择在环境安静,防疫安全,并设有装车台的固定地方。若临时装卸,可修建一临时土堤,堤面应与车保持齐平,以方便畜禽进入车厢内。

3. 装载畜禽的准备

装载畜禽应提前做好运输的适应工作,如在饲料中添加维生素 C 等抗应激剂,以减少汽车运输的应激。对于运载畜禽要到当地兽医部门进行检疫,确认健康无病的由兽医检疫站发给检疫证明书,然后凭证明书办理运载手续。畜禽装载数量,可根据汽车的载重量、畜禽的种类、体重和气候等条件而确定。一般载重量 5 t 的汽车,可装载 60～100 kg 的猪 30～35 头,100 kg 以上的猪 25～30 头,羊 40～50 只,牛、马 3～5 头(匹)。大家畜最好采用纵向装载法(即头朝向驾驶室)。如果道路平坦、运输距离较短,也可采用横装法。但横装时应采用互相颠倒方式,以防止家畜头或尾都朝向一方,致使车厢不稳。对大畜禽应用缰绳拴系;对猪、羊等可在车厢上面用绳网罩住,以防逃脱。

(三)途中注意事项

1. 运输时间安排要合理

汽车行驶以白天为好。若在夏天可安排在早上、晚间进行。由于汽车颠簸振动较大,畜禽容易疲劳,每天行车时间不宜过长,一般以 7～8 h 为宜。

2. 行驶车速控制要适宜

运载畜禽车辆速度不宜过快,控制在 50 km/h 为好。在转弯和上下坡时,注意不要突然启动和紧急刹车,以免造成畜禽相互挤压而受伤或死亡。

3. 选择路线应安全

汽车运载畜禽时，要提前了解沿途疫情，最好选择路途短，无疫病发生的路段运输。如有疫病流行地区应绕道而行，若无法绕行时，应加速通过，途中不准停车。

(四)终点站处理

运输的畜禽到达目的地后，应进行严格检疫，经检疫合格后，方能屠宰、销售或进一步隔离观察饲养(种畜)。对于车辆应根据疾病发生情况进行清扫、冲洗和消毒处理。

三、水路运输

(一)运输特点

水路运输畜禽不但具有运载量大，运输成本较低，安全可靠，而且管理方便，使畜禽好似处于舍饲状态，可减少应激，保持体重不受影响。但水路运输只有在沿海或水面发达的地区适用。

(二)运输前准备

1. 畜禽的准备

其他运输方式一样，要做好饲料的过渡，进行全面的兽医卫生检疫，凭证装运。

2. 运输用具的准备

为防止体重的减轻，应根据装运量、航程的远近，备足饲料、水桶和料槽，准备好绳索、照明灯及药品、器械等。海洋运输时还应准备充足的淡水(大家畜每头按20～30 L/d，猪、羊 5～6 L/d 计)。

3. 应设专用码头

水路运输畜禽，应在装卸港口设置专用码头，备有畜圈或检疫隔离场，供畜禽休息和检疫之用。

4. 船只的准备

船的船舱宽敞，船底平坦，坚固完整，要有完善的通风和防雨设备，铁质地板应铺垫木或垫料。

(三)装载时的注意事项

1. 确定船只适宜的装载数量

船只的装载头数可根据畜禽种类、船只类型及吨位、运输季节、航程距离等进行确定。木船每吨船位在春、冬季可装运猪 4 头，夏季 3 头，对不同品种、体重的猪可按具体情况适当装载。轮船和驳船的装载密度(m^2/单位):牛 2.0～2.5,马 2.5～3.0,羊 0.75～1.0,大型猪 2.0～2.5,一般猪 1.0～1.25。海轮运输则按吨位计算,以排水量 8 000～9 000 t 为宜。每排水量 10 t 可装载大家畜 1 头,猪、羊 5～6 头(只)。注意严禁超载。

2. 押运人员的配备充足

一般大家畜每 20 头配备押运人员一名,猪、羊等每 60～120 头(只)配备一人即可。

3. 细心检查船体与岸堤的接合状况

在畜禽上船之前,应认真检查船体与岸堤的接合状况,要求接合良好,上船跳板的两侧须设栏杆,跳板不应过于光滑,以防止畜禽落入水中。

其他注意事项可参考铁路运输。

(四)途中的饲养管理

水路运输途中的饲养管理基本与铁路运输相同。

1. 经常观察畜禽的食欲和体况

押运人员在饲喂畜禽时,应认真观察畜禽的饮食和健康状况,发现异常,应及时隔离治疗。

2. 保持船舱内良好的卫生

注意船舱内通风换气,及时清理粪尿,同时注意防暑防寒。

3. 合理处理废弃物

内河运输时,严禁向河道抛弃粪便及尸体,通常应在收集粪便、尸体的指定码头卸除。海洋运输时,应在航程 12 h 以外的地方抛弃粪便或尸体。

运输的畜禽到达目的地后,应进行严格检疫,经检疫合格后,方能屠宰、销售或到指定的检疫隔离场进行隔离观察饲养(种畜)。对于船只应根据情况进行清扫、冲洗和消毒处理。

复习思考题

1. 土壤质地有哪些类型?各具有什么特点?

2. 土壤污染的特点有哪些?

3. 土壤污染防治的措施有哪些?

4. 简述白菜、再生高粱苗、棉籽饼、菜子饼、发芽的马铃薯、蓖麻籽饼等饲料中主要含有的有毒成分及其对畜禽的危害。

5.如何预防由饲料引起的亚硝酸盐和氢氰酸中毒？

6.霉菌毒素中毒的主要特征有哪些？

7.如何预防黄曲霉菌毒素的中毒？

8.防止饲料中残留农药危害畜禽的措施有哪些？

9.畜禽实行铁路运输，装运前应做哪些准备工作？

10.铁路运输畜禽途中如何进行饲养和管理畜禽？

11.畜禽水路运输具有哪些特点？

12.畜禽放牧地有哪些卫生要求？

13.怎样做好畜禽在放牧期的饲养管理工作？

第四章　畜禽舍卫生

知识目标

- 了解畜禽舍建筑材料、建筑结构与卫生学意义。
- 掌握畜禽舍的类型及卫生特征。
- 熟悉畜禽舍小气候卫生标准。
- 掌握畜禽舍设计建造的设计原则与方法。
- 了解设计图的绘制和几种典型的畜禽舍。
- 掌握改善和控制舍内环境卫生的措施。

技能目标

- 能进行畜禽舍内的采光测定和人工照明的方案设计。
- 掌握机械通风的设计并学会对通风效果进行评价。
- 熟悉畜禽舍设计图的认知方法及绘制技术。

畜禽活动场所一年四季绝大部分时间是在舍内度过。畜禽舍建设得如何？舍内小气候是否适宜？舍内环境卫生怎样？不良环境因素有没有得到控制？直接影响到畜禽的生产生活。因此，畜禽舍良好的卫生环境是保持畜禽具有良好的体况和充分发挥潜在的生产性能的先决条件。

第一节　畜禽舍的结构和类型与卫生学意义

畜禽舍的卫生状况是多种因素综合影响的结果，主要与房舍结构、舍的类型和人为管理等因素有关；其中人为管理是可变化的，而结构和类型一旦建成则不可变了。因此，选择什么类型，确定什么结构与畜禽舍的环境卫生有着很大的关系。

一、畜禽舍的基本结构及卫生要求

畜禽舍的结构组成主要包括地基与基础、墙壁、门窗、地面、屋顶与天棚等。畜禽舍的结构组成与舍内卫生状况有很大关系，不同部位其卫生要求也不同。

(一)地基与基础

地基和基础要求强度大和稳定性好，以防建筑物下沉，引起裂缝和倾斜，畜禽舍的整体结构会受到影响。因此，畜禽舍的坚固、耐久和安全性与其有很大的关系。

1. 地基

支持整个建筑物的土层叫地基。又有天然地基和人工地基之分，一般小型畜禽舍可以直接修建在天然地基上。天然地基的土层必须结实，土质一致，有足够的厚度，压缩性小，地下水位在 2 m 以下。沙砾、碎石、岩性土层及沙质土层压缩性小且不受地下水冲击，是良好的天然地基。黏土、黄土、含水多，压缩性大，膨胀性大，不能保持干燥，不宜做天然地基。为了选好地基，在建造畜禽舍之前，应切实掌握有关土层的组成、厚度及地下水位等勘探情况。

2. 基础

基础是建筑物深入土层的部分，是墙的延伸，承载着畜禽舍本身重量及舍内畜禽、设备等重量。因此，要求基础具备坚固耐久，并有适当的抗机械能力及抗震、防潮、抗冻能力。基础一般应比墙壁宽 10～15 cm，埋置的深度应根据畜禽舍的总载荷、地基的承载力、土层的膨胀性及地下水等情况而定，膨胀性小的土层，一般深度为 50～70 cm；基础应该埋置在土层最大冻结深度之下，同时还要加强基础的防潮和防水能力。目前，在畜禽舍建造中广泛采用石棉水泥板及钢性泡沫隔热板，以加强基础的防潮和保温，这样对改善舍内小气候具有重要的意义。

(二)墙壁

墙壁是畜禽舍与外部空间隔离的外围护体，是畜禽舍结构组成的主要部分，改善舍内温度、湿度状况起着重要的作用。墙壁的保温隔热能力取决于采用建筑材料的特性与厚度，尽可能选用隔热性能好的材料，以保证最高的隔热设计。为加强防潮和隔热能力，应用防水好且耐久的材料抹面，以保护墙面不受雨雪的侵蚀，沿外墙四周做好散水或排水沟，以减少墙身与基础受到浸泡的可能。在舍内墙的下部设围墙，加强墙的坚固性，防止水汽渗入墙体，提高墙的保温性有着重要的意义。为增强反光能力和保持清洁卫生，内表面抹平并粉刷成白色。

常用的墙体材料主要有土、砖、石和混凝土等。现代畜禽舍建筑多采用双层金属板中间夹聚苯板或岩棉等保温材料的复合板块作为墙体，其使用效果更佳。

(三)门、窗

1. 门

畜禽舍的门有内外之分，舍内分间的门和附属建筑通向舍内的门称内门，畜禽舍通向舍外的门称外门。内门根据需要设置，但外门要求每栋至少有两个，一般外门设在两端墙上，正对中央通道，保证畜禽进出，便于饲料运入和粪便的清除，保证机械化作业。大小可根据作业特点和机械体积而定。

畜禽舍的门一般宽 1.5～2.0 m(羊舍 2.5～3.0 m)，高 2.0～2.4 m；供牛自动喂车通过的门其高度和宽度为 3.2 m × 4.0 m。供畜禽出入的圈栏门高度与隔栏的高度相同，其宽度牛、马为 1.2～1.5 m；猪为 0.6～0.8 m；小群羊为 0.8～1.2 m，大群羊为 2.5～3.0 m；鸡为 0.25～0.30 m。人行门，宽 0.7 m，高 1.8 m。

在寒冷的地区，为加强门的保温，缓和舍内热能的外流，通常设门斗以防冷空气的直接侵袭。门斗的宽度应比门宽 1.0～2.0 m，其深度不应小于 2.0 m。

畜禽舍门应坚固耐用、严密、防兽害，保证生产过程(如运饲料、清粪便)的顺利进行。同时，门应向外开启，门上不应有尖锐出物、门槛和台阶。

2. 窗

窗户的主要作用是保证畜禽舍的自然采光和通风。一般设在墙壁和屋顶上，对舍内的采光和保温隔热有较好的效果。在窗户的设置上，寒冷地区必须兼顾考虑到采光、通风和保温的矛盾。设置原则：在满足采光要求的前提下，尽量少设，以保证夏季通风和冬季的保温。在总面积相同时，大窗户比小窗户有利于采光；为保证畜禽舍的采光均匀，墙壁上的窗户应等距离分布，窗间的宽度不应大于窗宽的 2 倍。在窗户形式方面，立式窗户比卧式窗户更有利于采光，但不利于保温。

(四)地面

畜禽舍的地面与畜禽的关系非常密切。畜禽舍地面质量的好坏，不仅影响舍内小气候与卫生状况，还会影响身体及产品(奶、毛)的清洁度，甚至影响畜禽的健康和生产力。畜禽舍地面应具有下列要求：①坚实、致密、平坦、有弹性、不硬、不滑；②有足够的抗机械能力和耐各种消毒方式的能力；③导热性小，不透水，易清扫和消毒；④具有一定的坡度，保证粪尿及污水及时排除。

(五)天棚与屋顶

1. 天棚

天棚又称顶棚，天花板。将畜禽舍与屋顶下空间隔开的结构，使该空间形成一个不流动的空气缓冲层，对舍的保温、隔热具有重要作用。夏季能防热和冬季能保温，同时也有利于通风换气。

天棚和屋顶的失热最多，一方面是由于其面积较大，另一方面舍内热空气在屋顶和天棚处聚集，热量易通过屋顶和天棚散失，热量的 36%～44%是通过天棚和屋顶散失的。因此，天棚必须具备保温、隔热、不透气、不透水，坚固耐久，防潮、不滑、结构轻便、简单等特点。为加强隔热保温性能，除要求天棚严密不透水、不透气外，还可选用隔热性能好的材料。如聚苯乙烯泡沫塑料、玻璃棉、珍珠岩等。

舍内的高度通常以净高表示。净高指地面到天棚的高，无天棚时，指地面至屋缘的高。一般畜禽舍的净高为 2.0～2.8 m(羊棚 1.5～1.8 m)较为适宜，采用厚垫料饲养时，净高应加高 0.5～1.0 m。在实行多层笼养的鸡舍，为保证上层笼的通风，顶层笼面与天棚保持 1.1～1.3 m 的高度。在寒冷地区，可适当降低净高，以有利于保温；在炎热地区，为有利于通风，缓和高温的影响，可适当增加净高。

2. 屋顶

屋顶是畜禽舍上部的外围护结构。要求光滑、防水、保温、不透气、不透水、结构简单、有一定的坡度，有利于雨水、雪水的排除，并要求防火安全等。质地要耐久、坚固，便于就地取材。

屋顶的形式多种多样，常用的有以下几种，见图 4-1。

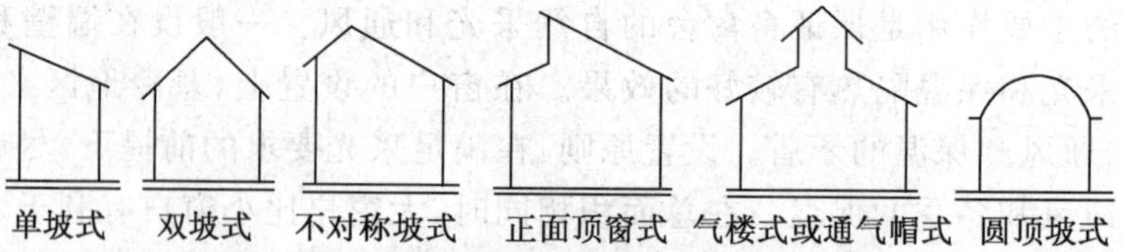

图 4-1　几种主要畜禽舍屋顶式样

(1)单坡式　屋顶只有一个坡向，结构简单，有利于采光。因跨度较小，净高较低，故适用于单列式和较小规模的畜禽群。

(2)双坡式　这是最基本的畜禽舍形式，目前使用最为广泛。此种形式有利于畜禽舍的保温和通风，易于建造，且比较经济。适用于较大跨度的畜禽舍和各种规模不同的畜群。

(3)不对称坡式　前坡短、后坡长的一种屋顶形式。与单坡式畜禽舍相比，采光略差，但保温能力较强。适用于跨度较小的畜禽舍和较小规模的畜禽群。

(4)正面顶窗式和气楼式　由于在屋顶设有单侧或双侧天窗，所以，增加了畜禽舍的采光和通风效果。这种屋顶多在跨度较大的畜禽舍采用，若畜禽舍跨度较小时，换气、保温效果较差。因此，不适于我国北方寒冷地区，仅适用于气候炎热或温暖地区及耐寒而怕热畜禽的畜禽舍。

(5)圆顶坡式　这是一种省钢材、省木料的屋顶，造价较低，缺点是屋顶保温性能较差，且要求较高的施工技术，一般适用于跨度较小的畜禽舍。

二、畜禽舍的类型及卫生特征

畜禽舍按其四周墙壁的严密程度，分为封闭舍、开敞舍和半开敞舍、棚舍等三大类型。畜禽舍的类型不同，其小气候特点也有很大的差异。畜禽舍小气候是指畜禽舍范围内的气象状况，主要包括舍内的温度、湿度、气流及光照等。畜禽的生活和生产活动主要(除放牧及野营饲养外)在舍内，所以畜禽舍小气候与畜禽关系密切，舍内与外界相比差异较大。因此，应结合本地区的气候与畜禽的类别，选用有利于畜禽生产生活的畜禽舍。

(一)封闭舍

1.结构特点

四周有墙壁，上有屋顶，通风换气依靠门、窗或通风管道，舍内外空气环境差异较大。优点是具有较好的保温隔热能力，便于人工控制舍内环境和人工管理。缺点是由于墙壁和屋顶等外围护结构呈封闭形式，舍内的水汽、有害气体浓度较高，若不能进行有效地通风，易发生呼吸道疾病，尤其是在冬季，通风和保温往往形成矛盾，呼吸道疾病发病率更高。

2.小气候特点

(1)温度的来源及其变化　舍内空气的温度来源主要有三部分，一部分由舍外空气带入，大部分则产自畜禽机体散发的热量。据测定，在适宜温度下，一栋容纳2万只产蛋鸡的舍内，每小时散发可感热621.6 MJ；100头体重500 kg，平均日产奶量20 kg的成年乳牛，每小时散发可感热116.68 MJ。此外，工作人员的活动，机械的运转以及各种生产过程也产生一定的热量。这三部分的热量可使舍内温度上升。白天畜禽多处于活动状态，产生大量的热量，使舍内温度大幅度上升。夜间则相反。

①舍内温度的分布不均匀　就水平方向和垂直方向而言，都有不同的分布规律。

从水平方向看，舍中央温度高，而靠近门、窗和墙壁的区域则较低。畜禽舍的跨度愈大，这种差异愈显著。实际差异的程度，取决于门、窗和墙壁的保温能力。保温能力强，则差异小；保温能力差，则差异大。因此，在寒冷的冬季，要求舍内平均气温与墙壁内表面的温差不超过3℃；当舍内空气潮湿时，此温差不宜超过1.5～2.0℃。了解舍内空气温度的分布状况，对于安置畜禽、设置通风管等具有重要的意义。例如，在笼养的育雏室中，应设法将发育较差、体质较弱的雏鸡安置在上层；初生仔猪怕冷，可安置在畜禽舍中央。

从垂直方向看，一般是天棚和屋顶附近较高，地面附近较低。如果天棚和屋顶保温能力强，舍内空气的垂直温度分布很有规律，且差别不大。例如，某保温情况较好的笼养育雏舍内，一、二、三、四层的实际温度分别是29.5℃、30.2℃、30.4℃、31.4℃。如果天棚和屋顶保温能力差，舍内的热量很快向上散失，就有可能出现相反的情况，即天棚和屋顶附近温度较低，而地面附近较高。例如，某保温情况较差的笼养蛋鸡舍内，一、二、三层鸡笼的平均温度由下向上递减，分别是19.0～23.9℃、17.0～21.9℃、14.8～19.9℃。所以，在寒冷的冬季，为加强保温，要求天棚与地面附近的温差不超过2.5～3.0℃，或每升高1 m，温差不超过0.5～1.0℃。

②畜禽的适宜温度　畜禽的生产性能在一定的温度条件下才能得到充分发挥。温度过低或过高不仅影响到生产性能；而且影响到健康和生命。应根据不同地区条件、畜禽种类、品种和年龄等对空气温度的要求而决定。参见表4-1。

(2)湿度的来源及其变化　舍内空气湿度往往比外界空气湿度大，主要由大气的带入、畜禽自身的排出和墙壁、地面等物体表面的蒸发三方面的水汽构成。

舍内的水汽有10%～15%来自于大气，有70%～75%来自畜禽排出，有10%～25%来自地面、墙壁等物体表面。大气带入的水汽数量的多少，取决于大气的温度；畜禽体内的水主要通过皮肤和呼吸道散发出的水汽，其散发量的多少，取决于畜禽的种类、体重、生理阶段和空气的温度。畜禽由呼吸道排出的水汽量，随着体重的增大和气温的升高而增多；此外，畜禽的粪尿也散发出大量的水汽。来自地面、墙壁等物体表面的水汽蒸发量的多少，取决于空气温度和物体表面的潮湿程度。

舍内湿度的大小对畜禽健康和生产力有一定的影响。湿度过大时，不但影响畜禽的热调节、代谢和健康。而且也有利于微生物的滋生；饲料和工具变潮发霉，引发消化道疾病、风湿性的疾病等。

湿度过低(30%以下)，不但使空气中的灰尘数量增多，而且影响畜禽的健康，出现皮肤干燥，黏膜破裂，羽毛变脆等；以上一般只发生在干旱地区的干旱季节，其他地区比较少见。在实际生产中，易出现湿度过高现象。各种畜禽舍相对湿度以50%～70%为宜，最高不超过75%。奶牛舍用水量大和种蛋保存舍湿度要求高，标准可放宽些，但不应超过85%。

表 4-1 各种畜禽舍内的标准温度参数 ℃

舍别	温度	舍别	温度
牛的分娩舍	16(14～18)	31～60 日龄:笼养	18～20
犊牛舍:		地面平养	16～18
20～60 日龄	17(16～18)	61～70 日龄:笼养	16～18
60～120 日龄	15(12～18)	地面平养	14～16
4～12 月龄	12(8～16)	71～150 日龄	14～16
1 岁以上小牛舍	12(8～16)	**成年禽舍:**	
青年和成年牛舍:		鸡舍:笼养	18～20
拴系散放饲养	10(8～10)	地面平养	12～16
散放厚垫料饲养	6(5～8)	火鸡舍	12～16
公、母羊舍,后备羊舍	5(3～6)	鸭舍	7～14
母羊分娩舍	15(12～16)	鹅舍	10～15
公羊采精舍	15(13～17)	鹌鹑舍	20～22
马舍	7～20	**雏火鸡舍:**	
马驹舍	24～27	1～20 日龄:笼养	35～37
兔舍	14～20	地面平养	22～27(伞下 22～35)
空怀妊娠前期母猪舍	15(14～16)	**雏鸭舍:**	
公猪舍	15(14～16)	1～10 日龄:笼养	22～31
妊娠后期母猪舍	18(16～20)	地面平养	20～22(伞下 26～35)
哺乳母猪舍	18(16～18)	11～30 日龄	20～18(伞下 26～35)
哺乳仔猪舍	30～32	31～35 日龄	16～14
后备猪舍	16(15～18)	**雏鹅舍:**	
育肥猪舍:		1～10 日龄:笼养	20
断奶仔猪	22(20～24)	地面平养	20～22(伞下 30)
165 日龄前	18(14～20)	31～65 日龄	18～20
165 日龄后	16(12～18)	66～240 日龄	14～16
雏鸡舍:			
1～30 日龄:笼养	20～31		
地面平养	24～31		

(3)气流的来源及其变化　舍内气流主要来源于外界气流的侵入、通风设备门窗启闭、机械的运转、墙壁缝隙、人和畜禽的活动等。因此,靠近门、窗、通风管道的地方气流较强,其他地方较弱。白天比夜间气流大,因白天畜禽活动频繁,散发的热量多。舍温 26～35℃时,气流速度从 0.1 m/s 增大到 0.3 m/s,采食量增加 9%,蛋重增加 5%,并减少体重的下降。低温时则相反,在 2.4℃畜禽舍里,气流由 0.25 m/s 提高到 0.5 m/s,产蛋率由 77%下降到 65%,平均蛋重由 65 g 降到

62 g,生产每千克蛋需要饲料由 2.5 kg 增加到 2.9 kg。因此,夏季应尽量提高舍内空气流动速度,加大通风量,必要时辅以机械通风;而冬季,气流会增加畜禽的散热量,加剧寒冷的影响,但即时在寒冷的条件下,舍内仍需保持适当的气流速度以 0.1～0.2 m/s 为宜,最高不超过 0.25 m/s。

冬季要避免舍内产生贼风,就必须堵塞畜禽舍的一切缝隙,进气管设置在墙壁的上方,漏缝地板应尽量缩小其使用的面积,并远离畜床,以免造成贼风侵袭。

(4)光照的来源及其变化　畜禽舍光照可分为自然采光和人工采光。自然采光是通过畜禽舍的开露部分如门、窗进入舍内,虽然这种采光方法经济节省,但有明显的季节性,光照的强度不能控制,受很多因素的影响。进入舍内的光线,无论是直射光还是散射光,由于受屋顶、墙壁、门、窗以及舍内的设施的阻挡,损失很多。所以,舍内光照强度就比舍外弱得多。

射入舍内的太阳光线,分直射光和散射光两种。其中直射光强度较强,而散射光强度较弱。因此,夏季为了避免舍内温度升高,应防止直射光进入舍内或设置舍顶改变太阳高度角;冬季为有利于提高舍内温度,应让阳光直射到畜床。

人工采光是在舍内安装一些照明设备,实行人工控制光照。这种采光方法不受季节、外来因素的影响,但造价高、投资大。

总之,封闭舍的小气候特点是冬季比较暖,夏季比较热,因而适用于寒冷地区。我国东北、西北和华北各省,应注意冬季的保温;在黄河、长江流域以南,则应注意加强夏季的隔热防暑。

(二)开敞舍和半开敞舍

1. 结构特点

开敞舍指上有屋顶,三面有墙,一面(向阳面)无墙的畜禽舍,也称"前敞舍"。半开敞舍指三面有墙,正面有半截墙的畜禽舍形式。优点是有利于采光节能,保持舍内空气清新,管理方便,造价较低。缺点是受外界气候的影响较大,不便于进行环境控制,防寒能力不如封闭舍,而防暑能力又比棚舍差。

2. 小气候特点

由结构特点可知,此种畜禽舍的部分墙壁(向阳面)全部敞开或有半截墙,冬季可保证阳光射入舍内,有墙部分则可起挡风作用。但舍内空气的流动性大,气温随舍外空气温度的升降而变化,实际上温度同舍外没有大的差异。在较寒冷的冬季,舍内气温常降到 0℃以下,防寒能力远不如封闭舍。在夏季,舍内的通风情况比封闭舍强,但又不如棚舍。所以,此种畜禽舍适用于冬季不太冷而夏季不太热的地区。适于养各种成年畜禽,特别是耐寒的牛、绵羊、马、鸡和兔等。

另外,开敞部分在冬季可以附设卷帘、塑料薄膜、阳光板等,使其形成封闭状态,从而改善舍内小气候,增加抗寒能力。在夏季,后墙上开一些窗子,加强空气的对流,以提高防暑能力。

(三)棚舍

1.结构特点

棚舍又称敞棚式、凉棚或凉亭式畜禽舍。只有端墙或四周无墙,有棚顶。优点是结构简单,易施工,用材少,造价低,能够保证舍内空气清新,管理方便。缺点是受外界气候的影响较大,不便于进行环境控制,防寒能力较差。

2.小气候特点

其屋顶可以防止日晒,而四周敞开可使空气流通,是一种防暑的有效形式。但是,棚舍只能隔绝太阳的直接辐射,却不能使棚下的空气温度进一步降低。为进一步提高棚舍的防暑效果,在棚舍内采用冷水通风装置,利用蒸发冷却效应,并装有其他现代化设备,使外界空气进入棚内时,温度有所下降,可收到良好的防暑效果。因此,棚舍已不再是简单的棚子,而是一种防暑效能很高,设备齐全,可以对各种畜禽(包括笼养畜禽舍),进行科学管理的现代化畜禽舍形式之一。

冬季,由于棚顶隔绝了太阳的直接辐射,使棚内得不到外来热量,而四周又是完全敞开,对冷风的侵袭没有什么防御能力,防寒能力低。只适用于炎热地区,或冬季较短、寒流较弱的地区,饲养某些耐寒性较强的畜禽(如肉牛)。

为了提高棚舍的使用效果,克服其保温能力较差的弱点,可以在畜禽舍前后设置卷帘,在寒冷季节,用塑料薄膜封闭,利用温室效应,以提高冬季的保温能力。在一定程度上控制环境条件,改善了畜禽舍的保温能力,从而满足畜禽的环境需求。

(四)现代畜禽舍

除上述畜禽舍形式外,还有组装式畜禽舍、无窗式畜禽舍、连栋式畜禽舍等多种建筑形式,组装式畜禽舍和无窗式畜禽舍是现代畜禽舍的发展趋势。

1.组装式畜禽舍

在封闭舍基础上,畜禽舍的墙壁和门窗是活动的,天热时可以局部或全部取下来,成为半开敞式、开敞式或棚舍;冬季为加强保温可装配起来,成为严密的封闭舍。其优点是适宜不同地区、不同季节,灵活方便,便于对舍内环境因素的调节和控制。缺点是要求畜禽舍结构各部件质量较高,必须坚固轻便、耐用、保温隔热性能好。

2.无窗式畜禽舍

无窗式畜禽舍又称环境控制式畜禽舍,舍内的小气候(如温度、湿度、气流和光照等)完全是人为控制的。优点是生产不受季节的影响,为畜禽创造一个最佳的环境空间；充分发挥生产潜力，提高饲养的转化率；便于控制生长、发育和繁殖；有效地控制疾病的传播；便于实现机械化；减轻劳动强度，提高劳动生产率。缺点是建筑物和附属设备要求较高，投资较大，要求保证充足的电力，要求饲养管理水平高，必须供给畜禽全价的营养饲料。采用无窗式畜禽舍，必须有科学的管理手段，周密的生产计划，有效的防疫措施。在生产过程中，要采用"全进全出"的饲养制度。

3.连栋式畜禽舍

连栋式畜禽舍是一种新形式的畜禽舍，优点是减少畜禽场的占地面积，降低畜禽场建设投资。但要求管理条件高，必须具备良好的环境控制设施，才能使舍内保持良好的小气候环境，满足畜禽的生理、生产需要。

总之，随着现代化畜牧业的发展，畜禽舍的形式也在不断发展着，新材料、新技术不断地应用于畜禽舍，并将温室技术与养殖技术结合，在降低建造成本和运行费用的同时，通过进行环境控制，实现优质、高效和低耗生产，使畜禽舍建筑越来越符合畜禽对环境条件的要求。

第二节 畜禽舍设计与建造

畜禽舍设计包括建筑设计和技术设计，畜禽舍设计必须满足工艺设计要求，即满足畜禽对环境的要求及饲养管理工作的技术要求等，并考虑当地气候、建材、施工习惯等。畜禽舍建筑设计的任务，在于确定畜禽舍的样式、结构类型、各部尺寸、材料性能等.畜禽舍技术设计，包括结构设计及给排水、采暖、通风、电气等的设计，均需按建筑设计要求进行。设计合理与否，不仅关系到畜禽的安全和使用年限，而且对舍内小气候状况具有决定性影响。

一、畜禽舍设计原则

畜禽舍设计必须体现以下原则：

(1)保证畜禽舍有良好的小气候环境，冬季保温，夏季凉爽，并保持干燥。

(2)保证畜禽舍具有正常的采光和良好的通风。

(3)有完善的舍内卫生设备，有充足的饮水、生产管理用水及排出污水的设施。

(4)有足以维持正常生活和生产的畜禽所需面积，有合理的畜禽舍各部结构。

(5)便于操作及提高劳动生产率。

(6)适合工厂化生产的需要，有利于集约化经营管理，满足机械化、自动化所需条件或留有余地。

(7)经济原则。在设计及施工中必须贯彻因地制宜、就地取材的原则,以降低建筑造价。

二、畜禽舍设计方法

(一)畜禽舍类型和方位选择

畜禽舍类型的选择应当根据各地的气候、办场的规模、经济状况和建筑习惯及畜禽舍的特点结合起来全盘考虑。如经济、技术力量雄厚的大型畜牧场,可选用无窗式畜禽舍;而有窗式封闭畜禽舍,跨度可大可小,可用于一般畜禽场。因此,要选择适合本地和本场实际情况的畜禽舍类型。

畜禽舍的方位(朝向)直接影响着畜禽舍的温度、采光及通风。由于我国处于北纬 20°～50°,太阳高度角冬季小,夏季大,故畜禽舍朝向均以南向或南偏东、偏西45°以内为宜。在选择畜禽舍方位时,还应考虑地形及其他条件。

(二)畜禽舍面积的确定

畜禽舍建筑面积应根据饲养规模、饲养方式(普通地面平养、漏缝地面平养、网养、笼养等)、自动化程度(机械化或手工操作),结合畜禽的饲养密度标准(本章第三节),确定拟设计建筑面积。

(三)外围护结构的设计

外围护结构是畜禽舍设计的关键,外围护结构设计合理与否,直接影响着畜禽舍内的小气候状况。畜禽舍的外围护结构主要包括墙壁、屋顶、天棚、门、窗、通风口及地面等。进行这些外围护结构建筑设计时,首先考虑保温防寒、隔热防暑、采光照明、通风换气等要求,合理设计畜禽舍的墙壁、屋顶、天棚和地面的结构、材料、门、窗及通风口的数量、尺寸和安装位置。

(四)畜禽舍的内部设计

畜禽舍内部设计关系到饲养管理工作的难易和畜禽生产和生活条件的好坏;关系到畜禽舍建筑面积大小、造价多少和施工的难易;也直接或间接关系到舍内小气候状况。

1.畜禽舍的平面设计

畜禽舍的平面设计,应根据每栋畜禽舍的饲养畜禽的密度、饲养管理方式、当地气候条件、建筑材料和建筑习惯等,合理安排和布置畜栏、笼具、通道、粪尿沟、食槽、附属房间等,从而确定畜禽舍跨度、间距和长度,绘出畜禽舍平面图。

(1)畜栏或笼具的布置　畜栏或笼具一般是沿畜禽舍的长轴纵向排列的,可分为单列式、双列式、多列式，排列数越多，畜禽舍跨度越大，梁或屋架尺寸也加大，且不利于自然采光和通风。但排列数多可以减少通道，节省建筑面积，并减少外围护结构面积，有利于保温。有些畜禽舍如笼养育雏舍、笼养兔舍等，沿畜禽舍短轴（跨度方向）布置笼具的，这样自然采光和通风好，但加大了建筑面积。采用何种排列方式，根据场地面积、建筑情况、人工照明、机械通风、供暖降温等条件来决定。

确定畜栏、笼具的排列方式后，如果采用栏圈、笼具是定型产品，则根据每栏（笼）容纳畜禽数和每栋畜禽舍的畜禽总数算出所需栏（笼）数；同时考虑通道、粪尿沟、食槽、水槽、附属房间等的设置，并初步确定畜禽舍跨度、长度，最终绘出平面图。如果采用的栏圈不是定型产品，则要根据每圈头数和每头采食宽度，确定栏圈宽度，以保证畜禽采食时不拥挤，避免争斗。各类畜禽的采食宽度见表 4-2。

表 4-2　各类畜禽地面采食宽度　　cm/（头・只）

畜禽种类	采食宽度
牛:拴系饲养	30～50
3～6 月龄犊牛	60～100
青年牛	110～125
散放饲养：	
成年乳牛	50～60
猪:20～30 kg	18～22
30～50 kg	22～27
50～100 kg	27～35
自动饲槽自由采食群养	10
成年母猪	35～40
成年公猪	35～45
蛋鸡:0～4 周龄	2.5
5～10 周龄	5
11～20 周龄	7.5～10
20 周龄以上	12～24
肉鸡:0～3 周龄	3
3～8 周龄	8
8～16 周龄	12
17～22 周龄	15
产蛋母鸡	15

（冯春霞.家畜环境卫生.2001）

(2)舍内通道的布置 沿长轴纵向布置畜栏时，饲喂、清粪等管理通道一般也纵向布置，其宽度根据用途、使用工具、操作内容等方面而定，双列或多列布置时，靠纵墙布置畜栏或笼具，可节省一条通道。考虑畜栏或笼具受墙面冷辐射或热辐射。较长的双列式或多列式畜禽舍，每30～40 m应设沿跨度方向的横向通道，其宽度一般为1.5 m，牛舍、马舍为1.8～2.0 m。表4-3的数据可供参考。

(3)粪尿沟、排水沟及清粪设备的布置 拴系饲养或固定栏饲养的牛舍、马舍和猪舍，以及笼养的鸡舍和猪舍，因排泄粪尿位置固定，应在畜床后部或笼下设粪尿沟。

(4)畜禽舍附属房间的设置 畜禽舍一般应设饲料间，存放3～5 d的饲料，牛舍还应设草棚，存放当天的青贮、青饲料或多汁饲料。为了加强管理，畜禽舍内还应设饲养员值班室(特别是产仔室和幼畜禽舍)。乳牛舍一般还应设真空泵房、奶桶间等，大型畜禽舍还可设消毒间、工具间等。

表4-3 畜禽舍纵向通道宽度 cm

畜禽种类	通道用途	实用工具及操作特点	宽度
牛舍	饲喂 清粪及管理	用手工或推车饲喂精、粗、青饲料 手推车清粪、放奶桶、放洗乳房地水桶	120～140 140～180
猪舍	饲喂 清粪及管理	手推车饲喂 清粪(幼猪舍窄、成年猪舍宽)接产等	100～120 100～150
鸡舍	饲喂、捡蛋、清粪、管理	用特制手推车送料时，可采用一个通道盘	笼养80～90 平养100～120

(冯春霞.家畜环境卫生.2001)

2.畜禽舍的剖面设计

畜禽舍的剖面设计主要是确定畜禽舍各部位、各种结构配件、设备和设施的高度尺寸，并绘出平面图、剖面图和立面图。

舍内地平的高度，一般应比舍外地平高30 cm，场地低洼时，可提高45～60 cm。畜禽舍大门前应设置坡道(坡度不大于15%)，以保证畜禽和车辆的进出，不设置台阶。舍内地面的坡度，一般在畜床部位保证2%～3%，以防畜床积水潮湿；厚垫草平养的畜禽舍，地面应向排水沟有0.5%～1.0%的坡度，以便清洗消毒时污水。

饲槽、水槽、饮水器安置高度及畜禽舍隔栏(墙)高度，因畜禽种类、品种、年龄不同而异。

(1)饲槽、水槽设置 鸡饲槽、水槽的设置高度一般应使槽上缘与鸡背同高；

猪、牛的饲槽和水槽底可与地面同高或稍高于地面;猪用饮水器距地面的高度,仔猪为10~15 cm,育成猪25~35 cm,肥猪30~40 cm,成年母猪45~55 cm,成年公猪50~60 cm。如将饮水器装成与水平呈45°~60°角,则距地面高10~15 cm,即可供各种年龄的猪使用。

(2)隔栏(墙)的设置　平养成年鸡舍隔栏高度一般不应低于2.5 m,用铁丝网或竹竿制作;猪栏高度一般为:哺乳仔猪0.4~0.5 m,育成猪0.6~0.8 m,育肥猪0.8~1.0 m,空怀母猪1.0~1.1 m,怀孕后期及哺乳母猪0.8~1.0 m,公猪1.3 m;成年母牛隔栏高度为1.3~1.5 m。

(五)畜禽运动场的设置

畜禽的生产和生活需要一定的活动空间,外界气候因素的刺激,促进机体的生理代谢活动的正常进行,增强畜禽的体质,提高抗病能力。舍外运动能改善种公畜(雄禽)的精液品质,提高母畜的受胎率,减少难产。促进幼畜的生长发育。因此,有必要给畜禽设置运动场。

1. 运动场的位置

舍外运动场应选在背风向阳的地方,一般利用畜舍间距,也可在畜舍两侧分别设置. 如受地形限制,也可在场内比较开阔的地方单设运动场。

2. 运动场的面积及要求

(1)运动场的面积　既要保证畜禽的自由活动,又要节约用地,一般畜禽运动场的面积按每头(只)所占舍内平均面积的3~5倍计算。畜禽的舍外运动场面积参考数据:成年乳牛20 m^2/头,青年牛15 m^2/头,带仔母猪12~15 m^2/头,种公猪30 m^2/头,2~6月龄仔猪4~7 m^2/头,后备猪5 m^2/头,羊4 m^2/头。

(2)要求　运动场要平坦,稍有坡度,便于排水和保持干燥。在运动场的两侧及南侧,要设遮阳棚或种植树木,遮挡夏季烈日。运动场外围应设排水沟。运动场四周应设围栏或围墙,高度为:马1.6 m,牛1.2 m,羊1.1 m,猪1.1 m,鸡1.8 m。生产中可根据具体情况调高。肥猪和肉鸡及笼养蛋鸡不设运动场。

三、各地区畜禽舍建筑设计特点及要求

各地区畜禽舍建筑要结合当地的气候特点作必要的调整。炎热地区需要通风、遮阳、隔热、降温;寒冷地区需要保温防寒;沿海地区台风强大,多雨潮湿;高原地区日照强烈,气候干燥,这些在当地建筑上都有所反映。

(一)北方地区

主要包括东北、华北、西北和新疆、内蒙古地区。

1.防寒与保温

本区寒冷期长，建筑必须考虑防寒和保温问题，为减少热损耗，在平面布置和空间处理上应尽量减小建筑物外围墙面的面积，在保证舍内空气状况良好的条件下，应适当降低舍内高度。南向外墙可采用保温的墙体结构(如空心墙、填充墙)或用蓄热性能较高的材料和保温沙浆砌筑，以提高保温性能。坡面屋顶一般应设置天棚，而屋顶构造还应防范融雪期间水的渗透及因檐口结冰柱可能产生的影响。北外墙直接迎受冬季盛行风的墙面，尽可能少开门窗，在此墙面开设门窗时，可考虑采用双层窗，窗缝必须封闭严密，门需要有防风保温设施，如设门斗或采用双道门，迎受冬季盛行风的墙面一定不能开设为畜禽出入的大门。

2.防风沙

本区西部春季多风沙，为防止沙尘入舍，外窗窗扇四周加密封条(如木盖条或绒毡衬垫等)。

3.防冻

本区冻土深度在1～3 m，在基础设计上需加注意，一般需增加基础埋深，或采取其他基础防冻措施。外墙、内墙、南墙、北墙附近的土壤冻深各有不同，墙基埋深可结合具体情况分别对待。本区冰冻时期较长，一般冬季半年时间不要进行畜禽舍施工，必须施工时，要着重考虑低温条件下的各种技术措施，并注意建筑基地和运输道路上的冰冻和翻浆情况。

4.防碱

宁夏、甘肃、河南、山东等省区的部分地区多碱土，对畜禽舍墙基有腐蚀作用，应采取措施防御。此外，西北地区渭河河谷及河南的西北部一般为大孔性黄土层，有湿陷性，须加以防范。本区冻土各地差异较大，其幅度为0.2～1.4 m，需酌情分别采取措施。

(二)南方地区

主要包括华东、华南、中南和西南地区。

1.通风、隔热、遮阳

畜禽舍的平面、剖面和门窗构造要有利于组织夏季的自然通风。必要时采用机械通风，屋顶应注意隔热设计，西墙也应有隔热措施并少开门窗，以防直接辐射热的作用。如受条件限制不能避免西向时，应采取垂直绿化和遮阳措施，或加厚墙身，筑空心墙，避免太阳辐射侵入舍内而导致舍内过热现象。

2.避雨防潮

屋顶需进行严密有效的防水处理，瓦顶坡度一般不小于25%，并设置防水卷材。屋顶的排水应能适应本区雨季长、雨量较大的特点。外墙质量要能防雨水渗透，外门宜设雨篷以挡雨水，墙基需有防潮层，舍内地面需高出舍外地面30～45 cm。由于地下水位较高，不宜考虑地下建筑，地下管道也应有较严密的防水措施。

3. 防风、防雷

在沿海大风地区，应注意减少建筑物的受风面积，畜禽舍或其他建筑物的短轴与大风垂直，长轴与大风方向平行。对门、窗、天窗或易受风吹折损的舍外部件，在构造上应予以加固。在开放式或半开放式畜禽舍或其他生产辅助用房，尤其应注意强大气流的直接冲击或由于强大气流引起吸力的作用。防止舍顶被风掀去。由于本区多雨多雷，畜禽舍还应有防雷设施。

（三）高原地区

主要包括西藏自治区和青海省大部分、四川省的西北部及新疆维吾尔自治区的南部高原地区。

1. 保温防寒、防冰雪

除藏南个别冬季较暖的地区外，多为严寒地区，建筑物的围护结构需满足保温的热工要求，外墙的保温性能一般相当于37～49 cm厚的实砌砖墙。面向冬、春盛行风的外墙，尽可能不开或少开门窗。畜禽舍高度宜稍低，向阳墙面宜开启面积较大的窗户，多争取冬季日照，调剂舍内温度。本地区冰冻、降雪期较长，且积雪较深，屋顶构造须有排除积雪的设施，以免积成雪檐、冰柱。

2. 遮阳

本区夏季气温较低，但太阳辐射强烈，舍内常较舍外阴凉，故向阳门窗宜设遮阳设施，在畜禽的日常管理上，也应注意遮阳。

3. 防风沙、防雷击、防山洪等自然灾害

本地区大部分地区冬春也多风沙，在门窗构造上应有防御设施，在选择场址及设计时应多加注意。此外，本区局部地区有碱土，应注意克服泛碱现象。

四、设计图的绘制

（一）基础知识

建筑工程图是一种用图形精确地表示某种技术构思或意图的语言。图中一定的形象表示一定的物体，并注有尺寸，按国家公认的规则、符号和图形绘制出来的图。

1. 线条

图形是由各种不同粗细的线条组成。常用的有：实线（——）、虚线（---------）、对称轴线(即中心线·—·—·)等数种。图纸中根据某一物体投影时,物体的全部可见轮廓用实线表示;物体的不可见轮廓部分用虚线表示,拟建的建筑物亦多用虚线表示;对称的物体则用对称轴线表示。表示尺寸时,另用尺寸线。

2.比例

由于建筑物的实际尺寸很大,不可能按实际尺寸画在纸上,制图时常将实物缩小,把缩小的尺寸与实物实际尺寸之比就称为图的比例,也叫比例尺。一般牧场总平面图形多用1∶500、1∶1 000、1∶2 000的比例尺。畜禽舍的平面图、剖面图和立面图多用1∶100、1∶200的比例尺。不论采用哪一种比例尺,建筑图上的尺寸,都注以实际尺寸。

工程图上尺寸的大小是用尺寸线标志的,尺寸线的两端用箭头或圆点或短划来表示尺寸的起点和终点,在尺寸线的中央和上方注明实际尺寸的数字。建筑物各部高度尺寸的表示,一般以室内地平高度为零,用三角形尖端标出各部分的实际高度。

图形物体,其直径尺寸的表示,是在数字前加“ϕ”字,其半径尺寸是在数字前加“R”表示。

3.图例

图样是用特定的符号图例构成的。看图必须懂得图例,明白每条线每个符号的意义,才能清楚地了解建筑物的结构、配置等情况。

4.等高线

用来表示地形的高低起伏。等高线是连地面上高度相等的各点所组成的线(图4-2)。等高线是不规则的曲线,其形状随地形而变。为了能从等高线上看出地形的高低,应对等高线的以下特点有所了解。

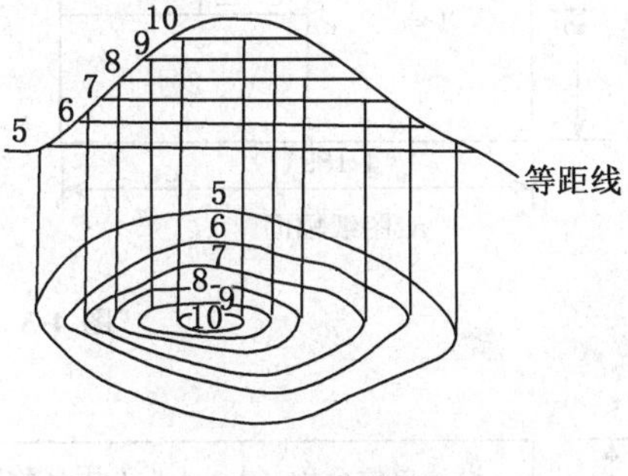

图4-2 等高线

(周大康.家畜环境卫生.1992)

(1)同一等高线上的各点高度相等。

(2)每一等高线必自行闭合,或在一图范围以内闭合,或在此图以外闭合。

(3)等高线愈密表示地形愈陡;愈疏则愈平坦;等高线间 水平距离相等者,表示地形具有均匀坡度。

(4)从等高线的地形图上,不仅了解地形的起伏,而且可计算该地的平均坡度。

5. 图幅

图幅即图纸的大小，建筑图幅须符合表 4-4 的规定。每张图纸的右下角要绘出标题栏，又称图标。栏中注明工程名称、图纸名称、图纸编号、设计单位及有关人员（设计、制图审核等）签名。此外，建筑、结构、设备等各设计工序之间必须相互关联、配合，因此，每张图纸都必须经各工种设计人员过目，并在图纸左上角签名栏内（图 4-3、图 4-4）签字。

表 4-4　图幅规定表　　mm

编　号	0	1	2	3	4
图幅（长×宽）	1 189×841	841×594	594×420	420×297	297×210
图线与纸边预	10			5	
留宽度	25				

（周大康. 家畜环境卫生. 1992）

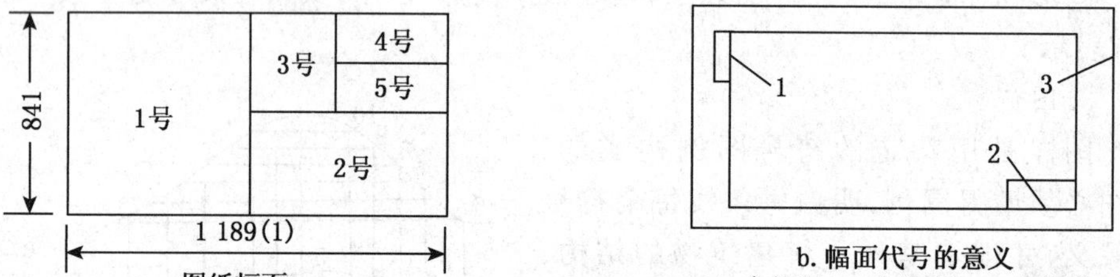

a. 图纸幅面　　b. 幅面代号的意义
1. 会签区　2. 标题栏　3. 图框线

图 4-3　图幅及幅面代号

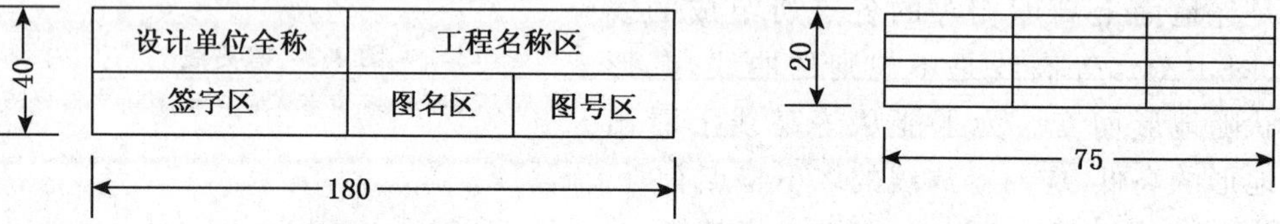

a. 标题栏（图标）　　b. 会签栏

图 4-4　标题栏和会签栏

6. 比例

因建筑物形体很大，不可能按实际尺寸制图，除个别构件详图外，一般都需按一定比例缩小绘制。比例一律用阿拉伯数字表示，并在图形下面或详图标志右侧

(图 4-5)注写;整张图纸中只用一种比例时,也可在图标中的图名栏目内注明。常用制图比例如表 4-5 所示。

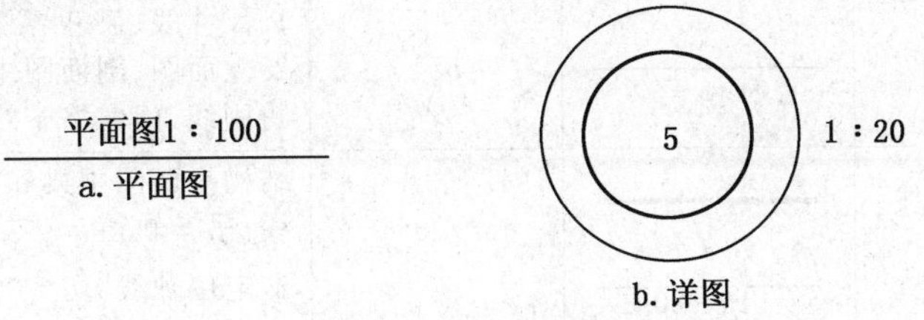

图 4-5 比例注明的两种方法

表 4-5 常用制图比例

图　名	常用制图比例	必要时可增加的比例
总平面图	1：500,1：1 000,1：2 000	1：2 500,1：5 000,1：10 000
总图专业的断面图	1：100,1：200,1：1 000,1：2 000	1：500,1：5 000
平面、立面、剖面图	1：500,1：100,1：200	1：150,1：300
次要平面图	1：300,1：400	1：500
详图	1：1,1：2,1：5,1：10,1：20,1：25,1：50	1：3,1：4,1：30,1：40

7. 字体

建筑图的文字、符号、字母代号均应从左向右横向书写,并注意标点符号清楚。中文书写应用仿宋字,数字用阿拉伯数字,字母用汉语拼音字母。

8. 图线画法

建筑图是由不同形式、不同粗细的线条组成的,图线的种类和用途见表 4-6。

表 4-6 图线种类及用途

序号	名称		形式	宽度/mm	适用范围
1	实线	粗实线		$b^{*}=0.4\sim1.2$	1. 立面图外围轮廓线,剖切线 2. 平面图、剖面图的截面轮廓线 3. 图框线
		特粗线		$1.5b\sim2b$	立面图上室外地平线
		中实线		$b/2$	平、剖面图上门、窗和突出部分(檐口、窗台、台阶等)的外轮廓线

续表 4-6

序号	名称		形式	宽度/mm	适用范围
1	实线	细实线		$b/4$	1.尺寸线、尺寸界线及引出线 2.立面图、剖面图中的次要线条(如粉刷线、门窗格子线等)
2	点划线	粗点划线		b	结构平面图中梁和桁架的轴线位置线,吊车轨道
		点划线	15～20 2	$b/4$	1.定位轴线 2.中心线
3	虚线	粗虚线	3～6 0.5～1	b	地下建筑物或建筑(地下管道)
		虚线		$b/2$	不可见轮廓线
		细虚线		$b/4$	1.计划扩建的预留地或建筑物 2.吊车、搁板、阁楼等假想位置
4		折断线		$b/4$	1.被断开部分的边线 2.长距离的断裂线
5		波浪线		$b/4$	1.表示构造层次分局部界线 2.长杆件的断裂线

* b 表示粗实线的宽度,其他各种线的宽度均以 b 的倍数表示。

9.标高符号

它是表示某部位高度的符号。除在总平面图中表示室外整平标高时采用全部涂墨的三角形外,其他图一律采用图的标号。标高数字一律以 m 为单位(注至小数点后第三位),零点标高注为±0.000,正数标高前不加正号,负数标高前必须加负号(图 4-6)。

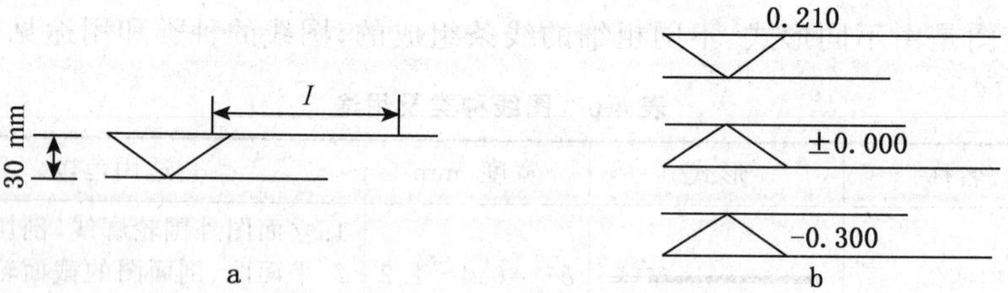

图 4-6　标高符号

(周大康.家畜环境卫生.1992)

a.标高符号画法(I 长度由注字需要决定)　b.标高注法

10.索引标志

图面中某一部分或构件另有详图时,用引出线(细实线)标注详图索引。详图索引以直径 8～10 mm 的单圆圈表示，其表示方法，如图 4-7 所示。

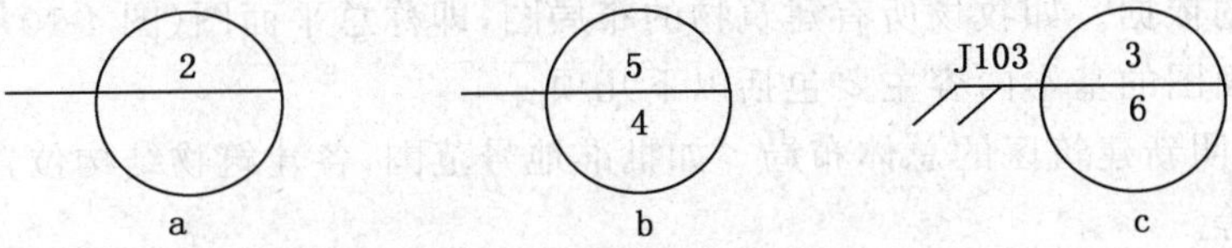

图 4-7 详图索引

(周大康. 家畜环境卫生. 1992)

a. 详图在本章图纸上的索引方法(2:详图编号) b. 详图不在本章图纸上的索引方法(5:详图编号,4:详图所在图纸编号) c. 采用标准图时的索引方法(J103:标准图册编号,3:标准详图编号,6:详图所在图纸编号)

被索引的详图下需用外细内粗的双圆圈详图标志标明，内圈直径一般为 14 mm，外圈直径为 16 mm(图 4-8)，以便按详图索引查找该详图。例如，在 2 号图纸上看到图 4-7b 这样的详图索引，说明在 4 号图纸上有该部分的详图，详图编号是 5，则可在 4 号图纸上找到画有图 4-8 那样的详图标志，该图即为所找的详图。

11. 指北针

在总平面图的右上角应按图 4-9 绘出指北针，其直径一般为 25 mm，指北针下端宽度为圆圈直径的 1/8。

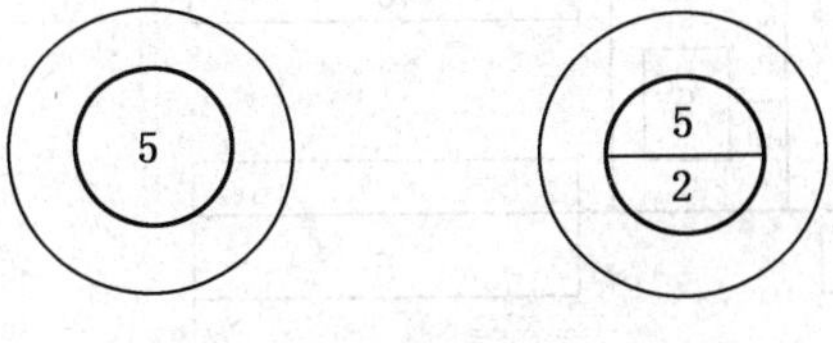

图 4-8 详图标志

(周大康. 家畜环境卫生. 1992)

(5:详图编号,2:该详图被索引的图纸编号)

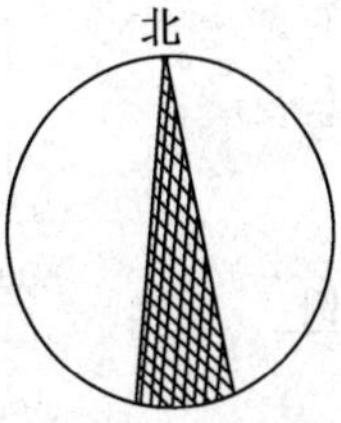

图 4-9 指北针

(周大康. 家畜环境卫生. 1992)

12. 图例

建筑图需使用各种图例来表示不同建筑物，建筑物的构配件和建筑材料等。

表中没有而需要的图例，需在图样中注字，或在图样外绘出自定图例。详见书后附录 1。

(二)设计图的种类

1. 总平面图

它表明一个工程的总体布局，主要表示原有和新建畜禽舍的位置、标高、道路布置、构筑物、地形、地貌等。作为新建畜禽舍定位、施工放线、土方施工及施工总平面布置的依据。如牧场所有建筑物的布局图，即称总平面图（图 4-10）。

总平面图的基本内容主要包括以下几项：

(1)表明新建筑区的总体布局　如批准地号范围，各建筑物结构位置、道路、管网的布置等。

(2)确定建筑物的平面位置。

(3)表明建筑物首层地面的绝对标高，室外地坪、道路的绝对标高，说明土方填挖情况、地面坡度及排水方向。

(4)用指北针表示房屋的朝向，用风向玫瑰图表示常年风向频率和风速。

(5)根据工程的需要，有时还有水、暖、电等管线总平面图，各种管线综合布置图，竖向设计图，道路纵剖面图以及绿化布置等。

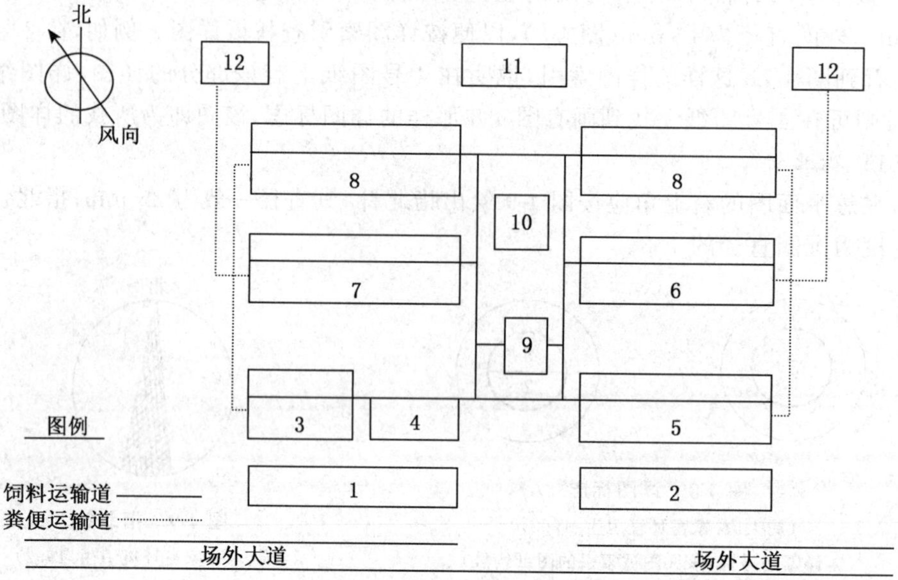

图 4-10　某奶牛场总平面图

1.办公室　2.职工宿舍　3.公牛舍　4.人工授精室　5.产房及犊牛预防室　6.犊牛舍　7.青年牛舍　8.乳牛舍　9.饲料加工间　10.乳品处理间　11.隔离室　12.贮粪池

2.平面图

畜禽舍建筑的平面图，就是一栋畜禽舍的水平剖视图。主要表示畜禽舍占地大小，内部的分割，房间的大小，走道、门、窗、台阶等局部位置和大小，墙体的厚度等。一般施工放线、砌砖、安装门窗等都用平面图（图 4-11）。

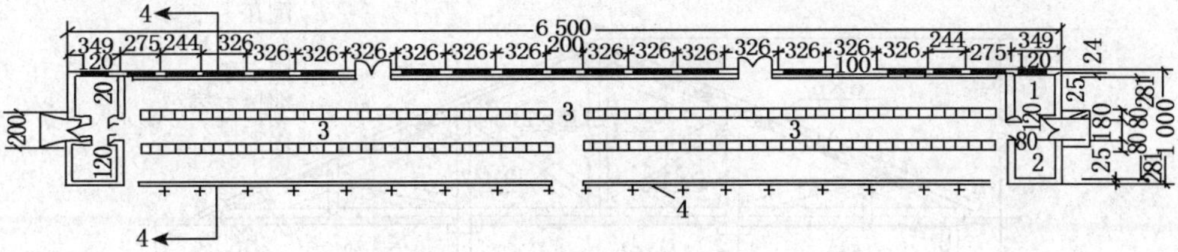

图 4-11 牛舍平面图(单位:cm)

(冯春霞.家畜环境卫生.2001)

1.饲料调制间 2.值班室 3.走道 4.尿沟

内容包括:

(1)表示建筑物形状、内部的布置及朝向。

(2)表示建筑物的尺寸的建筑地面标高。

(3)表明建筑物结构形式及主要建筑材料。

(4)表明门窗及其过梁的编号、门的开启方向。

(5)表明剖面图、详图和标准配件的位置及其编号。

(6)综合反映工艺、水、暖、电对土建的要求。

(7)表明舍内装修、做法,包括舍内地面、墙面、天棚等所用材料及做法。

(8)文字说明。

3.立面图

表示畜禽舍建筑物的外观形式、装修及使用材料等。一般有正、背、侧三种立面图。立面图应与周围建筑物协调配合(图 4-12)。

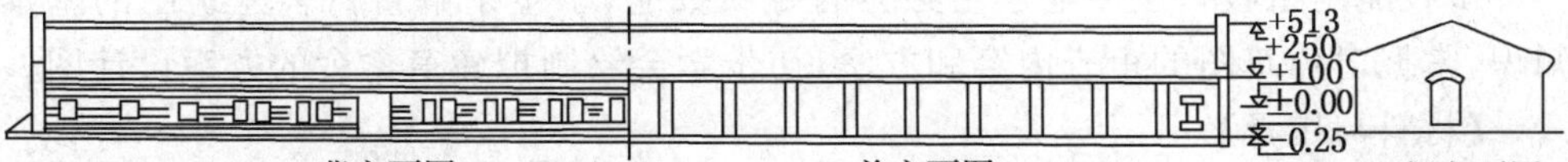

图 4-12 牛舍立面图(cm)

(冯春霞.家畜环境卫生.2001)

4.剖面图

主要表明建筑物内部在高度方面的情况,如房顶的坡度、房间的门窗各部分的高度。同时也可表示出建筑物所采用的形式。剖面图的剖面位置,一般选择建筑内部做法有代表性,空间变化比较复杂的位置(图 4-13)。

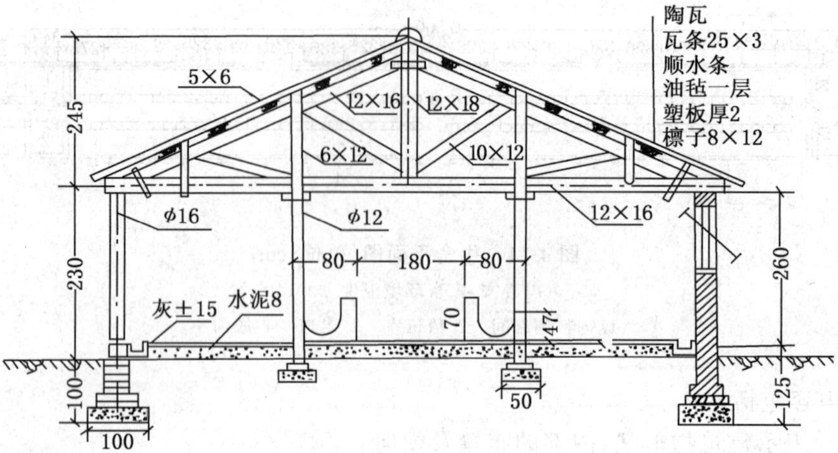

图 4-13　A—A 剖面图(单位:cm)

(冯春霞.家畜环境卫生.2001)

5.详图

某些建筑物的主要构筑部分或细致结构,如用上述图不能明确表示出的,则另绘制放大的各类的尺寸详细图纸,使其清晰详细,便于施工,称为详图,也叫大样。

技能训练　畜禽舍设计图的认知及绘制

【目的要求】

本技能是畜牧兽医专业学生必会的专项技能,学生了解畜禽舍建筑图的基本知识,掌握对建筑图的审查内容和方法,初步学会绘制拟建畜禽舍的方案设计图。

【材料与用具】

(1)纸、铅笔、橡皮、刀、绘图仪、绘图板、尺、圆规等。

(2)畜禽舍总平面图、平面图、立面图、剖面图及大样等参考图。

【内容方法】

一、认知图纸方法

1.确认图纸的名称

图纸的名称通常载于右下角的图标框中;根据注明可知该图属于何种类型和整套图中属哪一部分。

2.查看图的比例尺、方位、方向及风向频率

3.按下列顺序和方法看图

(1)由大到小 先看地形图,其次为总平面图、平面图、立面图、剖面图及大样等。

(2)由表及里 审查建筑物时,先看建筑物的周围环境,再审查建筑物的内部。

(3)由下而上 审查多层畜舍时,应从第一层开始,依次逐层审查。

(4)辨认图纸上所有的符号及标记。

(5)确认剖面图所剖视的部位。

(6)确定建筑物各部的尺寸 长宽和高度,可分别在平面图和立面图或剖面图上查知或测得。

对所审查的图纸,由粗而细,再由细而粗,反复研究,加以综合分析,并作卫生评价。

二、绘制图纸方法

1.确定数量

确定绘制图样的数量对各栋房舍统筹考虑,防止重复和遗漏,在需要的前提下,图样数量尽量少。

2.绘制草图

根据工艺设计要求和实际情况条件,把酝酿成熟的设计思路绘成草图。草图虽不按比例,不使用绘图工具,但图样内容和尺寸应力求详尽,细到可画至局部(如一间、一栏)。根据草图再绘成正式图纸。

3.适当比例

各种图样的常用比例可参阅表4-5,并考虑图样的复杂程度及其作用,以能清晰表达其主要内容为原则来决定所用比例。

4.图纸布局

每张图纸都要根据需要绘制的内容、实际尺寸和所选用的比例,并考虑图名、尺寸线、文字说明、图标等,有计划地安排这些内容所占图纸的大小及图纸上的位置。要做到每张图纸上的内容主次分明,排列均匀、紧凑、整齐;同时,在图幅大小许可的情况下,应尽量保持各图样之间的投影关系,并尽量把同类型、内容关系密切的图样,集中在一张图纸上或顺序相连的几张图纸上,以便对照查阅。一般应把比例相同的一栋房舍的平、立、剖面图绘在同一张图纸上,房舍尺寸较大时,也可在顺序相连的几张图纸上分别绘制。按上述内容计划布局之后,即可确定所需图幅大小。

5.绘制图样

绘制图样的顺序,先绘制平面图,此次绘出剖面图。再根据投影关系,由平面图引线确定正、背立面图纵向各部位的位置,然后按剖面图的高度尺寸,绘出正、背

立面图。最后由正、背立面图引线确定侧立面图各部的高度，并按平、剖面图上的跨度方向尺寸，绘出侧立面图。

6. 说明书

用来说明建筑物的性质、施工方法、建筑材料的使用等，以补充图中文字的说明不足；说明书有一般说明书和特殊说明书两种。有些建筑图纸上的扼要文字说明就代替了文字说明书。

7. 比例尺的使用

为了避免视觉上的误差，在测量图纸上的尺寸时，常使用比例尺。测量时比例尺与眼睛视线应保持水平位置；测量两点或两线之间距离时，应沿水平线测量，两点之间距离应取其最短的直线为宜；比例尺上的比例与图纸上的比例应尽量做到一致，可减少推算麻烦。

【作业习题】

1. 提供一套 5 000 羽鸡舍设计图，供学生阅读、分析，并作出卫生评价。

2. 绘制一份 100 头肥猪舍的平面图、立面图和剖面图。

五、塑膜暖棚畜禽舍

对于我国冬季寒冷地区的北方，塑膜暖棚畜禽舍有它一定的适用性，而南方则适用性不强。

(一)塑膜暖棚畜禽舍的类型

根据塑膜暖棚的结构造型分为单斜面、半拱圆形、双斜面和拱圆形 4 种。

1. 单斜面塑膜暖棚

暖棚棚顶一面为塑膜覆盖面，而另一面为土木结构的屋面(图 4-14)。这类暖棚大都东西走向，坐北朝南。在没有覆盖塑膜时呈半敞式，设有后墙、山墙和前沿墙；中梁处最高，半敞式屋面占整个塑膜暖棚的 1/2～2/3。从中梁处向前沿墙覆盖塑膜，形成密闭式塑膜暖棚，两面出水，暖棚前沿墙外设防寒沟。一般由地基、墙、框架、覆盖物、加温设备等组成。有土木结构，也有砖混结构，建筑容易，结构简单，塑膜固定容易，抗风及抗雪性能较好，保温性能好，管理方便；但棚下空间较小。这类暖棚一般多为单列式，适用于农区、牧区猪、鸡、牛、羊的规模化生产。

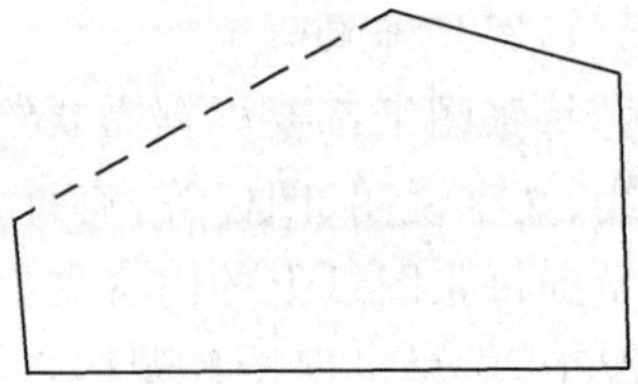

图 4-14　单斜面塑膜暖棚示意图

2.半拱圆形塑膜暖棚

其结构和单斜面暖棚基本相同，半敞棚由前沿墙、中梁、后墙、山墙及木椽、竹帘、草泥、油毛毡、机瓦等构成。半敞棚屋面一般占整个塑膜暖棚面积的2/3，靠后墙或前墙留工作通道，一般小畜禽易靠后墙，大家畜宜靠前沿墙，扣膜时可用竹片由中梁处向前沿墙连成半拱圆形，上覆盖塑膜，即形成密闭的半拱圆形塑膜暖棚（图4-15）。这类暖棚棚下空间大，采光系数大，水滴不易直接掉至畜床，而是沿着棚面向前沿墙滑去。这类暖棚多为单列式，结构简单，容易建造，塑膜好固定，抗风抗压性能最强，保温性能好，管理方便，造价低，适合于各种类型畜禽的规模化生产。

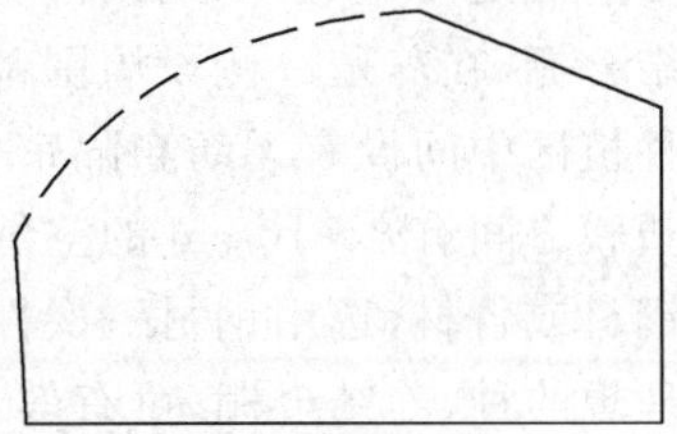

图4-15 半拱圆形塑膜暖棚示意图

3.双斜面塑膜暖棚

暖棚顶部两面均为塑膜所覆盖，两面出水，有的两棚面相等，称等面式；有的两棚面不等，称不等面式（图4-16）。双斜面塑膜暖棚四周有墙，中梁处最高，多为双列式。

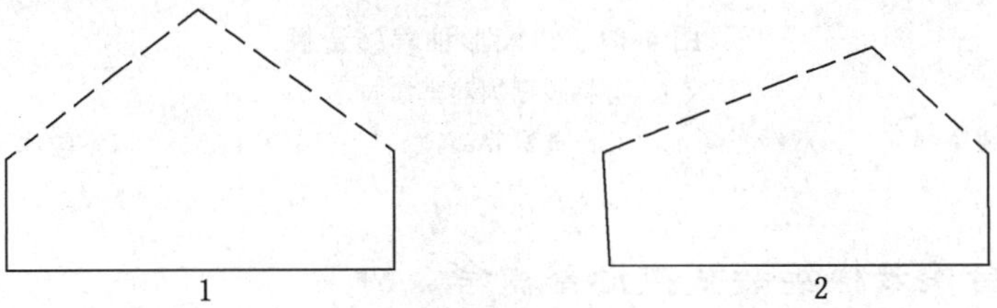

图4-16 双斜面塑膜暖棚示意图

（徐定人.塑料暖棚饲养畜禽技术.1993）

1.等面式 2.不等面式

中梁下面设过道，两边设畜栏。塑膜由中梁向两边墙延伸，形成严密的塑膜暖棚。其中以等面式暖棚居多，且多为南北走向，光线上午从东棚面进入，下午从西棚面进入。特点是日照时间长，光线均匀，四周低温带少。不等面暖棚比较少见，一般是坐北向南，东西走向，南棚面积大，北棚面积小。双斜面塑膜暖棚采光面积大，棚内温度高，但因跨度大，建筑材料要求严格，一般用钢材和木材做框架材料，造价较高，且抗风、耐压能力比较差，在大风和大雪条件下难以保持平衡，高温条件下热气排出也较困难。

4.拱圆形塑膜暖棚

棚顶面全部覆盖塑料薄膜，呈半圆形。由山墙、前后墙、棚架和棚膜等组成。

棚舍南北走向，多为双列式。它既可是养殖棚，也可是种植、养殖结合棚。若为种养结合棚，在养殖一侧设周围基础墙，种植一侧则不设基础墙，用竹栏围起，养殖区与种植区中间设有无纺布隔帘，白天卷起，晚上放下。亦可采用双层膜暖棚，塑膜与塑膜之间有8～10 cm的空气隔层，保温性能更好。拱圆形暖棚棚架材料一般采用钢材或竹材，选用钢材一次性投资大，但经久耐用。拱圆形塑膜暖棚在目前是比较理想的种、养结合棚，可有效地控制环境污染，适用于土地面积大、灌溉条件便利的地区各种畜禽的规模生产，拱圆形种、养结合棚见图4-17。

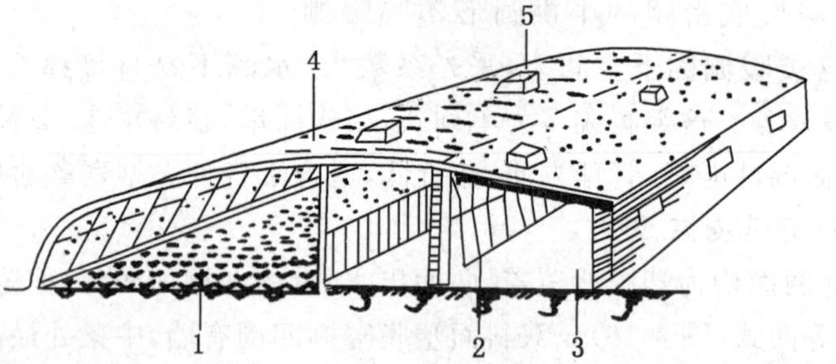

图4-17 拱圆形种养结合棚

（徐定人.塑料暖棚饲养畜禽技术.1993）

1.蔬菜部分 2.双纱布隔帘 3.畜禽饲养部分 4.双层塑料棚 5.双室防冰天窗

六、复合聚苯板组装式拱形畜禽舍

为了适应现代养殖业发展需要，生产上出现了复合聚苯板组装式拱形新型畜禽舍。由内蒙古新优佳联合公司获得该项专利，并在全国推广应用。

1.畜禽舍建筑特点

该畜禽舍采用轻型龙骨架拱形结构，选用聚苯板和无纺布为基本材料，经防水强化处理后的复合保温板材为屋面与侧墙材料，这种材料隔热保温性能极强，导热系数仅为0.033～0.037 W/(m^2·K)，是一般砖墙的1/20～1/5，既能有效地阻隔夏季的太阳辐射热，又能在冬季减少舍内热量的散失。两侧为窗式通风带，窗仍采用复合保温板材，当窗完全关闭时，舍内形成完全封闭式，可以使用湿垫降温纵向通风或暖风炉设备控制舍内环境；当窗同时掀起时，舍内呈凉棚状；与外界形成对流通风环境，南北侧可以横向自然通风，自然采光，节约能源与费用，具有开放式畜禽舍的特点。所以，该畜禽舍属于开放—密闭兼用型畜禽舍，可以根据外界环境的变化而变成开放型或封闭型(图4-18)。

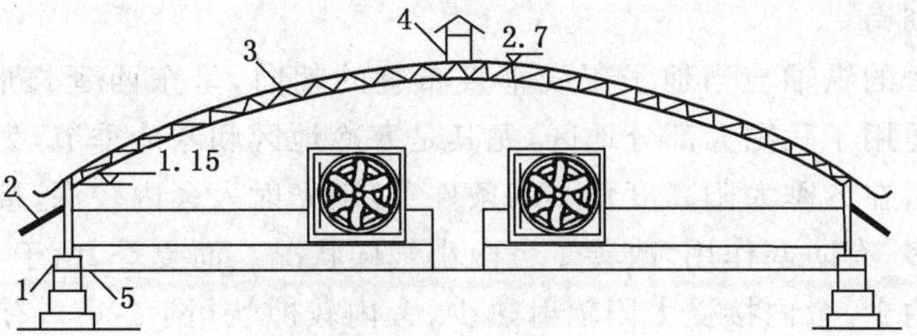

图 4-18 轻型钢屋架聚苯板屋顶肉仔鸡舍

(冯春霞.家畜环境卫生.2001)

1.地圈梁 2.窗 3.钢骨架 4.通风帽 5.舍内排水沟

2.适用范围

这种新型畜禽舍适用于种鸡、蛋鸡、肉鸡、火鸡、肉猪、肉牛等多种畜禽饲养。新型材料做成的组装式畜禽舍,结构简单,工期短,资金周转快;同时,组装式畜禽舍的通风、照明、温度调节皆可利用外界的自然能源,可根据外界情况取利避弊,便于舍内小气候控制,增强了市场竞争力。

第三节 改善和控制舍内环境卫生的措施

畜禽舍环境的改善和控制是为了给畜禽创造适宜的环境条件,以提高生产效率,提高经济效益。因此,在实际生产中,舍内环境的调控措施和手段必须结合当地的条件,借鉴国内外先进的科学技术,采用较适宜的环境调控措施,改善舍内小气候,同时配合日常精心的环境管理,才能取得满意效果。

一、采光控制

光照是影响畜禽生产力和健康的重要环境因素之一,影响舍内光照强度和时间的主要因素有畜禽舍的朝向和采光的方式。

(一)畜禽舍的朝向

畜禽舍的朝向与接受日照、改善舍内温度、通风具有重要关系。适宜的朝向一方面要考虑合理利用太阳辐射能,避免夏季过多的太阳光进入舍内以便于防暑,而冬季最大限度地允许太阳辐射能进入舍内以提高舍温;另一方面合理利用主导风向,改善通风条件,以获得良好的畜禽舍环境。

1. 南北朝向

指畜禽舍的纵轴与当地子午线垂直布置的朝向，呈东西延长形式（图 4-19）。南向畜禽舍适用于我国大部分地区，尤其是寒冷地区和寒冷季节，为了充分利用阳光，提高舍温，在冬季太阳高度角小的条件下，阳光射入舍内较深，接受太阳辐射热和紫外线较多，有防寒作用，改善了舍内小气候状况。而夏季，由于太阳高度角大，阳光射入舍内少，舍内接受太阳辐射热少，舍内较凉快（图 4-20），有防热作用。这种朝向容易达到冬暖夏凉的要求。

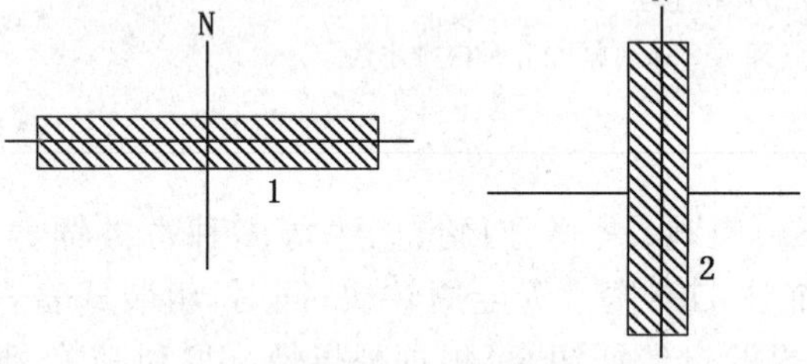

图 4-19 畜禽舍朝向

1. 南北朝向 2. 东西朝向

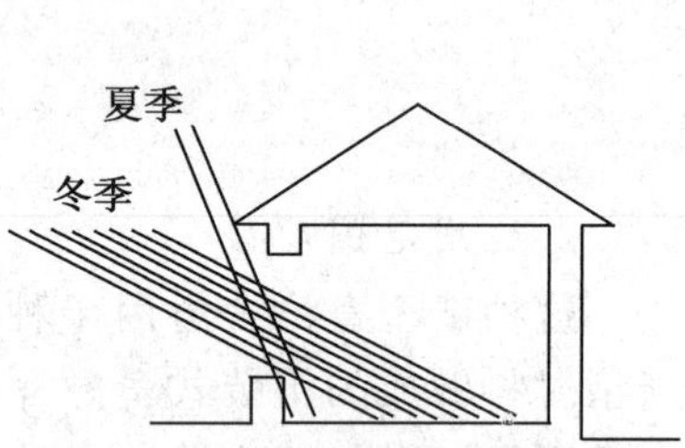

图 4-20 南向畜禽舍夏季和冬季光照情况

2. 东西朝向

指畜禽舍的纵轴与当地子午线相一致布置的朝向，呈南北延长形式（图 4-19）。

这种朝向，东西两侧墙面接受日照情况相同，虽然冬至日舍内能够得到 1～3 h 的日照，但在冬季的正午前后，由于冬季太阳高度角较小，太阳辐射较强的光照进入不了舍内深处，所以舍内显得阴暗寒冷；夏季由于光照时间长，东西两面进入舍内的太阳辐射深而时间长，尤其西晒面会造成舍内温度过高。因此，此种朝向我国南北方均不宜采用。

3. 畜禽舍朝向与光照

光照是促进畜禽正常生长、发育、繁殖等不可缺少的环境因子。自然光照的合理利用，不仅可以改善舍内光温条件，还可起到很好的杀菌作用，利于舍内小气候环境的净化。我国地处北纬 20°～50°，太阳高度角冬季小、夏季大，为了确保冬季舍内获得较多的太阳辐射热，防止夏季太阳过多照射，畜禽舍宜采用南向或南偏东或偏西一定角度（一般偏转 10°～30°）较为合适。

4. 朝向与通风

我国地理位置跨度较大，地处亚洲东南季风区，夏季盛行东南风，冬季多东北风或西北风。因此,选择朝向,在考虑日照的同时,还要注意本地区的主导风向,主风向直接影响冬季畜禽舍的热量损耗和夏季舍内的自然通风。从长期的生产实践经验来看,在保证舍内足够日照和避开当地冬季主风向(若冬季主风向与畜禽舍纵墙垂直,则会使畜禽舍的热损耗最大),夏季避免西晒和有利于自然通风考虑,畜禽舍朝向要求综合考虑当地的气象、地形等特点,来合理确定。

(二)采光方法

为了舍内得到适当的光照,畜禽舍采光分为自然采光和人工照明两种,以太阳为光源,通过畜舍门窗或其他透光构件使太阳的直射光或散射光进入畜舍,称为自然采光。以白炽灯、荧光灯等人工光源进行畜舍采光,称为人工照明。开放舍和半开放舍,墙壁有很大的开露部分,主要借助自然光照。有窗畜禽舍主要靠自然采光,不足时人工补充。而封闭舍、无窗畜禽舍应设置人工照明制度,以满足畜禽生产对光照的要求。

1. 自然采光

自然采光取决于通过畜禽舍开露部分或窗户进入的太阳直射光和散射光的量,而进入舍内的光量与畜禽舍的朝向、采光系数、入射角、透光角、舍内舍外情况等诸多因素有关。

(1)采光系数　采光系数是指窗户的有效采光面积(即窗户玻璃的总面积,不包含窗棂)与舍内地面面积之比,通常用 $1:X$ 表示,也可用下面公式:

$$采光系数=窗户有效采光面积/畜禽舍地面面积$$

采光系数因畜禽的种类而不同,各种畜禽舍的采光系数(表 4-7)。根据采光系数(K)可计算畜禽舍窗口面积:

表 4-7　不同畜禽舍的采光系数

畜禽舍种类	采光系数	畜禽舍种类	采光系数
奶牛舍	1∶12	种猪舍	1∶(10～12)
肉牛舍	1∶16	肥猪舍	1∶(12～15)
犊牛舍	1∶(10～14)	成年绵羊舍	1∶(15～25)
种公马厩	1∶(10～12)	羔羊舍	1∶(15～20)
母马及幼马厩	1∶10	成禽舍	1∶(10～12)
役马厩	1∶15	雏禽舍	1∶(7～9)

$$A=\frac{K\cdot F_{\mathrm{d}}}{\tau}$$

式中：A 为采光窗口的有效总面积(m^2)；K 为采光系数，以小数表示，可查表；F_d 为舍内地面积(m^2)；τ 为窗扇遮挡系数，单层金属窗为 0.80，双层金属窗为 0.65；单层木窗为 0.70，双层木窗为 0.50。

为使采光均匀，在窗户面积一定时，可适当增加窗户的数量以改善舍内光照的均匀度，按采光系数确定的窗面积仅为满足采光要求，若不能满足夏季通风要求，需酌情考虑。

(2)入射角　指畜禽舍地面中央一点到窗户上缘(或屋檐下端)所引的直线与地面水平线之间的夹角∠BAD(图 4-21)。入射角越大，越有利于采光。为保证舍内得到适宜的光照，入射角应不小于 25°。

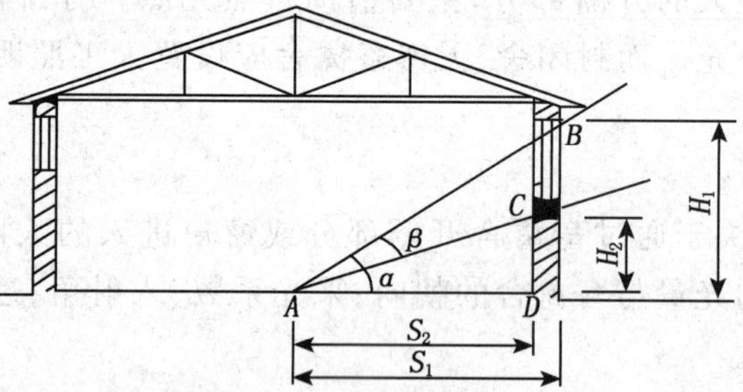

图 4-21　窗口入射角和透光角

从防暑和防寒方面考虑，我国大部分地区夏季都不应有直射光线进入舍内，而冬季则希望阳光尽可能多的照射到畜床上。为了达到这种要求，可通过合理的设计窗户的大小和高度，即当窗户上缘外侧(或屋檐)与窗户内厕所引直线同地面之间的夹角小于当地夏至日的太阳高度角时，就可防止夏至前后太阳直射光进入舍内；当畜床后缘与窗户上缘(或屋檐)所引直线同地面之间的夹角大于当地冬至日的太阳高度角时，就可使冬至前后太阳光线进入舍内，直射到畜床上(图 4-22)。

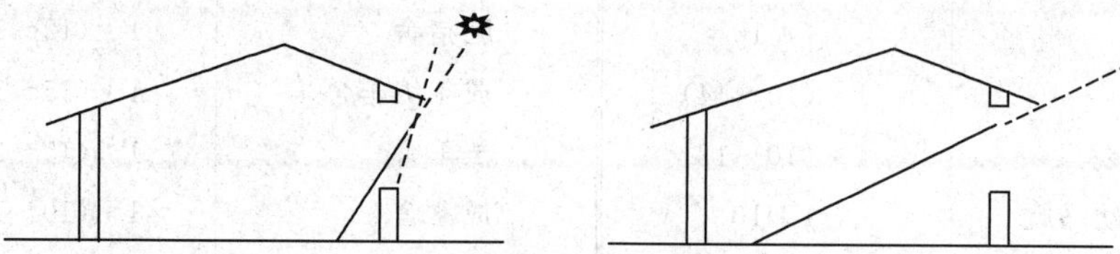
图 4-22　根据太阳高度角设计窗户上缘的高

太阳高度角计算公式：

$$h=90°-\varphi+\sigma$$

式中：h 为太阳高度角；φ 为当地的纬度；σ 为赤纬（夏至时为 23°27′，冬至时为 −23°27′，春分和秋分时为 0°）。

以锦州为例：锦州地处北纬 41°09′，求夏至和冬至的太阳高度角。

$$h=90°-41°09'+23°27'=72°18'（夏至）$$
$$h=90°-41°09'-23°27'=25°24'（冬至）$$

(3)透光角　又叫开角，即畜禽舍地面中央一点向窗户上缘（或屋檐）外侧和下缘内侧引两条直线所形成的夹角∠BAC。透光角越大，越有利于采光，为保证舍内适宜的照度，透光角一般不应小于 5°。

根据畜禽舍窗口的入射角和透光角，对冬季直射阳光无照射位置要求时，可按入射角和透光角来计算窗口上、下缘的高度。窗口上、下缘至地面的高度 H_1 和 H_2 分别为：

$$H_1=\mathrm{tg}\alpha\cdot S_1 \qquad H_2=\mathrm{tg}(\alpha-\beta)\cdot S_2$$

式中：H_1、H_2 为分别为窗口上、下缘至舍内地平面的高度(m)；S_1、S_2 分别为畜禽舍中央一点至墙外皮和墙内皮的水平距离(m)。

为增大透光角，可以增大屋缘与窗户上缘的高度，以及降低窗台的高度等，但是，窗台高度过低，会使阳光直射于畜禽头部，不利于畜禽健康，尤其是马属动物，所以，马舍窗台高度以 1.6～2.0 m 为宜，其他畜禽以 1.2 m 为宜。

(4)窗的数量、形状和布置也关系到采光和通风的均匀程度　在窗面积一定时，根据当地气候确定南北窗面积比例，然后考虑光照均匀和畜禽舍结构对窗间距的要求。炎热地区南北窗面积之比可为(1～2)∶1，夏热冬冷和寒冷地区可为(2～4)∶1。窗的形状可采用宽度大而高度小的“卧式窗”；或高度大而宽度小的“立式窗”；或方形窗等。从采光效果看，立式窗户比卧式窗户为好，但立式窗户散热较多，不利于冬季保温，所以在寒冷地区，南窗设立式窗户，北侧墙设卧式窗为好。采用方形窗光照、通风介于立式窗和卧式窗之间。设计时应根据畜禽对采光、通风及畜禽舍跨度大小，参照标准图集酌情确定。

例：北方某猪场猪舍 16 间，间距为 3 m，净跨度为 4.56 m，窗上下缘距舍内地平面分别为 1.95 m 和 0.75 m(图 4-23)，设计该哺乳育成猪舍南北窗的面积、数量和布置。

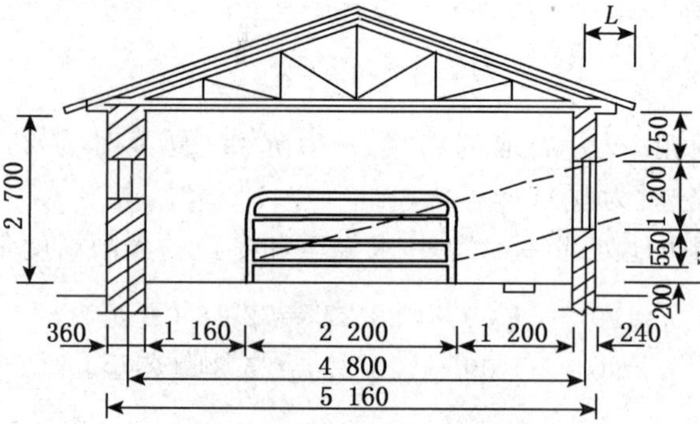

图 4-23　猪舍剖面图(单位:cm)

H_1、H_2:室内地平至南窗上下缘的高度　L:出檐长度

解:(1)据已知条件,该舍每间面积为 13.68 m^2;查表知其采光系数标准为 1/12～1/10,可取 1/10,如采用单层木窗,遮挡系数为 0.7,则可知每间所需窗口面积为:

$$A=\frac{0.1\times 13.68}{0.7}=1.954$$

(2)考虑到哺乳母猪舍需注意防寒和北方冬冷夏热的特点,北窗面积可占南窗的 1/4,则每间猪舍北窗面积为 2.0÷5 = 0.4 (m^2),南窗面积为 0.40×4 = 1.60 (m^2)。

(3)南窗上、下缘高度可知窗台高 1.2 m,由此得南窗宽度应为 1.6÷1.2=1.33 (m),取 1.5 m,窗间墙宽度为 3.0－1.5=1.5 (m),考虑光照和通风均匀,可每间设高 1.2 m,宽 0.8 m 的立式窗 2 樘,则窗间墙宽度减为 0.7 m,两南窗面积为 1.2 m×0.8 m×2=1.92 m^2,稍大于计算面积 1.6 m^2,符合要求。北窗设高 0.6 m,宽 0.9 m 的窗 1 个,面积为 0.54 m^2,稍大于计算值 0.4 m^2,上、下缘高可分别为 1.95 m 和 1.35 m。

2.人工照明

人工照明是在畜禽舍内安装光源进行照明,不仅应用于密闭式畜禽舍,也可用于自然采光的畜禽舍作为补充。其优点是可以人工控制,受外界因素影响小,并且照度比较均匀,但造价大,投资多。

(1)光源

①灯具的种类:主要有白炽灯与荧光灯(日光灯)两种。荧光灯比白炽灯节约电能,光线比较柔和,不刺眼睛,在一定温度下(21.0～26.7℃)荧光灯的光照效率

最高(表 4-8);但存在设备投资较大,温度低时不易启亮等缺点。

表 4-8 每平方米舍内面积 1 W 光源可提供的照度 lx

光源种类	荧光灯	白炽灯	卤钨灯	自镇流高压水银灯
1 W 光源可提供的照度	12.0～17.0	3.5～5.0	5.0～7.0	8.0～10.0

②灯具的分布:为使舍内的照度比较均匀,应适当降低每个灯的瓦数,而增加灯具的数量。鸡舍内安白炽灯时,以 25～40 W 为宜,不可过大。灯距为灯高的 1.5 倍,近墙的灯距为内部灯距的一半;两排以上应左右交替排列,笼养家禽时,灯具除左右交错排列外,还应上下交错排列来保证底层笼具的光照强度,也可以设地灯保证底层的光照。

灯的高度影响地面的光照强度,为使地面获得 10.76 lx 照度,白炽灯安装高度按(表 4-9)设置。

表 4-9 白炽灯安装高度 m

设置灯罩情况	白炽灯功率/W					
	15	25	40	60	75	100
有灯罩	1.0	1.4	2.0	3.1	3.2	4.1
无灯罩	0.7	0.9	1.4	2.1	2.3	2.9

通常灯高为 2.0 m、灯距为 3.0 m 左右,每 0.37 m^2 鸡舍 1 W 或每平方米鸡舍 2.7 W,可获得相当于 10.76 lx 的照度。多层笼养鸡舍为使底层有足够的照度,设计时,照度应适当提高一些,一般为 3.3～3.5 W/m^2。

(2)光照时间和光照强度　各种畜禽舍人工光照标准参照(表 4-10)。

(3)卫生要求

①光照度要足够　应满足畜、禽最低照度的要求。蛋鸡、种鸡舍 10 lx,肉鸡、雏鸡 5 lx,其他畜禽为便于人的工作考虑,地面照度以 10 lx 为宜。

②保持灯泡清洁　脏灯泡发出的光比干净灯泡减少 1/3,因此,要定期对灯泡进行擦拭。同时,设置灯罩不仅保持灯泡表面的清洁,还可提高光照强度,使光照强度增加 50%。一般采用平形或伞形灯罩,避免使用上部敞开的圆锥形灯罩,因为其将光线局限在太小范围内,反光效果差。

③照度要均匀　鸡舍内设置灯泡功率不可过大,应以 25～40 W 的白炽灯或 8～18 W 的节能灯为宜;灯距要合理。

表 4-10 畜禽舍人工光照标准(供参考)

畜舍	光照时间/h	照度/lx	
		荧光灯	白炽灯
牛舍			
乳牛舍、种公牛舍、后备牛舍饲喂处	16～18	75	30
休息处或单栏、单元内产间		50	20
卫生工作间		75	30
产房		150	100
犊牛室		100	50
带犊母牛的单栏或隔间		75	30
青年牛舍(单间或饲群栏)		50	20
肥育牛舍(单间或饲群栏)		50	20
饲喂场或运动场	14～18	5	5
挤奶厅、乳品间、洗涤间、化验室	6～8	150	100
猪舍			
种公猪、母猪、断奶仔猪、育成猪舍	14～18	75	30
肥猪舍			
瘦肉型猪舍	8～12	50	20
脂肪型猪舍	5～6	50	20
羊舍			
公羊舍、母羊舍、断奶羔羊舍	8～10	75	30
育肥羊舍		50	20
产房及暖圈	16～18	100	50
剪毛站及公羊舍内调教场		200	150
鸡舍			
0～3 日龄	23	50	30
4～19 日龄	23 渐减或突减为 8～9		5
成鸡舍	14～16		10
肉用仔鸡舍	6～7		0～3 日龄为 20,以后减为 5～10
兔舍及皮毛兽舍			
封闭式兔舍、各种皮毛兽笼、棚舍	16～18	75	50
幼兽棚舍	16～18	10	10
毛长成的商品兽棚	6～7		
马舍			
种马舍、幼驹舍		75	30
役用马舍		50	20

④其他要求 灯具不可使用软线悬吊，以防被风吹动，使鸡受惊；设置可调变压器，使电灯在开、关时有渐亮、渐暗的过程。

(4)人工光照制度 主要应用于家禽生产，现代鸡场光照已成为必要的管理措施，种鸡和蛋鸡基本相同，而肉用仔鸡则自成一套。

①种鸡和蛋鸡的光照制度 控制光照的目的是使鸡适时的性成熟，其方法主要有两种。A. 渐减渐增法：即在育雏和育成期间逐渐减少每天的光照时数，减少至 8～9 h/d 为止，这样有利于鸡的生长发育，可以使母鸡适时开产，在产蛋前期开始逐渐增加每天的光照时数，直至增加到 16～17 h/d 并保持恒定，开产后保证一定的光照时间和光照强度能使鸡群的产蛋率持续上升，很快进入产蛋高峰，并且能提高初产蛋重。B. 恒定法：除育雏第 1 周光照时间较长之外，通过短期过渡，使其他育雏和育成期间每天的光照时数为 8～9 h/d，并恒定不变。然后，在产蛋前期开始逐渐增加光照时数，直至增加到 16～17 h/d 并保持恒定。此法操作简单，易于人工控制光照，在生产中可收到较好的效果，适用于无窗鸡舍。

②肉用仔鸡的光照制度 光照的目的是提供采食时间，促进生长，但光照强度不可太强，采用弱光可降低鸡的兴奋性，使鸡经常保持安静的状态，这对肉鸡增重是很有益的。世界肉鸡生产创造的最好成绩，就是在弱光照制度下取得的。其光照制度可分为连续光照制度和间歇光照制度。A. 连续光照制度：即进雏后 1～2 d 内通宵照明，3 日龄至上市出栏，每天采用 23 h 光照，1 h 黑暗。生产中也有的肉仔鸡场鉴于饲养中后期的仔鸡已熟悉环境(如采食、饮水位置)，为节约电能和降低鸡的兴奋性，夜间不再开灯。B. 间歇光照制度：既雏鸡幼雏期间给予连续光照，然后变为 5 h 光照，1 h 黑暗，再过渡到 3 h 光照，1 h 黑暗，最后变为 1 h 光照，3 h 黑暗并反复进行。肉用仔鸡采用间歇光照方法，能提高饲料的利用率、增重速度快，可节约大量的电能。

在畜牧生产中，光照制度应根据各种畜禽对光照时间、强度、明暗变化规律的要求，以及采用的畜禽舍形式受自然条件影响因素而制定，并可以按程序进行自动控制。

技能训练 畜禽舍采光的测定和人工照明的方案设计

【目的要求】

通过实训，掌握畜禽舍采光的测定和计算方法，并能作出正确评价；了解人工照明中灯具的种类、作用，掌握灯具安装的方法，从而为畜禽舍环境卫生评定和养鸡生产奠定基础。

【材料器具】

卷尺、照度计、函数表、灯具、电线、开关等。

【内容方法】

(一)操作方法

1. 采光系数的测定

有效采光面积的测定法：先计算畜禽舍窗户玻璃数，然后测量每块玻璃的面积。畜禽舍的地面面积包括除粪道及喂饲道的面积。

例：容纳 20 头奶牛舍面积为 15×8＝120 (m^2)，舍窗户总的有效面积为 0.2×6×10＝12 (m^2)。

该畜禽舍采光系数为 12∶120 ＝ 1∶10。

2. 入射角和透光角的测定

如图 4-24 所示，A 是窗户上缘，B 是畜禽舍地面中央的一点，C 是墙壁与地面的交点，D 是窗台。$\angle ABC$ 是入射角，$\angle ABD$ 是透光角。

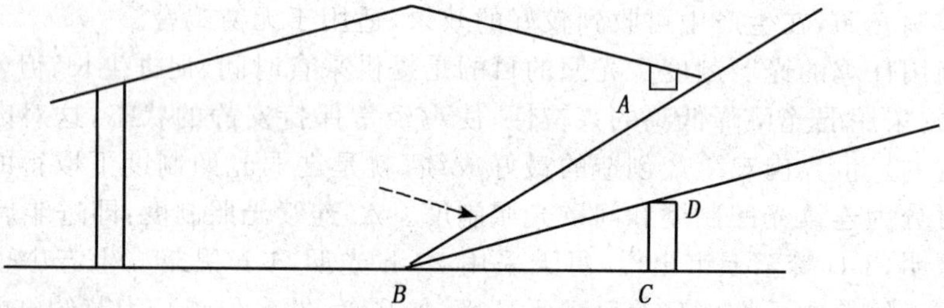

图 4-24 入射角($\angle ABC$)、透光角($\angle ABD$)示意图

3. 照度的测定

(1)使用前检查量程开关，使其处于“关”的位置。

(2)将光电探头的插头插入仪器的插孔中。

(3)调零　依次按下电源键、照度键、量程键。若显示窗不是 0，应进行调零，关闭量程键。

(4)测量　取下光电头上的保护罩，将光电头置于测点的平面上。将量程开关由“关”的位置依次由高文件拨至低档处进行测定。

(5)测量时，为避免光引起光电疲劳和损坏仪表，选择相应的档次进行观测。

(6)测量完毕，将量程开关恢复到“关”的位置，并将保护罩盖在光电头紧靠墙壁，距 0.1 m 以上。

4. 人工照明方案设计

(1)鸡舍内光照灯具的选择

①白炽灯　人们俗称灯泡，是一种价廉、方便的光源，但发光效率低、寿命短。

②荧光灯　人们俗称日光灯，它由镇流器、启辉器、荧光灯管等组成，荧光灯发光效率高、省电、寿命长、光色好，但价格较贵。

③节能灯　节能灯可节省 75％的电费，寿命较长，一般国产节能灯的寿命为 4 000 h 左右，很适用于养殖场使用。

(2)光照卫生要求　产蛋鸡舍的光照强度为 10～15 lx。通常在灯高为 2 m、灯距为 3 m 左右时，每平方米的平养鸡舍获 2.7 W 或笼养鸡舍获得 3.3 W 即可得到相当于 10 lx 的照度。

(3)灯具安装方法

①灯具数量计算

$$N=\frac{S\times R}{W}$$

式中：N 为灯具数量(个)；S 为鸡舍地面面积(m^2)；R 为每平方米地面应获得的灯具瓦数(W/m^2)；W 为 1 盏灯具的瓦数(W)。

②灯具的安装　A. 灯具安装的列数为鸡笼具列数＋1。B. 灯具下线的位置应上下左右交错排列。双列鸡舍灯具安装见图 4-25。C. 灯泡距离应为灯泡高度的 1.5 倍，靠墙的灯泡与墙体距离应为灯泡间距的一半。D. 所安装的白炽灯以

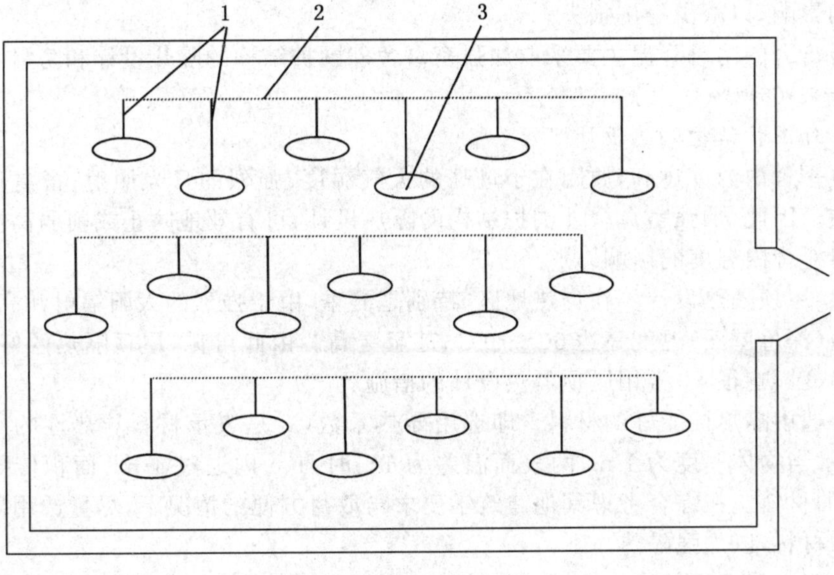

图 4-25　灯具线路上下左右交错示意图

1. 上下交错的灯线　2. 与鸡笼平行走向(棚上)的电线　3. 灯具

25 W 或 40 W 为宜，节能灯以 11 W 或 18 W 为宜。E. 按灯线列数分别设置开关。F. 安装伞形或平形灯罩，可使光照强度增加 50%左右。G. 设置光控仪，使电灯在开关有渐亮渐暗的过程，畜禽能适应。H. 电线总开关设置为漏电离合式开关，以保证用电的安全。

【作业习题】

任选一畜禽舍测定采光系数、入射角、透光角和光照强度。

二、畜禽舍温度控制

舍温直接影响畜禽的健康和生产力，目前，在畜牧业生产中已把舍温控制作为有效利用饲料、最大限度地获得畜产品的手段之一。畜舍温度很大程度上取决于畜舍的建筑形式，因此，修建保温隔热畜禽舍，是防寒和防暑的根本途径，也是畜牧业生产现代化的重要标志。

(一)畜禽舍防暑降温措施

从生理上看，畜禽一般较耐寒而怕热，高温对畜禽的健康和生产力产生负面影响，而且危害比低温还大。所以，应采取有效措施，做好防暑降温工作，缓和高温对畜禽的影响，以减少经济损失。

畜禽舍的防暑降温主要采取加强畜禽舍外围护结构的隔热设计和防暑和降温等措施来实现。

1. 外围护结构隔热设计

夏季舍内温度过高，原因在于过高的大气温度、强烈的日光照射、畜禽自身产生的热。因此，加强畜禽舍外围护结构的隔热设计，可有效地防止或削弱高温与太阳辐射对舍内温度的影响。

(1)屋顶隔热设计　在炎热地区，特别是夏季，由于强烈的太阳辐射和高温，可使屋面(深色屋面)温度高达 60～70℃，甚至更高。由此可见，屋顶隔热的好坏，对舍内温度影响很大，常用屋顶隔热设计的措施：

①选用隔热性能好的材料　即选用导热系数(λ：是表示材料导热性的一个指针，表示当物体厚度为 1 m，两表面温差为 1℃时，1 h 内通过 1 m^2 面积传导的热量)小的材料。在综合考虑其他建筑学要求与取材方便的情况下，尽量选用导热系数小的材料，以加强隔热。

②确定合理的结构　选用一种材料往往不能保证最有效的隔热，因此，从结构上综合几种材料的特点而形成较大的热阻而达到良好的隔热效果，充分利用几种材料合理确定多层结构屋顶，其原理是在屋顶的最下层铺设导热系数小的材料，其

上为蓄热系数比较大的材料，最上层为导热系数大的材料，采用此种结构，当屋顶受太阳辐射变热后，热量传到蓄热系数大的材料层而蓄积起来，在向下传导时，受到阻抑，从而缓和热量向舍内进一步传播，当夜晚来临时，被蓄积的热又可通过上层导热系数大的材料层迅速得以散失，这样白天可避免舍内温度升高而导致过热，但这种结构只适宜夏热冬暖地区，而在夏热冬寒地区，则将上层导热系数大的材料换成导热系数小的材料较为有利。

③增强屋顶反射　目的是为了减少太阳辐射热。舍外表面的颜色深浅和光滑程度，决定其对太阳辐射热的吸收与反射能力。色浅而平滑的表面对辐射热吸收少而反射多；反之则吸收多而反射少。若深黑色、粗糙的油毡屋顶，对太阳辐射热的吸收系数值为 0.86；若红瓦屋顶和水泥粉刷的浅灰色光平面均为 0.56；而白色石膏粉刷的光平面仅为 0.26。由此可见，采用浅色、光平面屋顶，可减少太阳辐射热向舍内的传递是有效的隔热措施。

④利用空气隔热　空气用于屋面的隔热时，通常采用通风屋顶来实现，通风屋顶是将屋顶设计成双层，靠中间层空气的流动而将顶层传入的热量带走，阻止热量传入舍内的屋顶形式。其特点是空气不断从入风口进入，穿过整个间层，再从排风口排出。在空气流动过程中，把屋顶空间由外面传入的热量带走，从而降低了温度，减少了辐射和对流传热，有效地提高了屋顶的隔热效果，见图 4-26。

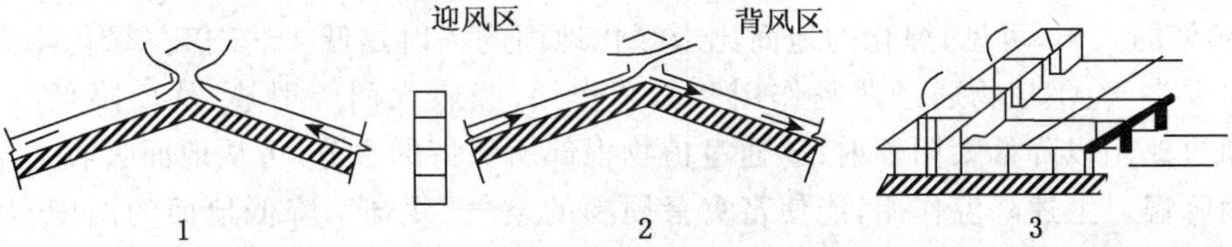

图 4-26　通风屋顶示意图

（李如治. 家畜环境卫生学. 2003）

1. 热压通风　2. 风压通风　3. 平顶通风

为使通风间层隔热性能良好，要注意合理设计间层的高度和通风口的位置。对于夏热冬暖地区，为了通风畅通，可适当扩大间层的高度。一般坡屋顶高度为 120～200 mm，平屋顶为 200 mm 左右；在夏热冬寒的北方，间层高度不宜太大，常设置在 100 mm 左右，并要求间层的基层能满足冬季热阻。为了有效地保证冬季屋顶的保温，冬季可将山墙风口封闭，以利于顶棚保温。

(2)墙壁隔热设计　炎热地区多采用开敞舍或半开敞舍，在这种情况下，墙壁的隔热没有实际意义。但在夏热冬寒地区，在设计畜禽舍墙壁时，须兼顾冬季保温，因此，墙壁必须具备适宜的隔热要求，既有利于保温，又有利于夏季防暑。

目前用新型材料设计的组装式畜禽舍，冬季为加强防寒，改装成保温型的封闭舍，夏季则拆去部分构件，成为半开放式舍，是冬、夏季两用且比较理想的畜禽舍，但使用的材料要求高，造价高。对于炎热地区大型封闭式畜禽舍的墙壁，则应按屋顶的隔热原则进行合理设计，尽量减少太阳辐射。

2.遮阳与绿化

(1)畜禽舍遮阳　遮阳是指阻挡太阳光线直接进入舍内的措施，通过遮阳可使在不同方向上通过外围结构传入舍内的热量减少17%～35%。畜禽舍遮阳常采用的方法是：

①挡板遮阳　指阻挡正射到窗口处的阳光的一种方法，适于东向、南向和接近此朝向的窗户。

②水平遮阳　指阻挡从窗口上方射来的阳光的方法，适于南向和接近此朝向的窗户。

③综合式遮阳　利用水平挡板、垂直挡板阻挡由窗户上方射来的阳光和由窗户两侧射来的阳光的方法，适于南向、东南向及接近此朝向窗口。此外，可以通过加长挑檐、搭凉棚、挂草帘等措施达到遮阳的目的。

(2)绿化防暑　绿化不仅起遮阳作用，对缓和太阳辐射、降低舍外空气温度也具有一定的作用。茂盛的树木能挡住50%～90%的太阳辐射热，草地上的草可遮挡80%的太阳，可见，绿化的地面比未绿化地面的辐射热低4～5倍。绿化降温作用主要在于：①植物通过蒸腾作用和光合作用，吸收太阳辐射热，从而降低气温；②通过遮阳以降低太阳辐射；③通过植物根部所保持的水分，可从地面吸收大量热能而降温。上述降温作用，能使畜禽舍周围的空气“冷却”，降低地面的温度，从而使辐射到外墙、屋顶和门、窗的热量减少，并通过树木的遮阳来阻挡阳光透入舍内而降低舍温。

此外，适当降低畜禽饲养密度也可缓和夏季舍内过热，具有防暑降温作用。虽然通过隔热、通风、遮阳及绿化等，在一定程度上能加快舍内热量的散发，使畜体散热过程变得容易些，但当气温过高时，往往达不到很好的降温目的。当大气气温接近畜禽体温时，为缓和热应激对畜禽健康和生产力的影响，还必须采取降温设备和可靠的降温措施。

3.降温方法

(1)喷雾降温　利用机械设备向舍内直接喷水或在进风口处降低温的水喷成雾状，借助汽化吸热效应而达到畜禽散热和畜禽舍降温作用。采取喷雾降温时，水温越低、空气越干燥，则降温效果越好。喷雾降温有以下优点：①投资低。②适用范围广，不仅适用于密闭式畜舍，也适用于开放式畜舍；既适合于机械负压通风，也适合于自然通风。③可添加消毒药物,对畜舍进行消毒。但是湿热天气和湿热地区不宜使用。因喷雾对畜禽体散热不利,同时还有利病原微生物的滋生与繁衍。

(2)喷淋降温 此种方法主要适用与猪、牛等畜禽舍在炎热条件下的降温。喷淋降温要求在舍内设喷头或钻孔水管,定时或不定时对畜禽进行淋浴。喷淋水温低,水可直接从畜体及舍内空气中吸收热量,同时,水分蒸发可加强畜体蒸发散热,并吸收空气中的热量,从而达到降温的目的。

喷淋降温与喷雾降温不同的在于不需要较高的压力,直接将喷头安装在自来水上,成本低易操作。生产中,使用喷淋降温系统一般都与机械通风相结合,可获得更好的降温效果。

(3)滴水降温 滴水降温与喷雾降温相似,只是将降温喷头换成滴水器。通常滴水器安装在畜禽肩颈部上方 300 mm 处。将滴水器水滴直接滴到畜禽的肩颈部,达到降温的目的。主要应用于分娩猪舍内,由于刚出生的仔猪不能淋水和仔猪保温箱需要防潮,采用喷淋降温不太适宜。而且母猪多采用定位饲养,其活动受到限制,因此可利用滴水为其降温。

滴水降温也应采用间歇进行方式。滴水时间可根据滴水器的流量调节,以即使猪颈肩部都湿润又不使水滴到地上为宜,比较适宜的时间间歇为 45～60 min。

(4)蒸发垫降温 又称湿帘或水帘通风系统。该装置主要部件由湿垫、风机、水循环系及控制系统组成。由水管不断向蒸发垫淋水,将蒸发垫置于机械通风的进风口,气流通过时,由于水分蒸发吸热,降低进入舍内的气流湿度,见图 4-27。

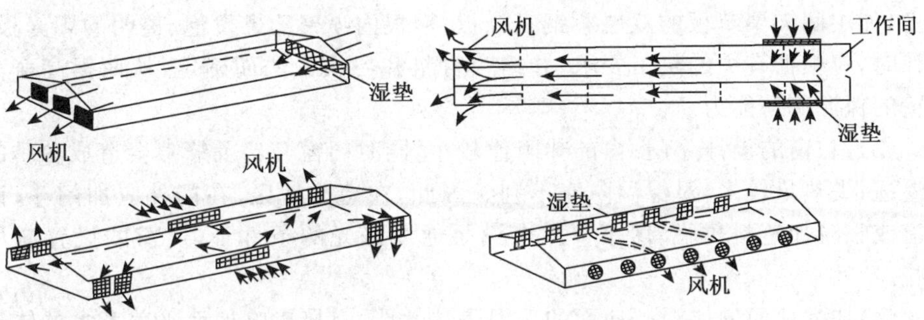

图 4-27 湿垫-降温系统的布置示意图

(5)冷风设备降温 冷风机是喷雾和冷风相结合的一种新设备。冷风机技术参数各生产厂家不同,一般通风量为 6 000～9 000 m^3/h,喷雾雾滴可在 30 μm 以下,喷雾量可达 0.15～0.2 m^3/h。舍内风速为 1.0 m/s 以上,降温范围长度为

15～18 m，宽度为 8～12 m。这种设备国内外均有生产，降温效果比较好，见图 4-28。

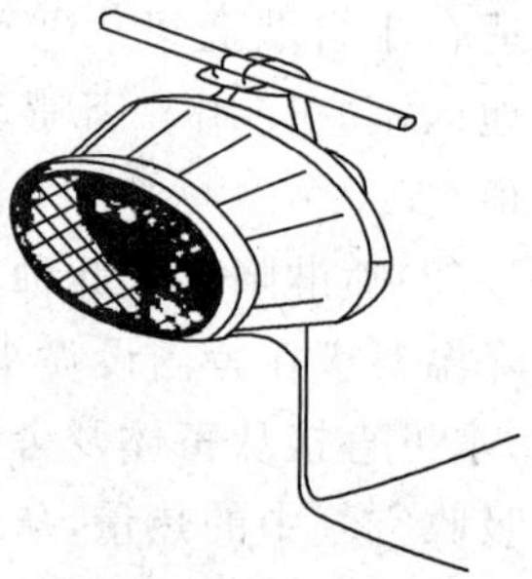

图 4-28 冷风机

（李如治. 家畜环境卫生学. 2003）

（二）防寒采暖措施

在我国东北、西北、华北等寒冷地区，由于冬季气温低，持续期长，对畜禽的生产影响很大，因此，必须采取有效地防寒保暖措施。主要包括外围护结构的保温设计、畜禽舍供暖和加强防寒管理等措施。

1. 外围护结构的保温设计

畜禽舍的保温设计，根据地区气候差异和畜禽种气候生理的要求，选择适当的建筑材料和合理的畜禽舍外围护结构，这是畜禽舍保温隔热的根本措施。

（1）选择有利保温的畜禽舍形式　设计畜禽舍形式应考虑当地冬季严寒程度和饲养畜禽的种类及饲养阶段。例如，严寒地区宜选择设计封闭式或无窗密闭畜禽舍，有利于保温和便于机械化操作。冬冷夏热地区，可选择开放式或半开发式畜禽舍，但在冬季，可搭设塑料薄膜使开露部分封闭或设塑料薄膜窗保温，加强畜禽舍的保温，以提高防寒能力。

（2）加强墙壁的保温隔热　墙壁是畜禽舍的主要外围护结构，失热量仅次于屋顶。因此，寒冷地区，必须加强墙壁的保温设计。墙壁的保温隔热能力，取决于所用建筑材料的性质和厚度。如选用空心砖代替普通红砖，墙的热阻值可提高 41%，而用加气混泥土块，则可提高 6 倍。一些新型保温材料已经应用于畜禽舍建筑上，如中间夹聚苯板的双层彩钢复合板、钢板内喷聚乙烯发泡、透明的阳光板等。设计时，应根据有关的热工要求，并结合材料和习惯做法而确定，从而提高畜禽舍墙壁的保温御寒能力。

（3）门、窗的设计　门、窗的热阻值较小，同时门窗开启及缝隙会造成冬季的冷风渗透，失热量较多，对保温防寒不利。因此，在寒冷地区，在门外应加门斗，设双层窗或临时加塑料薄膜、窗帘等。在满足通风采光的条件下，门窗的设置应尽量少些。

（4）加强地面的保温　地面的保温隔热性能，直接影响地面平养畜禽的体热调节，也关系到舍内热量的散失，因此地面的保温很重要。在生产中，应根据当地的条件尽可能采用有利于保温的地面。如在畜禽的畜床上加设木板或塑料垫等，以减缓地面散热。

2. 加强防寒管理

对畜禽的饲料管理及畜禽舍的维修保养与越冬准备，直接或间接地对畜禽舍的防寒保暖起到不可忽视的作用。加强防寒的措施主要是：

(1)适当加大饲养密度　在不影响饲养管理及舍内卫生的前提下，适当加大饲养密度，是一项行之有效的辅助性防寒保温的措施。

(2)控制气流防止贼风　加强畜禽舍结构的严密性，控制通风换气量，防止气流过大。

(3)控制湿度，保持空气干燥　在寒冷地区的冬季，应制定防潮措施，尽量避免舍内潮湿和水汽的产生，及时清除粪便和污水。

(4)使用垫料，改进冷地面的温热特性　垫料不仅具有保温吸湿、吸收有害气体、改善小气候环境，而且可保持畜禽清洁、健康，因而是一种简便易行的防寒措施。

(5)加强畜禽舍入冬前的维修与保养　如封闭部分门窗、设置挡风障及堵塞墙壁隙等。

上述防寒管理措施，可根据畜牧场的实际情况加以利用。此外，寒冷时调整日粮的营养浓度，尤其是日粮中的能量浓度，对畜禽抵抗寒冷也具有重要的意义。

3. 畜禽舍的采暖

采取各种防寒措施仍不能达要求时，需人工供暖。畜禽舍的采暖主要分为局部采暖和集中采暖。使用时应根据畜禽的生理需求，采暖设备投资、能源消耗等情况，综合考虑投入与产出的经济效益而定。

(1)局部采暖是在畜禽舍内单独安装供热设备，如电热器、保温伞、散热板、红外线灯和火炉等；在雏鸡舍常用煤炉、烟道、保温伞、电热育雏笼等设备供暖；在仔猪栏铺设红外线灯电热毯或仔猪栏上方悬挂红外线保温伞，使局部区域达到较高的温度，主要用于幼畜保温。

(2)集中式采暖是指集约化、规模化畜牧场，可采用一个集中的热源(锅炉房或其他热源)，将热水、蒸汽或预热后的空气，通过管道输送到舍内或舍内的散热器。近几年来，通风供暖设备的研制已有新的进展，热风炉、暖风机在寒冷地区已经推广使用，有效地解决了保温与通风的矛盾。

三、畜禽舍湿度控制

畜禽舍内有大量的排泄物及废水，这与畜禽舍湿度有密切的关系。因此，保证这些污物、脏水及时排出，是控制畜禽舍湿度的重要措施。

(一)排水系统

畜禽舍的排水系统性能不良，往往会给工作带来很大的不便，它不仅影响畜禽舍本身的清洁卫生，也可能造成舍内空气湿度过高。畜禽每天排出的粪尿量很大

(表4-11)。畜禽舍管理用水量也很多(表4-12),畜禽舍设置排水系统能及时地清除舍内污物、脏水,无论在冬季还是夏季舍内排水系统均是控制湿度的一个主要措施,畜禽舍的排水系统一般可分为传统式和漏缝地板式两种类型。

表4-11　畜禽粪尿产量

畜禽种类	产粪量/[kg/(头·d)]	产尿量/[kg/(头·d)]
乳牛	25	6
肉牛	15	4
猪	3	3
鸡	0.16	
肉仔鸡	0.05～0.06	

表4-12　畜禽污水排放量

畜禽种类	污水排放量/[kg/(头·d)]
成年牛	15～20
青年牛	7～9
犊牛	4～6
种公猪	5～9
带仔母猪	8～14
后备猪	2.5～4
育肥猪	3～9

1.传统式排水系统

传统式排水系统是依靠手工清理操作并借助粪水自然流动而将粪尿及污水排出的。传统式排水系统粪尿固体部分人工清理,液体部分自流的方式。一般由畜床、排尿沟、降口、地下排出管及粪水池组成。

(1)畜床　是畜禽在舍内采食、饮水及躺卧休息的地方,质地一般为水泥建造。为使尿水顺利排出,畜床向排尿沟方向应有适宜的坡度,一般牛舍为1%～1.5%,猪舍为3%～4%。

(2)排尿沟　尿沟形式很多,根据畜禽种类不同,可以适当选择(图4-29)。

①位置　对于牛舍、马舍来讲,对头式畜禽舍,一般设在畜床的后端,紧靠除粪道,与除粪道平行;对尾式畜禽舍,一般设在中央信道(除粪道)的两侧;对于猪舍、羊舍来讲,常将排尿沟设于中央信道的两侧。

②建筑要求　排尿沟一般有水泥砌成,要求其内表面光滑不渗水、便于清扫及

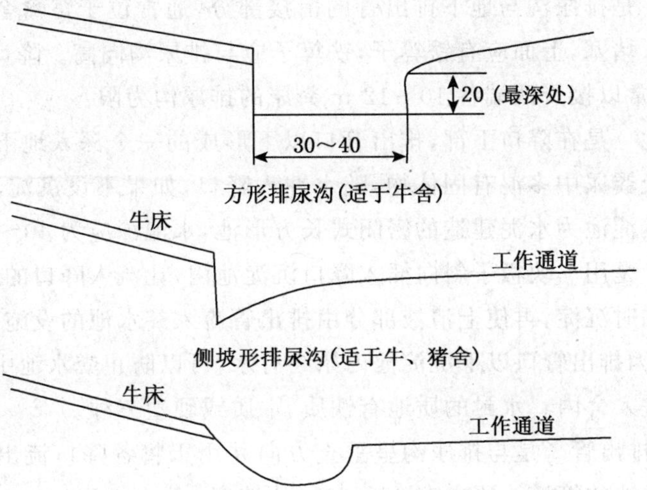

图 4-29 尿沟形式(cm)

消毒,形式为方形或半圆形的明沟,且朝降口方向有 1%～1.5%的坡度,沟的宽度和深度根据不同畜种而异,宽度一般为 15～30 cm,深度为 8～12 cm。牛舍沟宽为 30～50 cm;猪舍及犊牛舍沟宽为 13～15 cm。宽度和深度过大,易使畜禽肢蹄受伤或使孕畜流产。为防止发生这类事故,有的在排尿沟上设置栅状铁篦。

(3)降口(水漏)、沉淀和水封 见图 4-30。

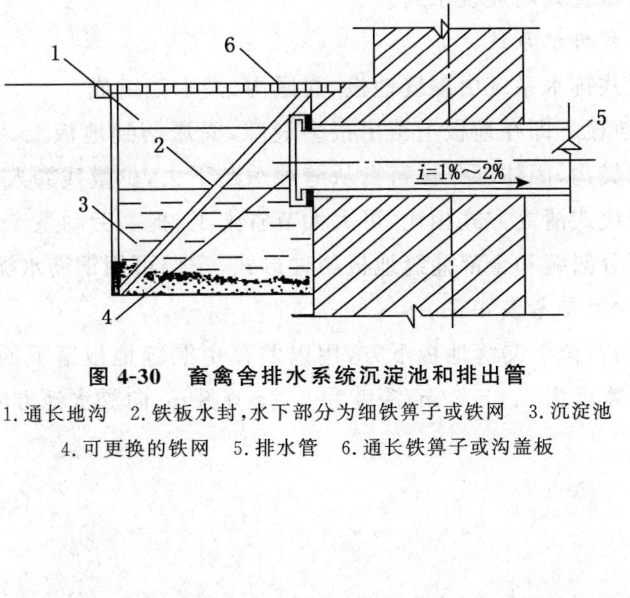

图 4-30 畜禽舍排水系统沉淀池和排出管

1.通长地沟 2.铁板水封,水下部分为细铁箅子或铁网 3.沉淀池
4.可更换的铁网 5.排水管 6.通长铁箅子或沟盖板

①降口　是排尿沟与地下排出管的衔接部分，通常位于畜禽舍的中段。为了防止粪草落入堵塞，上面应有铁箅子，铁箅子应与排尿沟同高。降口数量依排尿沟长度而定，通常以接受两端各 10～12 m 粪尿的排尿沟为限。

②沉淀池　是在降口下部，排出管口以下形成的一个深入地下的延伸部。因畜禽舍弃水及粪尿中多混有固体物，随水冲入降口，如果不设沉淀池，则易堵塞地下排出管。沉淀池为水泥建造的密闭式长方形池，水池深应为 40～50 cm。

③水封　是用一块板子斜向插入降口沉淀池内，让流入降口的粪水顺流下，先进入沉淀池临时沉淀，再使上清液部分由排出管流入粪水池的设施。同时，在降口内设水封，还因排出管口以下沉淀池内始终有水，可以防止粪水池中的臭气经地下排出管逆流进入舍内。水封的质地有铁质、木质或硬塑三种。

(4)地下排出管　是与排尿沟呈垂直方向并用于将各降口流出来的尿及污水导入舍外粪水池的管道。要求有 3%～5%的坡度，直径大于 15 cm，伸出到舍外的部分，应埋在冻土层以下。在寒冷地区，对排出管的舍外部分应采取防冻措施，以免管中液体结冰。如果地下排出管自畜禽舍外墙至粪水池的距离大于 5 cm 时，应在墙外设一个检查井，以便在管道堵塞时进行疏通，但需注意检查井的保温。

(5)粪水池　是贮积舍内排出的畜尿、污水的密闭式地下贮水池。一般设在舍外地势较低处，且在运动场及饲料调配室相反的一侧，距离舍外墙 5 m 以上。粪水池的容积和数量可根据舍内畜禽种类、头数、舍饲期长短及粪水存放时间而定。一般按贮积 20～30 d 容积 20～30 m^2 来修建。粪水池一定要离饮水井 100 m 以外。粪水池及检查井均应设水封。

2.缝地板式排水系统

漏缝地板式排水系统由漏缝地板、粪尿沟、粪水池组成。

(1)漏缝地板　即在地板上留出很多缝隙，粪尿落到地板上，液体部分从缝隙流入地板下的粪沟，固体部分被畜禽从缝隙踩踏下去，少量残粪人工用水略加冲洗清理。这与传统式清粪方式相比，可大大节省人工，提高劳动生产效率。畜禽舍漏缝地板分为部分漏缝和全部漏缝地板两种形式，它们可用钢筋水泥或金属、硬质塑料制作，其尺寸可参考表 4-13。

(2)粪尿沟　位于漏缝地板下方，用以贮存由漏缝地板落下的粪尿，随时或定期清除。一般宽度为 0.8～2 m，深度为 0.7～0.8 m，向粪水池方向具有 3%～5%的坡度。

表 4-13 各种畜禽的漏缝地板尺寸 mm

畜禽种类	畜禽年龄	缝隙宽	板条宽	备注
牛	10 d至4月龄	25～30	50	板条横断面为上宽下窄梯形,而缝隙是下宽上窄梯形;表中缝隙及板条宽度均指上宽,畜禽舍地面可分全漏缝或部分漏缝地板
	4～8月龄	35～40	80～100	
	9月龄以上	40～45	100～150	
猪	哺乳仔猪	10	40	
	育成猪	12	40～70	
	中猪	20	70～100	
	育肥猪	25	70～100	
	种猪	25	70～100	
羊		18～20	30～50	
种鸡		25	40	板条厚25 mm,距地面高0.6 m。板条占舍内地面的2/3,另1/3铺垫料

(二)畜禽舍的防潮管理

在生产实践中,防止舍内潮湿,特别冬季,是一个比较困难而又非常重要的问题,必须从多方面采取综合措施。

(1)科学选择场址,把畜禽舍修建在高燥地方。畜禽舍的墙基和地面应设防潮层,天棚和墙体要具有保温隔热能力并设置通风管道。

(2)对已建成的畜禽舍应待其充分干燥后再开始使用,同时,要加强畜禽舍保温,勿使舍温降至露点以下。

(3)在饲养管理过程中尽量减少舍内作业用水,并力求及时清除粪便,减少水分蒸发。

(4)合理使用饮水器,乳头式饮水器比槽式饮水器要好,若用槽式饮水器要注意槽的两端高度要相同,保证给水时不溢出。

(5)保持舍内通风良好。在保证温度的情况下尽力加强通风换气,及时将舍内过多的水汽排出。

(6)铺垫草可以吸收大量水分,是防止舍内潮湿的一项重要措施。

四、畜禽舍通风换气控制

畜禽舍通风换气是畜禽舍空气环境控制的一个主要方面。通风换气的作用有:①可使舍内温度符合畜禽要求,并使舍内温度分布均匀及缓和高温对畜禽的影响;②通过舍内外空气的气体交换,排出舍内过多的水汽,使相对湿度保持在适宜范围;③排除舍内的灰尘、微生物、二氧化碳、氨气、硫化氢等,改善舍内空气质量;④通过舍内外空气对流,保证畜禽体热平衡。

(一)通风换气量的确定

1.根据二氧化碳含量计算通风换气量

二氧化碳是畜禽营养物质代谢的尾产物,是舍内空气污浊程度的一种间接指标。因此,可以根据畜禽产生的二氧化碳量计算通风换气量。

用二氧化碳计算通风量的原理是:根据舍内畜禽产生的二氧化碳总量,求出每小时需由舍外导入多少新鲜空气,可将舍内聚积的二氧化碳冲淡至畜禽环境卫生学规定范围。

根据畜禽环境卫生的规定,舍内空气中允许含有二氧化碳的量为 1.5 L/m^3 (c_1),自然状态下大气中二氧化碳含量为 0.3 L/m^3(c_2)。亦即从舍外引入 1 m^3 空气然后又排出同样体积的舍内污浊空气时,可同时排出的二氧化碳量为 c_1-c_2,当已知舍内含有二氧化碳总量时,即可求得换气量。其公式为:

$$L=\frac{1.2\times mk}{c_1-c_2}$$

式中:L 为通风换气量(m^3/h);m 为舍内畜禽头数;k 为每头畜禽产生的二氧化碳量(L/h);c_1 为舍内二氧化碳的允许量(1.5 L/m^3);c_2 为舍外空气中二氧化碳含量(0.3 L/m^3);1.2 为附加系数,考虑舍内微生物的活动及其他来源产生的二氧化碳。

因 c_1-c_2 等于 1.2,属于固定值,故上面计算公式可简化为:

$$L=mk$$

根据二氧化碳算得的通风量,往往不足以排除舍内产生的水汽,故只适用于温暖、干燥地区。在潮湿地区,尤其是寒冷地区应根据水汽和热量来计算通风换气量。

2.根据水汽含量计算通风换气量

舍内畜禽通过呼吸和皮肤蒸发,时刻都在向舍内空间散发水汽,舍内潮湿物体也蒸发水汽。因此,可以根据畜禽产生的水汽量计算通风换气量。用水汽计算通风换气量的依据,就是通过由舍外导入比较干燥的新鲜空气,将舍内潮湿空气排出舍外。根据舍外空气中所含水分之差和舍内畜禽产生的水汽总量,计算排除舍内多余水汽所需的通风换气量。其公式为:

$$L=\frac{Q_1+Q_2}{q_1-q_2}$$

式中：L 为通风换气量(m^3/h)；Q_1 为畜禽在舍内产生的水汽总量(g/h)；Q_2 为潮湿物体蒸发的水汽量(g/h)；q_1 为舍内空气温度保持适宜范围时，所含的水汽量(g/m^3)；q_2 为舍外大气中所含的水汽量(g/m^3)。

由潮湿物体表面蒸发的水汽，按畜禽产生水汽总量的10%(猪舍按25%)计算。

生产应用时，对于群养畜禽来讲，用水汽算得的通风换气量往往大于用二氧化碳算得的量，故在潮湿、寒冷地区用水汽计算通风换气量较为合理。

3.根据热量计算通风换气量

畜禽在呼出二氧化碳、排出水汽的同时，还在不断的向外放散热能。因此，可根据热平衡法计算通风换气量。其原理为：在夏季为了防止舍温过高，必须通过通风将过多热量驱散；而在冬季如何有效地利用这些热能温热空气，保持在舍温不变的前提下，经通风使舍内产生的热量、水汽、有害气体、灰尘等排出。其公式为：

$$Q=\Delta t\left(L\times 0.24+\sum KF\right)+W$$

由上式导出：

$$L=\frac{Q-\sum KF\times\Delta t-W}{0.24\times\Delta t}$$

式中：L 为通风换气量(m^3/h)；Q 为畜禽产生的可感热(J/h)；Δt 为舍内外空气温差(℃)；0.24为空气的热容量[J/(m^3·℃)]；$\sum KF$ 为外围护结构散失的总热量[J/(m^3·℃)]；K 为外围护结构的总传热系数[J/(m^2·h·℃)]；F 为外围护结构的面积(m^2)；$\sum$ 为各外围护结构散失热量相加符号；W 为由地面及其他潮湿物体表面蒸发水分所消耗的热能，按畜禽总产热的10%(猪按25%)计算。

根据热量计算通风换气量，实际是根据舍内的余热计算通风换气量。这个通风换气量只能用于排除多余的热能，不能保证在冬季排除多余的水汽和污浊空气。故只能用于清洁干燥的畜禽舍。

4.根据通风换气参数计算通风换气量

根据通风换气参数，具有简便易行，应用广泛的特点。各种畜禽通风换气量技术参数见表4-14。

表 4-14　畜禽舍通风参数表

	畜禽舍	换气量/[m^3/(h·kg)]			换气量/[m^3/(h·头)]			气流速度/(m/s)		
		冬季	过渡季	夏季	冬季	过渡季	夏季	冬季	过渡季	夏季
牛舍	成年乳牛舍									
	拴系或散养	0.17	0.35	0.70				0.3～0.4	0.5	0.8～1.0
	散养、厚垫草	0.17	0.35	0.70				0.3～0.4	0.5	0.8～1.0
	产间	0.17	0.35	0.70				0.2	0.3	0.5
	0～20 日龄犊牛				20	30～40	80	0.1	0.2	3～0.5
预防室	20～60 日龄				20	40～50	100～120	0.1	0.2	0.3～0.5
	60～120 日龄				20～25	40～50	100～120	0.2	0.3	<1.0
	4～12 月龄幼牛舍				60	120	250	0.3	0.5	1.0～1.2
	1 岁以上青年牛舍	0.17	0.35	0.70				0.3	0.5	0.8～1.0
猪舍	空怀及妊娠前期母猪舍	0.35	0.45	0.60				0.3	0.3	<1.0
	种公猪舍	0.45	0.60	0.70				0.2	0.2	<1.0
	妊娠后期母猪舍	0.35	0.45	0.60				0.2	0.2	<1.0
	哺乳母猪舍	0.35	0.45	0.60				0.15	0.15	<0.4
	哺乳仔猪舍	0.35	0.45	0.60				0.15	0.15	<0.4
	后备猪舍	0.45	0.55	0.65				0.3	0.3	<1.0
	育肥猪舍									
	断奶仔猪	0.35	0.45	0.6				0.2	0.2	<0.6
	165 日龄前	0.35	0.45	0.6				0.2	0.2	<1.0
	165 日龄后	0.35	0.45	0.6				0.2	0.2	<1.0
羊舍	公羊舍、母羊舍、断奶后及去垫后的小羊舍				15	25	45	0.5	0.5	0.8
	产间暖棚				15	30	50	0.2	0.3	0.5
	公羊舍内的采精间				15	25	45	0.5	0.5	0.8

续表 4-14

畜禽舍		换气量/[m^3/(h·kg)]			换气量/[m^3/(h·头)]			气流速度/(m/s)		
		冬季	过渡季	夏季	冬季	过渡季	夏季	冬季	过渡季	夏季
禽舍	成年禽舍									
	蛋鸡舍(笼养)	0.70		4.0					0.3～0.6	
	肉鸡舍(地面平养)	0.75		5.0					0.3～0.6	
	火鸡舍	0.60		4.0					0.3～0.6	
	鸭舍	0.70		5.0					0.5～0.8	
	鹅舍	0.60		5.0					0.5～0.8	
	雏禽舍									
	蛋用雏鸡(周龄)									
	1～9	0.8～1.0		5.0					0.2～0.5	
	10～22	0.75		5.0					0.2～0.5	
	肉用雏鸡(周龄)									
	1～9	0.75～1.0		5.5					0.2～0.5	
	10～26	0.70		5.5					0.2～0.5	
	肉用仔鸡(周龄)									
	1～8(笼养)	0.70～1.0		5.0						
	1～9(地面平养)	0.70～1.0		5.0						
	雏火鸡、雏鸭									
	雏鹅(周龄)									
	1～9	0.65～1.0		5.0				0.2～0.5		
	9以上	0.60		5.0				0.2～0.5		

根据畜禽不同生长阶段的通风换气参数与饲养规模计算出通风换气量。其公式为：

$$L=KM+KM\times(10\%\sim15\%)$$

式中：L 为畜禽舍的通风换气量（m^3/h）；K 为通风参数[$m^3/(h\cdot 头)$]；M 为畜禽头数（头或只）；10%～15%为通风短路估测通风总量损失。

生产中，以夏季通风量为畜禽舍最大通风量，冬季通风量为畜禽最小通风量。采用自然通风时要以最小通风量（冬季通风换气参数）为依据确定通风面积；采用机械通风时，以最大通风量（夏季通风换气参数）来确定总的风机风量。

（二）自然通风

自然通风分无管道与有管道两种形式。无管道式自然通风是靠门、窗所进行通风换气，它只适用于温暖地区或寒冷地区的温暖季节。在寒冷地区的封闭舍中，由于门窗紧闭，需靠专门通风管道进行换气。这里着重介绍后者。

1. 自然通风原理

自然通风的动力为风压和热压。风压指大气流动（即刮风）时，作用于建筑物表面的压力；热压指空气温热不均而发生密度差异，产生的压差，见图 4-31。

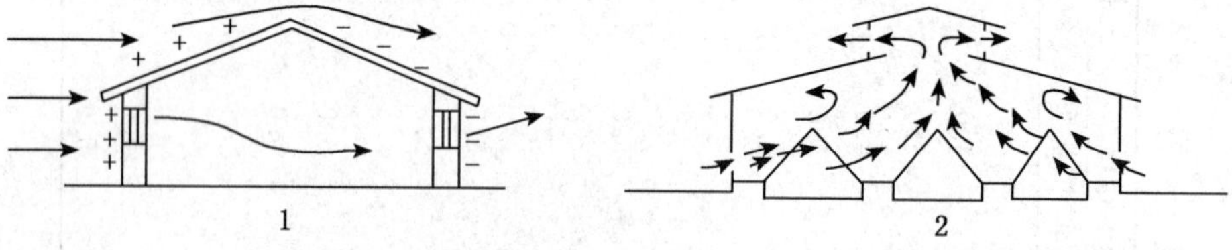

图 4-31 通风原理

1. 风压通风原理示意图 2. 热压通风原理示意图

（1）风压通风 其原理为：当外界有风时，畜禽舍的迎风面的气压将大于大气压，形成正压；而背风面的气压将小于大气压而形成负压，空气从正压区开口流入，从负压区开口流出，即形成风压通风。只要有风就有自然通风现象。风压通风量的大小取决于风和开窗面的夹角、风速、进风口和排风口的面积。

（2）热压通风 其原理为：舍内空气被畜禽、采暖设备等热源加热，膨胀变轻，热空气上升聚积于畜禽舍顶部或天棚附近而形成高压区，使畜禽舍上部气压大于舍外，这时如有缝隙或其他信道，空气就会排出舍外。热压通风量的大小取决于舍内外温差，进风口和排风口的面积、进风口和排风口中心的垂直距离。

2.自然通风设计

自然通风的类型分无管道式通风和有管道式通风，无管道式通风是利用门窗的开启进行通风的，而门窗的设计同前。有管道式通风通过设置的进气口和排气口进行通风的。因此，自然通风的设计主要指有管道式通风。

(1)设计原理　以热压通风来确定进气口、排气口的面积。

(2)面积确定

①排气口总面积　根据空气平衡方程 $L=3\ 600FV$，导出：

$$F=L\div 3\ 600V$$

式中：F 为排气口总面积(m^2)；L 为通风换气量(m^3/h)；V 为排气管中的风速(m/s)。

V 可用下列公式计算：

$$V=0.5\sqrt{\frac{2gh(t_n-t_w)}{273+t_w}}$$

式中：0.5 为排气管阻力系数；g 为重力加速度(9.8 m/s^2)；h 为进、排气口中心的垂直距离(m)；t_n 为舍内空气温度(℃)；t_w 为舍外空气温度(℃)(冬季最冷月平均气温)。

故将 g 值代入整理后可得热压通风量：

$$L=7\ 968.94F\sqrt{\frac{h(t_n-t_w)}{273+t_w}}$$

每个排气管的断面积一般用 50 cm×50 cm～70 cm×70 cm 的正方形。

②进气口的面积　理论上讲，排气口面积应与进气口面积相等，但通过门窗缝隙或畜禽舍孔洞以及门窗启闭时，会有一部分空气进入舍内，所以，进气口面积往往小于排气口面积。一般按排气口面积的 70%～75%设计。每个进气管面积常为 20 cm×20 cm～25 cm×25 cm 的正方形或矩形。

掌握进气口的面积在生产上便于计算与设计或评价已建成畜禽舍的通风量能否满足要求。

3.通风管的构造及安装

(1)进气管　用木版做成，断面呈正方形。均匀(一侧)或交错(两侧)安装在纵墙上，彼此间的距离为 2～4 m，墙外进气口向下弯有利于避免形成穿堂风或冬季冷空气直接吹向畜禽。进气口设有铁网，墙里侧设有调节板以控制风量大小。在温热地区，进气口设置在窗户的下侧，距墙基 10～15 cm 处，也可以用地角窗来代替。在寒冷的地区，进气口常设置在窗户的上侧，距屋檐 10～15 cm 处，也有的猪、禽舍将进气口设置成侧壁式，即进气口处为空心墙，墙内外分别上下交错开口，使冷空气流通时有个预热的过程。

(2)排气管　用木版做成，断面为正方形。常设置在屋脊正中或其两侧并交错，下端从天棚开始，紧贴天棚设有调节板以控制风量，上端突出屋脊 50～70 cm，排气管间的距离在 8～12 m，排气管顶部有风帽，防止降水或降雪落入舍内，风帽的形式有屋顶式(无百叶式)和百叶风帽。

北方地区，为防止水汽在排气管壁表面凝结，在总面积不变的情况下，适当扩大每个排气管的面积而减少排气管的个数，能使自然通风投入成本少但受自然风速影响大，只能用于小型养殖场。

(三)机械通风

机械通风又叫人工通风，与自然通风不同，不受气温和风压变动的影响。

1. 风机类型

(1)轴流式风机　这种风机吸入的气流和送出气流方向都与叶片轴平行。其特点是具有逆转性，可以改变气流方向，可以送风也可以排风。在养殖业中常用轴流式风机。

(2)离心式风机　这种风机是进入风机的气流与叶片轴平行，气流离开风机时方向与叶片轴垂直。其特点是不具有逆转性，压力较强，不可以改变气流方向。离心式风机在养殖业中不常用(图 4-32)。

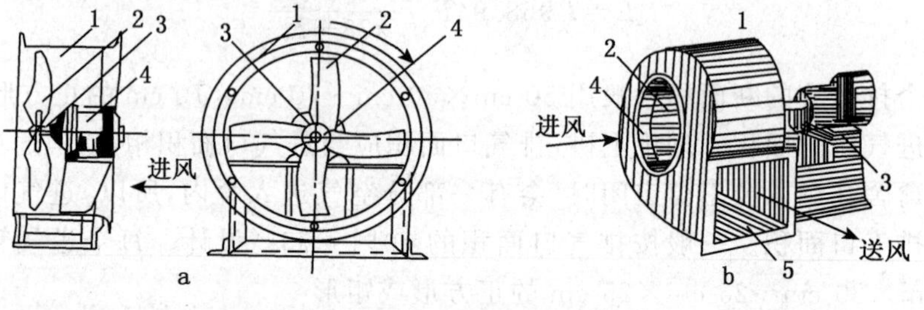

图 4-32　轴流式风机和离心式内机

a. 轴流式风机：1. 外壳　2. 叶片　3. 转动轴　4. 电动机

b. 离心式风机：1. 外壳　2. 工作轮　3. 机塞　4. 电动机　5. 出风口

2. 通风形式

(1)正压通风(也叫送风)　把风机安装在进气口，通过管道将舍外新鲜空气强制送入舍内，造成舍内气压高于舍外，舍内空气则由排风口自然流出的换气方式。正压通风可对空气进行加热、降温或净化处理，但不易消灭通风死角，设备投资也较大。可根据风机位置分侧壁送风、屋顶送风形式(图 4-33)。

(2)负压通风(也叫排风) 把风机安装在排气口处,将舍内空气抽出舍外,造成舍内气压低于舍外,舍外空气由进风口自然流入,是生产中常用的通风形式。负压通风投资少,效率高,但要求畜禽舍封闭程度好,否则气流难以分布均匀,易造成贼风。

根据风机的位置不同,将负压通风分为屋顶排风、侧壁排风和穿堂风式排风等三种形式(图 4-33)。

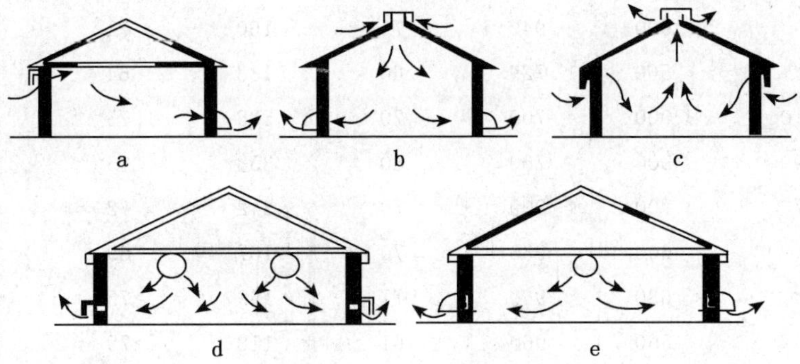

图 4-33 机械通风的主要形式

a. 负压通风(一侧排风,对侧进风) b. 负压通风(两侧排风,屋顶进风)
c. 负压通风(屋顶排风,两侧进风) d. 正压通风 e. 混合式通风

(3)联合通风(也叫混合式通风) 是进风口和排风口同时安装风机,同时可进风与排风,一般用于跨度很大的畜禽舍。风机安装形式,分为进气口设在下部和进气口设在上部两种形式(图 4-33)。

3. 机械通风设计

机械通风(特别是正压通风)计算和设计复杂,一般应由专业人员承担设计。负压通风设备简单,我国采用较多。

(1)确定负压通风的形式 当畜禽舍跨度为 8～12 m 时,可一侧墙壁排风,而由对侧墙壁进风(称穿堂风式排风);畜禽舍跨度大于 12 m 时,宜采用两侧墙壁排风、屋顶进风(称侧壁排风形式)和屋顶排风、两侧壁进风(称屋顶排风形式)。

(2)风机的选择 常用轴流式风机,特殊情况下用离心式风机;风机总功率等于实际通风量,计算时实际通风量是畜禽舍最大通风换气量加上 10%的风口阻耗。常用的风机型号参照表 4-15 选择。

表 4-15 畜禽舍常用风机主要性能参数

型号	叶轮半径/mm	转速/(r/min)	风压/Pa	风量/(m^3/min)	噪声/dB	电机功率/kW
9FJ-140	1 400	330	60	933	70	1.1
9FJ-125	1 250	325	60	517	69	0.75
9FJ-100	1 000	430	60	417	68	0.55
9FJ-71	710	635	70	217	69	0.37
9FJ-60	600	930	70	183	73	0.37
9FJ-60	600	942	70	160	71	0.25
9FJ-56	560	729	60	138	64	0.18
SFT-N010	1 000	700	70	535	75	0.75
SFT-N09	900	700	80	358	75	0.55
SFT-N07	700	900	70	242	72	0.37
XT-17	600	930	70	167	69	0.37
T35-63	630	960	77	169	>75	0.55
T35-56	560	960	61	118	>75	0.37
航空-600	600	1 380	60	177	83	0.37

(3)确定风机数量

风机台数=风机总功率(实际通风量)÷每台风机功率

风机于纵墙上时,按纵墙长度(值班室、饲料间不计),每 7～9 m 设一台。

4. 风机的安装、管理与注意事项

(1)风机与风管壁间的距离保持适当,风管直径大于风机叶片直径 5～8 cm 为宜。

(2)风机不能安装在风管中央,应在里侧;外侧装有防尘罩、里侧装有安全罩。

(3)风机不能离门太近,防止通风短路。

(4)定期清洁除尘、加润滑剂;冬季防止结冰。

(5)风速均匀恒定,不宜出现强风区、弱风区和通风换气死角区。

(6)畜禽舍内不宜安装高速风机,且舍内冬、夏季节通风的风速应有较大差异。

(7)风机型号于通风要求匹配,不宜采用大功率风机。

(8)进风口和排风口距离适当,防止通风短路。

(9)选择风机时要求噪声小,有防腐、防尘和过压保险装置。

技能训练 机械通风的设计和通风效果的评价

【目的要求】

通过实训，要求学生能根据通风换气参数计算出新建畜禽舍通风换气量，掌握机械通风的设计方法，熟练地进行已建畜禽舍的通风量测定，并对畜禽舍通风效果进行卫生评价。

【材料器具】

热球式电风速仪，叶轮风速仪，畜禽舍。

【内容方法】

(一)通风换气量的确定

1. 确定畜禽舍的最大通风换气总量

在新建的畜禽舍当中，为了科学地设计通风系统，要合理地确定畜禽舍的通风换气量。常用的方法是根据通风换气参数计算畜禽舍的通风换气量。常用畜禽通风换气参数可查表。

(1)确定畜禽舍最大通风换气量　畜禽舍最大通风量，即夏季通风量，是以畜禽夏季通风换气参数乘以舍内畜禽的总数。

(2)确定通风换气总风量　在通风换气时，风机运转中风量是有损耗的(一般为舍最大通风量的10%～15%)，因此确定总风量时，要把这部分损耗加上。

$$L=km+km\times(10\%\sim15\%)$$

式中：L 为畜禽舍通风换气总量(m^3/min)；m 为畜禽舍最大容畜量(或所饲养畜禽的头数)；k 为某种畜禽夏季通风量参数[m^3/(min·头)]。

2. 风机的选择和数量的确定

(1)风机的选择　根据不同畜禽舍的需要，可选择不同型号和性能的风机。一般畜禽舍多应用轴流式风机。畜禽舍常用轴流式风机多以叶轮直径来表示其型号。叶轮直径大，其风量大。畜禽舍常用风机型号见表4-15。

(2)确定风机数量

$$N=\frac{L}{Q}$$

式中：N 为安装风机的数量；L 为畜禽舍通风换气总量(m^3/min)；Q 为1台风机额定风量(m^3/min)。

3.机安装的方法

将所计算得出安装风机的数量按 2∶1 的比例分别安装在前墙和后墙上，前墙安装的风机在窗户的上缘至棚之间并为进风口，后墙安装的风机在窗户的下缘与地面之间并为排风口，前后墙的风机要求左右交错排列并远离窗户或门。

(二)畜禽舍通同效果的卫生评价

1.风管截面的风量

畜禽舍风管通风量可用热球式电风速仪或叶轮风速仪直接测定，也可以由测定风管截面的面积与流经该截面上的气流平均速度相乘而求得，计算公式：

$$L=3\,600\times FV$$

式中：L 为风管截面的风量；F 为风管面积(m^2)；V 为测定截面上的平均风速(m/s)；3 600 为 1 h 等于 3 600 s。

截面上各点的气流速度是不相等的，往往管中心较大，靠近管壁处较小，所以应测得多个点的风速求其平均值。在实际测定时，根据风管截面的形状和大小的不同，确定测点的数目和测点的距离。叶轮风速仪贴近风机的格栅或网格送风口测平均风速时，通常采用下面两种方法。

(1)匀速移动测量法　将风速仪沿整个截面按一定的路线慢慢地匀速移动。适用于截面面积不大的风口(图 4-34)。

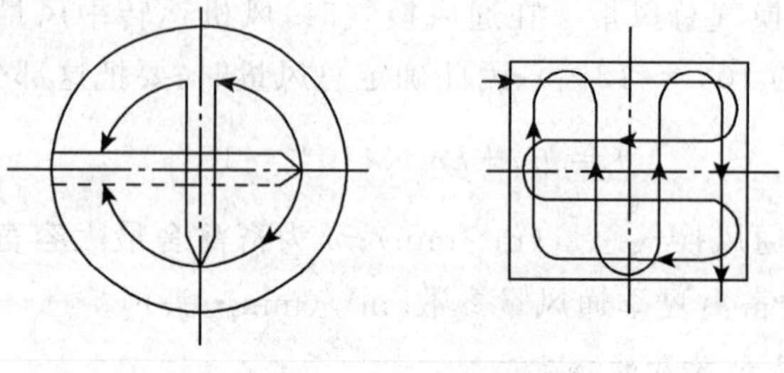

图 4-34　匀速移动测量路线图

(2)定点测量法　按风口截面大小，把它划分为若干面积相等的小块，在其中心处测量，较大截面积和矩形风口可选大小相等的 9～12 个小方格进行测量，较小的可选大小相等的 5 个点来测定(图 4-35)。

风口的平均风速按下式计算：

$$V=\frac{V_1+V_2+V_3+\cdots+V_n}{n}$$

式中：V_1、V_2、V_3、$\cdots V_n$ 为各测点的风速(m/s)；n 为测定总数。

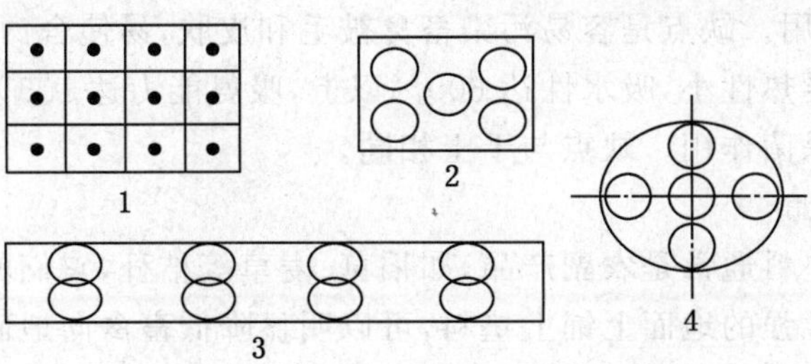

图 4-35　各种形式风口测试点布置

1.较大矩形风口　2.较小矩形风口　3.圆形风口　4.条锋形风口

2.通过换风量的卫生评价与调整

用通风换风总量来评价其卫生指针，若实际测得的与理论计算的相差较小（在 5 m^3/min 之内）则不需要调整；若相差较大则需要调整通风口的大小或通风口的数量。

【作业习题】

1.计算已建好的某禽舍的通风换气量。

2.机械通风效果受哪些因素影响？

五、垫料及饲养密度对畜禽舍内环境的作用

（一）垫料

1.要求

导热性能低、吸水性强，柔软、无毒副作用，对皮肤无刺激性，有肥料价值，来源充足，成本低。

2.种类

（1）稿秆类　常用的有稻草、麦秸等。稻草的吸水力为 324%，麦秸为 230%，二者都很柔软，且价廉、来源广。注意腐败或被病菌污染的垫料不能用。为提高吸水能力，最好铡短使用。

（2）野草、树叶　二者吸水力均在 200%～300%。树叶柔软适用，野草常夹杂较硬的枝条、铁屑等，易刺伤皮肤和乳房。也易混入有毒植物，用前要注意检查与清理杂质。

（3）刨花、锯末　其优点是吸水性很强，约为 420%，导热性小、柔软。缺点是肥料价值低。

（4）干土　导热性小，吸收水分和有害气体的能力强，且来源广泛，取之不尽，

北方农村广泛使用。缺点是容易污染畜禽被毛和皮肤，易使舍内尘土飞扬。

(5)木炭　导热性小，吸水性达600%以上，吸氨能力达1.5%～2.5%，本身呈酸性，有较强的杀菌作用。缺点与干土相同。

3. 垫料的作用

(1)保暖　垫料通常是农副产品，如稻草、麦草等秸秆，它们的导热性一般都较低，冬季在导热性强的地面上铺上垫料，可以明显降低畜禽向地面的热传导。垫料越厚，效果越好。例如，冬季刚出生的犊牛、仔猪和雏鸡，若放在温室里，且铺设垫草或垫料则培育效果好。

(2)吸潮　垫料的吸水能力均在200%～300%，只要勤铺勤换，就能避免尿液流失，保持地面干燥；同时，垫料还可以吸收空气中的水汽，有利于降低舍内空气湿度，值得注意的是，在畜禽舍建设过程中，地基和基础的吸水能力也要加强。

(3)吸收有害气体　多数垫料(如各种秸秆、树叶等)可以直接吸收有害气体，同时，垫料在吸收了畜禽粪尿后，对NH，HS的溶解能力增强，能降低有害气体浓度，改善舍内空气新鲜程度。

(4)柔软、弹性大　畜禽舍地面一般较硬，铺上垫料后，柔软舒适，可以改善地面或畜床的舒适程度，避免坚硬的地面对孕畜、幼畜和病弱畜禽引起碰伤和褥疮的发生。

(5)保持畜禽清洁　经常更换和翻转垫料，可以吸收和掩盖畜禽粪尿，减少粪尿与畜禽接触，降低畜禽体外寄生虫病的发生率，保持畜禽清洁干燥。

(6)用后可做肥料或饲料　一般垫料中混有粪便，用后可做肥料。同时，用干苜蓿、麦草、稻草等农作物秸秆作育雏垫料时，使用后能提高粗蛋白质的含量，是喂牛、喂羊很好的饲料。

4. 铺垫方法

(1)常换法　及时将湿污垫料拣出来，换上新鲜干净的。这种方法舍内比较干净，但垫料用量大、费工时，有时换垫料时引起灰尘较多，若跨度较大的畜禽舍使用垫料时，可用机械直接清除垫料。

(2)厚垫法　每天或数天增铺一些新垫料，直到春末天暖后或一个饲养期结束后一次性清除。这种方法保暖性好，省工省力，肥料质量好，且在长时间生物学发热过程中，能提高地温，垫料内也将形成大量维生素B；但舍内有害气体含量高。同时，由于舍内湿度高，有利于寄生虫、微生物的生存和繁殖，因此，畜禽易患呼吸道、寄生虫、传染性肠胃疾病等。

总之，垫草对改善畜禽舍的小气候和畜禽体的体况有其重要的作用，如表4-16所示。

表 4-16 垫草用量对舍内空气卫生状况和牛产奶量的影响

牛舍别	2 kg 垫草			4 kg 垫草		
	相对湿度/%	含氨量/(mg/m^3)	产奶量	相对湿度/%	含氨量/(mg/m^3)	产奶量/L
10 号	78.7	17.4	3.6	73.7	11.2	4.2
12 号	77.1	11.5	3.2	70.6	8.5	3.6
13 号	68.9	20.9	5.3	76.0	12.1	6.0
16 号	77.4	66.5	7.1	74.2	14.6	7.9

(二)饲养密度

饲养密度是指舍内畜禽密集程度。一般用每头畜禽所占用的地面面积来表示,也可用每平方米地面面积所饲养的只数来表示,它是影响畜禽舍空气环境卫生指针的因素之一。

1. 饲养密度对畜禽舍空气环境的影响

(1)舍温　在同一幢畜禽舍内,饲养密度大,畜禽散发出来的热量总和就多,舍内气温高;饲养密度小则低。因此,为了防暑防寒,在必要和可能的情况下,夏季可适当降低饲养密度,冬季可适当提高饲养密度。

(2)湿度　在同一幢畜禽舍内,饲养密度大时,由地面蒸发和畜禽排出的水汽量较多,舍内地面潮湿;密度小时则比较干燥。

(3)对舍内微粒、微生物、有害气体含量和噪声强度的影响　在同一幢畜禽舍内,饲养密度大,微粒、微生物、有害气体的数量就多,噪声也比较频繁和强烈;密度小时则相反。

另外,饲养密度还决定了每头畜禽活动面积的大小,决定了畜禽相互发生接触和争斗机会的多少,这些对畜禽的起卧、采食、睡眠等行为都有直接影响。因此,确定适宜的饲养密度是给畜禽创造良好外界环境条件的方法之一,是畜禽舍空气环境控制的一个重要措施。

2. 适宜的饲养密度

在生产中必须根据具体情况具体分析,下面介绍几种畜禽常用的饲养密度方案,仅供参考(表 4-17 至表 4-21)。

表 4-17 种猪所需面积 m^2/头

猪舍形式		母猪	公猪
封闭舍	混凝土实地面 局部漏缝地面 全部漏缝地面 分娩栏	2.8～3.3 1.9 1.4 0.6～1.8	3.3～3.4 2.3 1.9
棚舍	棚下休息处 棚外活动场 （混凝土地面） （土地面）	2.3～2.8 1.9 9.3～19	2.8～3.3 2.8 14～23

表 4-18 生长—肥育猪所需面积

猪舍形式	断奶～35 kg	35～55 kg	55 kg 以上
封闭舍(每栏 10～20 头)/(m^2/头) 漏缝地面(局部式全部) 混凝土实地面	 0.4 0.4	 0.6 0.7	 0.7～0.9 0.8～0.9
棚舍(每栏 20～25 头)/(m^2/头) 棚下地面 混凝土活动场地	 0.6 0.7	 0.7 0.1	 0.7 1.1～1.4
放牧:每平方公里放牧地猪数 凉棚/(m^2/头)	5 000～7 000 0.5	3 500～5 000 0.6～0.7	2 500～3 500 0.7～11

表 4-19 每头肉牛所需面积

牛舍	繁殖母牛	犊牛(每栏养数头)	断奶小牛	1 岁小牛
每头面积/m^2	4.65	1.86	2.79	3.72

牛舍	肥育牛(肥育期平均体重 340 kg)	肥育牛(肥育期平均体重 431 kg)
每头面积/m^2	4.18	4.65

牛舍	公牛(牛栏面积)	分娩母牛(分娩栏面积)	母牛(牛栏面积)
每头面积/m^2	11.12	9.29～11.12	2.04

表 4-20 每只羊所需面积 m^2/只

地面类型	公羊 (80～130 kg)	母羊 (68～91 kg)	母羊带羔羊 (2.3～14 kg)		肥育羔羊 (14～50 kg)
羊舍地面					
实地面	1.9～2.8	1.1～1.5	1.4～1.9	0.14～0.19	0.74～0.93
漏缝地面	1.3～1.9	0.74～0.92	0.93～11	(供羔羊补料用)	0.37～0.46

续表 4-20

地面类型	公羊（80～130 kg）	母羊（68～91 kg）	母羊带羔羊（2.3～14 kg）	肥育羔羊（14～50 kg）
露天场地				
土地面	2.3～3.7	2.3～3.7	2.9～4.6	1.9～2.9
铺砌地面	1.5	1.5	1.9	0.93

表 4-21　鸡适宜饲料密度　　只/m^2

地面平养		笼养		网上平养	
周龄	密度	周龄	密度	周龄	密度
—	—	0～1	60	—	—
0～6	20	1～3	40	—	—
7～14	12～10	4～6	34	0～6	24
15～20	8～6	6～11	24	6～18	14
—	—	11～20	14	—	—

六、畜禽舍的消毒

详见第六章。

复习思考题

1. 结合采光、通风、防疫和防火这几个方面要求，畜牧场的畜禽舍朝向、间距如何确定？

2. 设计饲养 10 000 只二列三层全阶梯式笼养商品蛋鸡舍的品平面示意图。

3. 设计饲养 600 头断乳至 35 kg 体重的四列网床平养的猪舍平面示意图。

4. 设计饲养 100 头对尾式育肥牛舍的平面示意图。

5. 根据你家或亲友饲养的畜种需要，你设计一套（包括平面图、立体图、剖面图）适用于庭院养殖的塑料暖棚畜禽舍，并经教师修改后邮寄给家人或亲友以供建舍时参考。

6. 南方畜禽舍如何防暑降温？北方畜禽舍如何防寒保暖？

7. 分别评价本地的禽舍、猪舍的采光、保温、通风情况，并提出改进措施。

8. 论述不同种类畜禽舍人工采暖的方式？若在本地饲养肉用仔鸡，该如何设计采暖方案。

9. 阐述安装养殖场排水系统的优势与不足。站在环保的角度设计一套猪场的排水系统。

10. 有一个奶牛舍，舍内地面面积为 114 m^2，若满足采光系数为 1∶12 时窗户玻璃面积应多少？绘出示意图。

第五章　畜禽场卫生

知识目标

- 了解畜禽生产的工艺流程。
- 掌握畜禽场场址选择方法。
- 掌握畜禽场规划布局的基本知识。
- 掌握畜禽场废弃物的处理方法。

技能目标

- 能初步设计畜禽场的总平面图。
- 能对各种畜禽场进行消毒处理。

畜禽场是畜禽生产的主要场所,也是畜禽进行生产的重要外界环境条件,畜禽场环境的好坏,直接影响到畜禽舍内空气环境质量和畜牧生产的组织。污染的环境会影响畜禽的生存,如果畜禽场建设不好,管理不善对畜禽和人来说,便成了污染源。良好的畜禽场环境应具备的条件是:

(1)保证场区具有良好的小气候条件,有利于畜禽舍内空气环境的控制。

(2)便于严格执行各项卫生防疫制度和措施。

(3)便于合理组织生产、提高设备利用率和职工劳动生产率。

(4)便于畜禽粪便和污水的处理和利用。

(5)便于原料的采购和产品的销售。

建立一个畜禽场,必须从场址选择、场区规划布局、场内卫生设施以及场内卫生保护措施等多方面综合考虑,合理设计,为畜禽生产创造一个良好的环境。

第一节 场址选择

场址的好坏直接关系到投产后场区小气候状况、畜禽场的经营管理及环境保护状况。现代化的畜禽生产必须综合考虑占地规模、场区内外环境、市场与交通运输条件、区域基础设施、生产与饲养管理水平等因素，场址选择不当，可导致整个畜禽场在运营过程中不但得不到理想的经济效益，有可能因为对周围的大气、水、土壤等环境污染而遭到周边企业或城乡居民的反对。因此，场址选择是畜禽场建设可行性研究的主要内容和规划建设必须面对的首要问题，需要考虑以下因素：

一、自然条件

1. 地势

畜禽场应选在地势较高、干燥平坦及排水良好的场地，要避开低洼潮湿地，远离沼泽地。地势要向阳背风，以保持场区小气候温热状况的相对稳定，减少冬春季风雪的侵袭。

平原地区一般场地比较平坦、开阔，应将场址选择在比周围地段稍高的地方，以利排水防涝。地面坡度以1%～3%为宜；并且地下水位至少低于建筑物地基深埋0.5 m以下。对靠近河流、湖泊的地区，场地应比当地水文资料中最高水位高1～2 m，以防涨水时受水淹没。

山区建场应选在稍平缓的坡上，坡面向阳，总坡度不超过25%，建筑区坡度应在2.5%以内。山区建场还要注意地质构造情况，避开断层、滑坡、塌方的地段，也要避开坡底和谷地以及风口，以免受山洪和暴风雪的袭击。

2. 地形

场地地形宜开阔整齐，避免过多的边角和过于狭长。有些山区的谷地或山坳，常因地形地势限制，易形成局部空气涡流现象，致使场区内污浊空气长时间滞留、潮湿、阴冷或闷热，因此应注意避免。

3. 土质

土壤的透气性、吸湿性、毛细管特性及土壤化学成分等不仅直接和间接影响畜禽场的空气、水质和地上植被等，还影响土壤的净化作用。沙壤土最适合场区建设，但在一些客观条件限制的地方，选择理想的土壤条件很不容易，需要在规划设计、施工建造和日常使用管理上，设法弥补土壤缺陷。

对施工地段工程地质状况的了解，主要是收集工地附近的地质勘察资料，地层的构造状况，如断层、陷落、塌方及地下泥沼地层。对土层土壤的了解也很重要，如土层土壤的承载力，是否是膨胀土或回填土。膨胀土遇水后膨胀，导致基础破坏，不能直接作为建筑物基础的受力层；回填土土质松紧不均，会造成建筑物基础不均匀沉降，使建筑物倾斜或遭破坏。遇到这样的土层，需要做好加固处理，严重的不便处理的或投资过大的则应放弃选用。此外，了解拟建地段附近土质情况，对施工用材也有意义，如沙层可以作为沙浆、垫层的骨料，可以就地取材，节省投资。

4. 水源

畜禽场要有水质良好和水量丰富的水源，同时便于取用和进行防护。畜禽场水源的水量，必须满足畜禽场内的人、畜饮用和其他生产、生活用水，并应考虑消防、灌溉和未来发展的需要。人员用水可按每人每天24～40 L计算，畜禽饮用水和饲养管理用水可按表5-1估算，消防用水按我国防火规范规定，场区设地下消火栓，每处保护半径应不大于50 m，消防水量按每秒10 L计算，消防延迟时间按2 h考虑。灌溉用可以水根据场区绿化、饲料种植情况确定。

作为牧场人、畜饮用水，必须符合饮用水水质卫生标准。若水源水不符合饮用水卫生标准时，需经净化和消毒处理后使用。若水源水含有某些矿物性毒物，还须进行特殊处理，达到标准后方可使用。

表5-1 畜禽需水量

畜禽种类		需水量/[L/(d·头)]
乳牛	成年乳牛	80
	公牛及处女牛	50
	2岁以前的青年牛	30
	6月龄以前犊牛	20
马	役用、骑乘、速步种用马、不哺乳的母马及满1.5岁的小马	60
	种用哺乳母马	80
	种公马	70
	1.5岁以前的小马	45
羊	成年羊	10
	1岁以前的羊	3
猪	种公猪、成年母猪	25
	带仔母猪	60
	4月龄以上的幼猪及育肥猪	15
	断奶仔猪	5

续表 5-1

畜禽种类		需水量/[L/(d·头)]
禽	鸡和火鸡	1
	鸭和鹅	1.25
	水貂、黑貂	5
其他	狐狸、白狐	7
	兔	3
兽医院	每头大家畜	160
	每头小家畜	80

注:1. 雏、幼禽可按表中标准的50%计;

2. 表中用水量标准包括畜禽饮水、冲洗畜舍、畜栏、挤奶桶、冷却牛奶、调制饲料等用水。

(李震钟. 家畜环境卫生学附牧场设计. 1993)

二、社会条件

1. 地理位置

为防止畜禽场受到周围环境的污染,选址时应避开居民点的污水排出口,不能将场址选在化工厂、屠宰场、制革厂等容易产生环境污染企业的下风向处或附近。在城镇郊区建场,距离大城市 20 km,小城镇 10 km。按照畜禽场建设标准,要求距离铁路、高速公路、交通干线不小于 1 000 m,距离一般道路不少于 500 m,距离其他畜禽场、兽医机构、畜禽屠宰厂不小于 2 000 m,距居民区不小于 3 000 m,且必须在城乡建设区常年主导风向的下风向。禁止在以下地区或地段建场:规定的自然保护区、生活饮用水水源保护区、风景旅游区;受洪水或山洪威胁及有泥石流、滑坡等自然灾害多发地带;自然环境污染严重的地区。

2. 交通条件

畜禽场每天都有大量的饲料、粪便、产品进出,所以场址应尽可能接近饲料产地和加工地,靠近产品销售地,确保其有合理的运输半径。大型集约化商品场,其物资需求和产品供销量极大,对外联系密切,故应保证交通方便,场外应通有公路,但应远离交通干线。

3. 用电保障

畜禽场生产、生活用电都要求有可靠的供电条件,一些畜禽生产环节如孵化、育雏、机械通风等电力供应必须绝对保证。通常,建设畜禽场要求有Ⅱ级供电电源。在Ⅲ级以下供电电源时,则需自备发电机,以保证场内供电的稳定可靠。为减少供电投资,应尽可能靠近输电线路,以缩短新线路敷设距离。

4.饲料基地

饲料费用一般可占畜产品成本的80%左右。因此在选择场址时，应考虑饲料的就近供应，草食畜禽的青粗饲料应尽量由当地供应，或本场计划出饲料地自行种植，以避免因大量粗饲料长途运输而提高饲养成本。

5.其他

必须遵守十分珍惜和合理利用土地的原则，不得占用基本农田，尽量利用荒地和劣地建场。大型畜禽企业分期建设时，场址选择应一次完成，分期征地。近期工程应集中布置，征用土地满足本期工程所需面积。远期工程可预留用地，随建随征。征用土地可按场区总平面设计图计算实际占地面积。

畜禽场的辅助设施，特别是蓄粪池，应尽可能远离周围住宅区，一定要避开邻近居民的视线，尽可能利用树木等将其遮挡起来。建设安全护栏，并为蓄粪池配备永久性的盖罩。

第二节　规划布局与卫生设施

在场址选好之后，接着进行畜禽场总体设计，即在选定的场地上进行合理的分区规划和建筑物布局，同时还要设计道路、排水、防疫等卫生设施，这是建立良好的畜禽场环境和组织高效率畜牧生产的先决条件。

一、畜禽场规划

(一)规划原则

(1)根据地势和当地全年主风向，按功能分区，合理布置各种建筑物。

(2)充分利用场区原有的自然地形、地势，有效利用原有道路、供水、供电线路，尽量减少土石方工程量和基础设施工程费用，以降低成本。

(3)合理组织场内、外的人流和物流，为畜牧生产创造最有利的环境条件和生产联系，实现高效生产。

(4)保证建筑物具有良好的朝向，满足采光和自然通风条件，并有足够的防火间距。

(5)畜禽场建设必须考虑畜禽粪尿、污水及其他废弃物的处理和利用，确保其符合清洁生产的要求。

(6)在满足生产要求的前提下，建筑物布局紧凑，节约用地，少占或不占可耕地。在占地满足当前使用功能的同时,应充分考虑今后的发展,留有余地。征用土地时确定场地面积可参考表 5-2。

表 5-2 畜禽场所需场地面积推荐值

牧场性质	规 模	所需面积/(m^2/头)	备 注
奶牛场	100~400 头成乳牛	160~180	
繁殖猪场	100~600 头基础母猪	75~100	按基础母猪计
肥猪场	年上市 0.5 万~2.0 万头肥猪	5~6	本场养母猪,按上市肥猪头数计
羊场		15~20	
蛋鸡场	10 万~20 万只蛋鸡	0.65~1.0	本场养种鸡,蛋鸡笼养,按蛋鸡计
蛋鸡场	10 万~20 万只蛋鸡	0.5~0.7	本场不养种鸡,蛋鸡笼养,按蛋鸡计
肉鸡场	年上市 100 万只肉鸡	0.4~0.5	本场养种鸡,肉鸡笼养,按存栏 20 万只肉鸡计
肉鸡场	年上市 100 万只肉鸡	0.7~0.8	本场养种鸡,肉鸡平养,按存栏 20 万只肉鸡计

(李震钟.家畜环境卫生学附牧场设计.1993)

(二)畜禽场功能区划分

具有一定规模的畜禽场,通常分为四个功能区,即生活区、管理区、生产区和隔离区。各区的位置要从人畜卫生防疫和工作方便的角度考虑,根据场地地势和当地全年主风向,按图 5-1 所示的模式图顺序安排各区。

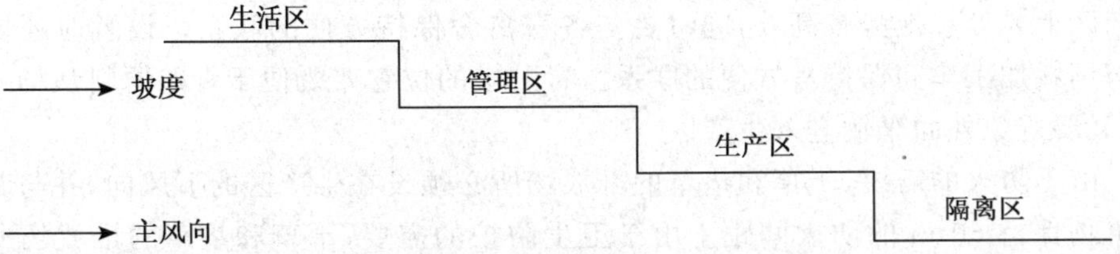

图 5-1 畜禽场各区依地势、风向配置示意图

这样配置,可减少或防止畜禽场产生的不良气味、噪声及粪尿污水因风向和地面径流对居民生活环境和管理区工作环境造成的污染,并减少疫病蔓延的机会。

1. 生活区

生活区应位于全场上风和地势较高的地段,包括职工宿舍、食堂、文化娱乐设施等。

2. 管理区

管理区是牧场从事经营管理活动的功能区,与社会环境具有极为密切的联系。

包括行政和技术办公室、饲料加工车间及料库、车库、杂品库等。此区位置的确定，除考虑风向、地势外，还应考虑将其设在与外界联系方便的位置。

为了防疫安全，又便于外面车辆将饲料运入和饲料成品送往生产区，应将饲料加工车间和料库设在该区与生产区隔墙处。但对于兼营饲料加工销售的综合型大场，则应在保证防疫安全和与生产区保持方便联系的前提下，独立组成饲料生产小区。此外，由于负责场外运输的车辆严禁进入生产区，其车棚、车库应设在管理区。同理，待出售的畜产品其仓库及其他杂品库也应设在管理区。

3. 生产区

生产区是畜禽场的核心区，是从事动物养殖的主要场所，主要布置不同类型的畜禽舍及蛋库、孵化出雏间、挤奶厅、乳品处理间、羊剪毛间、畜禽采精室、人工授精室、畜禽装车台、选种展示厅等与畜禽场与外界有直接物流关联的生产性建筑。此区应设在畜禽场的中心地带。规划时考虑是从事动物育种、繁殖、幼畜培育到商品生产全过程还是只从事畜牧业生产的某一阶段或环节的生产如繁殖或者育肥。

自繁自养畜禽场应将种畜(包括繁殖群)、幼畜与生产群(商品群)畜禽分开，设在不同地段，分区饲养管理。通常将种畜群、幼畜群设在防疫比较安全的上风处和地势较高处，然后依次为青年畜群、生产(商品)畜群。以一个自繁自养的猪场为例，猪舍的布局根据主风方向和地势由高到低的顺序，依次设置种猪舍、产房、保育猪舍、生长猪舍、育肥猪舍。

生产区内与饲料有关的建筑物，如饲料调制、贮存间和青贮塔，原则上应设在生产区上风处和地势较高处，同时要与各畜禽舍保持方便的联系。设置时还要考虑与饲料加工车间保持最方便的联系。青贮塔的位置要既便于青贮原料从场外运入，又要避免外面车辆进入生产区。

由于防火的需要，干草和垫草的堆放场所必须设在生产区的下风向，并与其他建筑物保持 60 m 的防火间距。由于卫生防护的需要，干草和垫草的堆放场所不但应与堆粪场、病畜隔离舍保持一定的卫生间距，而且要考虑避免场外运送干草、垫草的车辆进入生产区。

4. 隔离区

隔离区包括兽医诊疗室、病畜隔离舍、尸坑或焚尸炉、粪便污水处理设施等，应设在场区的最下风向和地势较低处，并与畜舍保持 300 m 以上的卫生间距。该区应尽可能与外界隔绝，四周应有隔离屏障，如防疫沟、围墙、栅栏或浓密的乔灌木混合林带，并设单独的通道和出入口。处理病死畜禽的尸坑或焚尸炉更应严密隔离。此外，在规划时还应考虑严格控制该区的污水和废弃物，防止疫病蔓延和污染环境。

二、畜禽场的合理布局

畜禽场建筑物布局是否合理，不仅关系到牧场的生产联系和劳动效率，同时也直接影响场区和房舍内的小气候状况及牧场的卫生防疫。在畜禽场布局时，要综合考虑各建筑物之间的功能联系、场区的小气候状况以及畜舍的通风、采光、防疫、防火要求，同时兼顾节约用地、布局美观整齐等要求。

(一)建筑物的排列

牧场建筑物通常应设计为横向成排、纵向成列，尽量做到整齐、紧凑、美观。生产区内畜舍的布置，应根据场地形状、畜舍的数量和长度，酌情布置为单列、双列或多列(图5-2，图5-3，图5-4)。要尽量避免横向狭长或竖向狭长的布局，因为狭长形布局势必加大饲料、粪污运输距离，使管理和生产联系不便，也使各种管线距离加大，建场投资增加，而方形或近似方形的布局可避免这些缺点。因此，如场地条件允许，生产区应采取方形或近似方形布局。

图 5-2 单列畜舍

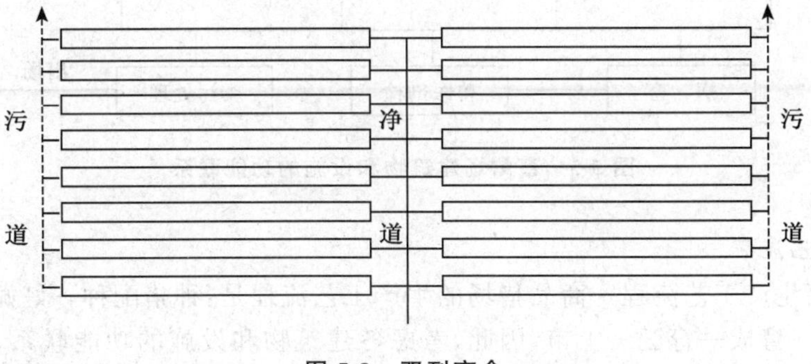

图 5-3 双列畜舍

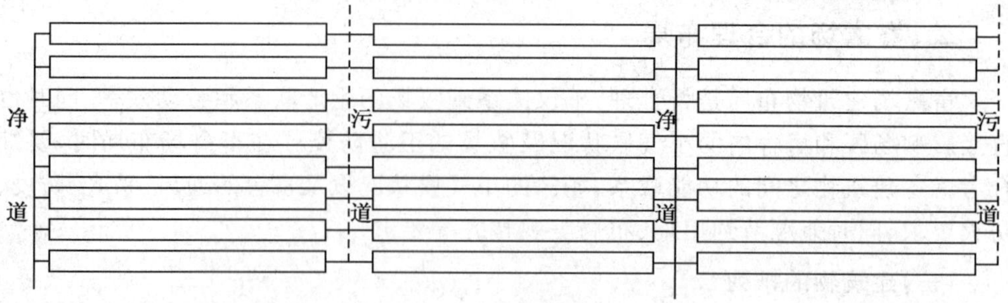

图 5-4 多列畜舍

(二)建筑物的位置

确定每栋建筑物和每种设施的位置时,主要根据它们之间的功能关系、工艺流程和卫生防疫要求加以考虑。

1. 功能关系

在安排各类建筑物和设施的位置时,应将相互有关、联系密切的就近设置,以便于生产联系(图 5-5)。

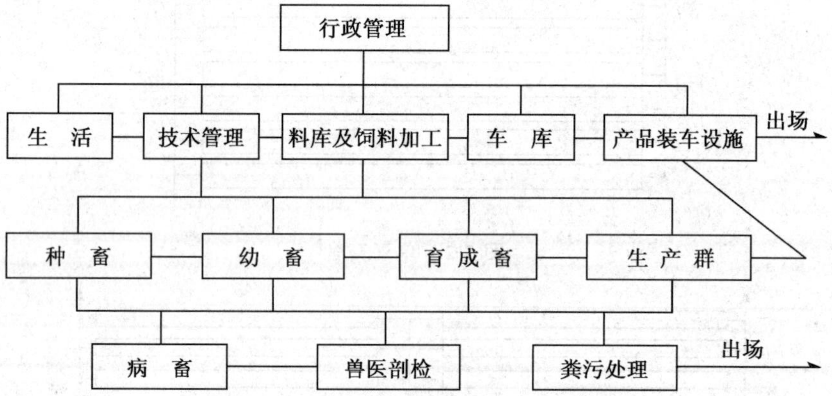

图 5-5 畜禽场建筑物和设施的功能联系

2. 工艺流程

(1)猪生产工艺流程 商品猪场的生产工艺流程是:种猪配种—妊娠—分娩哺乳—保育—育成—育肥—上市,因此,考虑各建筑物和设施的功能联系,应按种公猪舍、配种间、空怀母猪舍、妊娠母猪舍、产房、保育舍、育成猪舍、育肥猪舍、装猪台的顺序相互靠近设置(图 5-6)。饲料调制、贮存间和贮粪场等与每栋猪舍都发生密切联系，其位置的确定应尽量使其至各栋猪舍的线路距离最短，同时要考虑净道和污道的分开布置及其他卫生防疫要求。

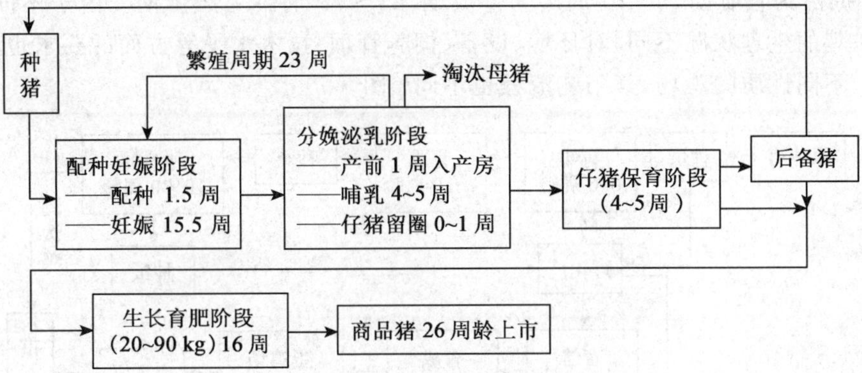

图 5-6 猪生产工艺流程

（李如治. 家畜环境卫生学. 2003）

不同猪场，由于饲养规模、技术水平不同，且不同猪群具有不同的生理要求，为了提高效率，便于生产和管理，现代养猪生产一般采用分段饲养、全进全出生产工艺。常见的工艺流程有二段式、三段式、四段式、五段式等，其特点及各自转群次数见表 5-3。

表 5-3 几种常用养猪工艺流程的转群次数及其特点

工艺流程	二段式	三段式	四段式	五段式
猪舍种类	空怀妊娠、哺乳期→生长育肥期 育肥、母猪	空怀及妊娠期→哺乳期→生长育肥期 分娩、育肥、妊娠	空怀及妊娠期→哺乳期→仔猪保育期→生长育肥期 分娩、保育、育肥、妊娠	空怀及妊娠期→哺乳期→仔猪保育期→育成期→育肥期 分娩、保育、育成、育肥、妊娠
转群次数	无	1次	2次	3次
猪舍及设备利用效率	半年一周期	一般	高	最高
猪舍及设备的合理性	不合理	一般	较合理	合理
操作管理等方面	简单	一般	一般	复杂

（李保明，施正香. 设施农业工程工艺及建筑设计. 2005）

对于10万头以上规模较大的猪场，通常考虑以场为单位实行全进全出。

(2)鸡生产工艺流程 鸡生产工艺流程是根据鸡的不同饲养阶段划分的，即0～6周龄为育雏期，7～20周龄为育成期，21～76周龄为产蛋期。由于不同饲养阶段，鸡的生理状况不同，对环境、设备、饲养管理、技术水平等方面的要求也不同。此外，不同性质的鸡场，其工艺流程也不同(图5-7)。

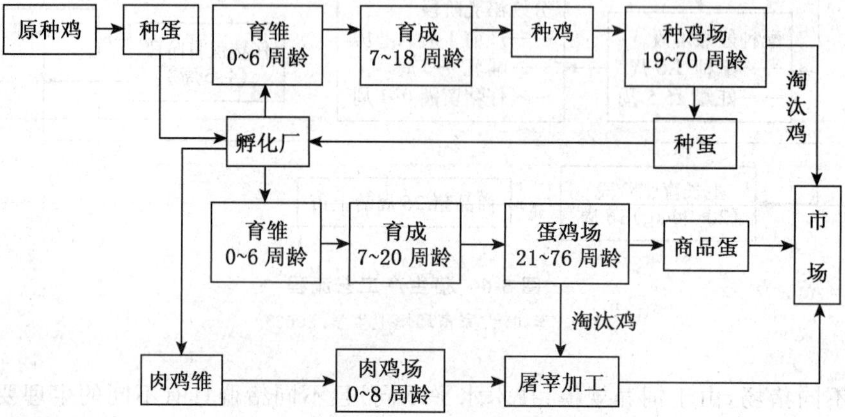

图5-7 各种鸡场的生产工艺流程

(李如治.家畜环境卫生学.2003)

因此，鸡场应分别建立不同类型的鸡舍，以满足鸡群生理、行为及生产等方面的需求，最大限度地发挥鸡群的生产潜能。

养鸡场的孵化室和育雏室的卫生防疫要求较高，因为孵化室的温湿度较高，是微生物的最佳培养环境；同时孵化室排出的绒毛、蛋壳、死雏等易污染周围空气与环境，因此，对于孵化室的位置应主要考虑防疫安全，不能只强调种鸡舍、育雏舍的功能关系。大型养鸡场最好单设孵化场，小型养鸡场也应将孵化室安置在防疫较安全、又不污染全场的地方，并设围墙或隔离绿化带。育雏室对防疫要求也较高，且因某些疾病在免疫接种后需较长时间才产生免疫力(如马立克氏、鸡瘟疫苗需2～3周)，如与其他鸡舍靠近安置，则易在产生免疫力之前发生感染。因此，大型鸡场应单设育雏室，小型鸡场的育雏室则应与其他鸡舍保持一定距离，并设围墙与其他鸡舍隔离。

(3)牛生产工艺流程 奶牛一般分犊牛、青年牛、成乳牛和干奶牛。6个月以内的小牛称作犊牛，当犊牛出生后，可立即离开母牛，放到特制的犊牛栏中饲养。6～18个月未配母牛称为青年牛，设专门牛舍，集中管理；18个月怀头胎至产前的母牛，称作育成牛，可以分群在青年牛舍中饲喂，也可以专设育成牛舍进行饲喂；成乳牛（又称泌乳牛）是指 28 月龄以上、产犊后能产奶的母牛，专设成乳牛舍集中饲养，成乳牛可根据繁殖阶段进一步分为怀孕期、泌乳期和干奶期。因为不同年龄的奶牛对环境和营养等因素的要求会有所不同，这种分群组合既方便管理，又能保证牛奶的产量和质量。奶牛场成乳牛的配种年龄在 16～18 月龄，使用年限一般为 8～10 年，第 7 胎后淘汰，年更新率 10%～15%，新场的留种比例较大。在一些奶牛业发达的国家，奶牛数量多，年更新率在 20% 以上。

奶牛生产常采用如下工艺流程：成年母牛配种妊娠，经过 10 个月的妊娠期分娩产下犊牛，哺乳 2 个月→断奶，饲养至 6 月龄→育成牛群，饲养至 16 月龄，体重达 350～400 kg 时第 1 次配种，确认受孕→青年牛群，妊娠 10 个月（临产前 1 周进入产房）→第 1 次分娩、泌乳。产后恢复 7～10 d →成年牛群，泌乳期 10 个月（泌乳 2 个月后，第 2 次配种），妊娠至 8 个月→干奶牛群，干奶期 2 个月→第 2 次分娩、泌乳……直至淘汰。奶牛生产的工艺流程见图 5-8。

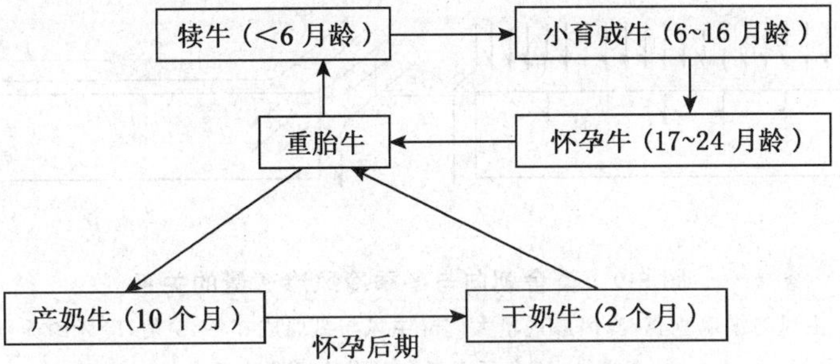

图 5-8 奶牛生产工艺流程

（李保明，施正香. 设施农业工程工艺及建筑设计. 2005）

现代奶牛生产中，普遍采用人工授精技术，一般奶牛场不养公牛。通常按一定区域建立种公牛站，将种公牛集中饲养，后备公牛由良种牛场通过严格选育提供或从国外引进。

肉牛一般分犊牛（6 月龄以前）、架子牛、育肥牛（出栏前 3～6 个月）。通常，肉牛的短期快速育肥是以个体较大的架子牛开始的，育肥期一般为 3 个月，正常情况下可以实现年出栏 4 批。肉牛育肥场的规模可以按照年出栏数除以 4 计算。对于中长期育肥的肉牛场，饲养期一般为 6 个月或者 12 个月，其规模可依据年出栏数和饲养期来计算。

3.卫生防疫

考虑卫生防疫要求，应根据场地地势和当地全年主风向，将生活用房和办公室、种畜舍、幼畜舍安置在上风向和地势较高处，商品畜舍安置在下风和地势较低处，病畜舍和粪污处理设施应置于最下风处和地势低处。当地势与主风向正好相反时，则可利用与主风向垂直的对角线上两“安全角”来安置防疫要求较高的建筑物。例如，主风为西北风而地势南高北低时，则场地的西南角和东北角均为安全角。

(三)建筑物的朝向

畜舍建筑物的朝向关系到舍内的采光和通风状况。我国大陆地处北纬 20°～50°，太阳高度角冬季小、夏季大，夏季盛行东南风，冬季盛行西北风。因此，畜舍宜采取南向，这样的朝向，冬季可增加射入舍内的直射阳光，有利于提高舍温；而夏季可减少舍内的直射阳光，以防止强烈的太阳辐射影响畜禽。同时，这样的朝向也有利于减少冬季冷风渗入和增加夏季舍内通风量，见图 5-9、图 5-10。

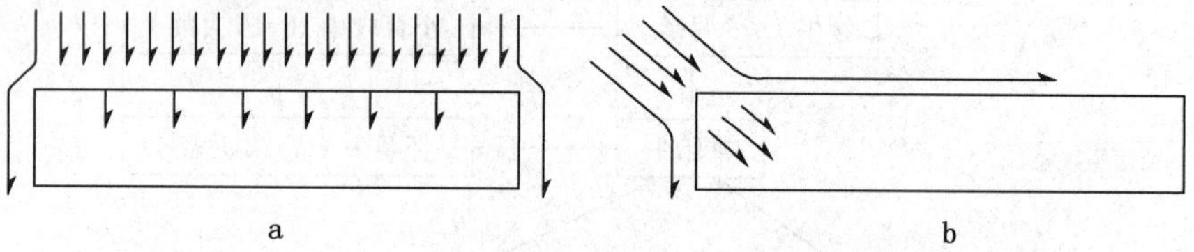

图 5-9　畜舍朝向与冬季冷风渗透量的关系

a.主风与纵墙垂直，冷风渗透量大　b.主风与纵墙成 0°～45°角，冷风渗透量小

(李震钟.家畜环境卫生学附牧场设计.1993)

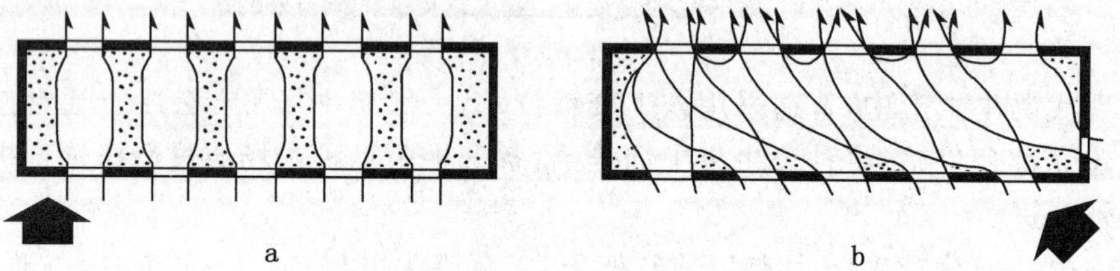

图 5-10　畜舍朝向与夏季舍内通风效果的关系

a.主风与畜舍长轴垂直，舍内涡风区大　b.主风与畜舍长轴呈 30°～45°角，舍内涡风区小

(李震钟.家畜环境卫生学附牧场设计.1993)

畜舍朝向可根据当地的地形条件和气候特点，采取南偏东或偏西 15°以内配置。全国部分地区建筑物朝向参考表 5-4。

表 5-4 全国部分地区建筑物朝向表

地区	最佳朝向	适宜朝向	不宜朝向
北京地区	南偏东或西各 30°以内	南偏东或西各 45°以内	北偏西 30°～60°
上海地区	南至南偏东 15°	南偏东 30°,南偏西 15°	北、西北
石家庄地区	南偏东 15°	南至南偏东 30°	西
太原地区	南偏东 15°	南偏东至东	西北
呼和浩特地区	南至南偏东,南至南偏西	东南、西南	北、西北
哈尔滨地区	南偏东 15°～20°	南至南偏东或偏西各 15°	西、西北、北
长春地区	南偏东 30°,南偏西 10°	南偏东或西各 45°	北、东北、西北
沈阳地区	南或南偏东 20°	南偏东至东,南偏西至西	东北、东至西北、西
济南地区	南或南偏东 10°～15°	南偏东 30°	西偏北 5°～10°
南京地区	南偏东 15°	南偏东 25°,南偏西 10°	西、北
合肥地区	南偏东 5°～15°	南偏东 15°南偏西 5°	西
杭州地区	南偏东 10°～15°,北偏东 6	南、南偏东 30°	北、西、
福州地区	南、南偏东 5°～10°	南偏东 20°以内	西
郑州地区	南偏东 15°	南偏东 25°	西北
武汉地区	南偏西 15°	南偏东 15°	西、西北
长沙地区	南偏东 9°左右	南	西、西北
广州地区	南偏东 15°,南偏西 5°	南偏东 22°30′,南偏西 5°至西	—
南宁地区	南、南偏东 15°	南、南偏东 15°～25°,南偏西 5°	东西
西安地区	南偏东 15°	南、南偏西	西、西北
兰州地区	南至南偏东 15°	南、偏东或偏西各 30°	西、西北
银川地区	南至南偏东 23°	南偏东 34°,南偏西 20°	西、北
西宁地区	南至南偏西 30°	南偏东 30°至南偏西 30°	北、西北
乌鲁木齐地区	南偏东 40°,南偏西 30°	东南、东、西	北、西北
成都地区	南偏东 45°至南偏西 15°	南偏东 45°至东偏北 30°	西、北
昆明地区	南偏东 25°～56°	东至南至西	北偏东或西各 35°
拉萨地区	南偏东 10°,南偏西 5°	南偏东 15°、南偏西 10°	东、西
厦门地区	南偏东 5°～10°	南偏东 22°30′,南偏西 10°	南偏西 25°,西偏北 30°
重庆地区	南、南偏东 10°	南偏东 15°,南偏西 5°,北	东、西
青岛地区	南、南偏东 5°～15°	南偏东 15°至南偏西 15°	西、北
旅大地区	南、南偏西 15°	南偏东 45°至南偏西、西	北、西北、东北

（冯春霞. 家畜环境卫生. 2001）

(四)建筑物的间距

确定畜舍间距主要从日照、通风、防疫、防火和节约用地等多方面综合考虑。间距大，前排畜舍不致影响后排光照，并有利于通风排污、防疫和防火，但势必增加牧场的占地面积。因此，必须根据当地气候、纬度、场区地形、地势等情况，酌情确定畜舍适宜的间距。

如前所述，畜舍朝向一般为南向或南偏东、偏西一定角度。根据日照确定畜舍间距时，应使南排畜舍在冬季不遮挡北排畜舍日照，一般可按一年内太阳高度角最小的冬至日计算，而且应保证冬至日上午 9:00 点至下午 3:00 点这 6 个小时内使畜舍南墙满日照，这就要求间距不小于南排畜舍的阴影长度，而阴影长度与畜舍高度和太阳高度角有关。经计算，南向畜舍当南排舍高(一般以檐高计)为 H 时，要满足北排畜舍的上述日照要求，在北纬 40°地区(北京)，畜舍间距约需 $2.5H$，北纬 47°地区(齐齐哈尔)则需 $3.7H$。可见，在我国绝大部分地区，间距保持檐高的 3～4 倍时，可满足冬至日上午 9:00 点至下午 3:00 点南向畜舍的南墙满日照。纬度更高的地区，可酌情加大间距。

根据通风要求确定舍间距时，应使下风向的畜舍不处于相邻上风向畜舍的涡风区内，这样，既不影响下风向畜舍的通风，又可使其免遭上风向畜舍排出的污浊空气的污染，有利于卫生防疫。据试验，当风向垂直于畜舍纵墙时，涡风区最大，约为其檐高 H 的 5 倍(图 5-11)；当风向不垂直于纵墙时，涡风区缩小。可见，畜舍的间距取檐高的 3～5 倍时，可满足畜舍通风排污和卫生防疫要求。

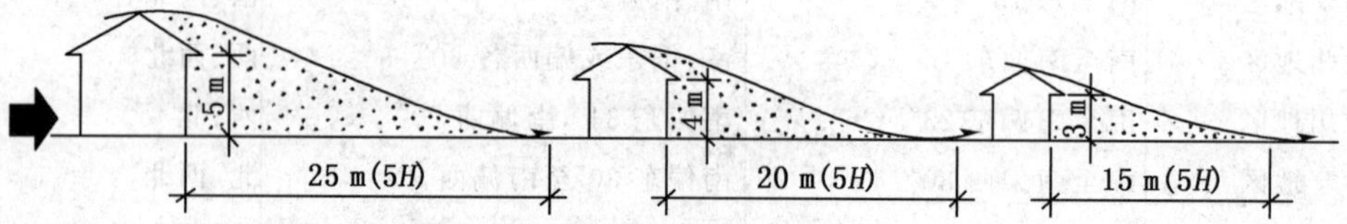

图 5-11 风向垂直于纵墙时畜舍高度与涡风区的关系

防火间距取决于建筑物的材料、结构和使用特点，可参照我国建筑防火规范。畜舍建筑一般为砖墙、混凝土屋顶或木质屋顶并做吊顶，耐火等级为二级或三级，防火间距为 6～8 m。

综上所述，畜舍间距不小于畜舍檐高的 3～5 倍时，可基本满足日照、通风、排污、防疫、防火等要求。

(五)布局示意图

1. 猪场布局示意图

图 5-12 是黑龙江某父母代猪场平面布置实例。该场占地约 9.3 hm^2，建筑面积 7 680 m^2，其中生产建筑面积 6 750 m^2。一期工程设计规模为 300 头核心母猪，年产种猪 2 400 头，育肥猪 2 900 头。该地区夏季主导风向为南风和西南风，冬季主导风向为西北风。场区总体布局是南侧为主入口、门卫、选猪观察室、办公室和变电室等，其中选猪舍位于东南角，外部选购种猪的人员和车辆不用进入场内；中部为生产区，猪舍采用双列布置，中间为净道，东西两侧为污道，东列按生产工艺流程从北往南依次排列公猪及配种舍、母猪舍、仔猪舍、育成猪舍，西侧主要是育肥舍和预留发展用地；场区最北端是临时堆粪场，与生产区有围墙和 50 m 的绿化隔离带隔开；兽医室和病猪舍位于场区东侧不好利用的三角形地带。

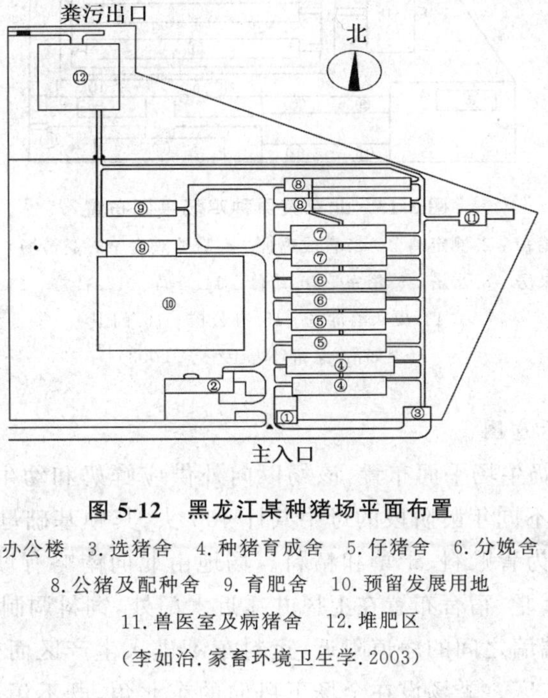

图 5-12 黑龙江某种猪场平面布置

1. 门卫 2. 办公楼 3. 选猪舍 4. 种猪育成舍 5. 仔猪舍 6. 分娩舍 7. 母猪舍
8. 公猪及配种舍 9. 育肥舍 10. 预留发展用地
11. 兽医室及病猪舍 12. 堆肥区
(李如治. 家畜环境卫生学. 2003)

2. 禽场布局示意图

图 5-13 所示是某原种鸡场平面布置规划。根据场地地势平整，形状基本规则，南北长、东西短的地形特点，结合北京地区夏季主导风向为南风和西南风、冬季

主导风向为西北风的气候条件，场区的总体规划布局是北侧为生产区，原种鸡舍、测定鸡舍、育成鸡舍、育雏舍。排列采用单列式，西侧为净道，东侧为污道，最东北端设临时粪污场。其中育雏舍单独置于生产区西侧，有道路和绿化隔离；南侧为办公与生产辅助区，设置孵化厅、更衣消毒室、办公楼、库房、锅炉房、水泵房等，其中锅炉房位于场区的西南角，对生产区影响最少。

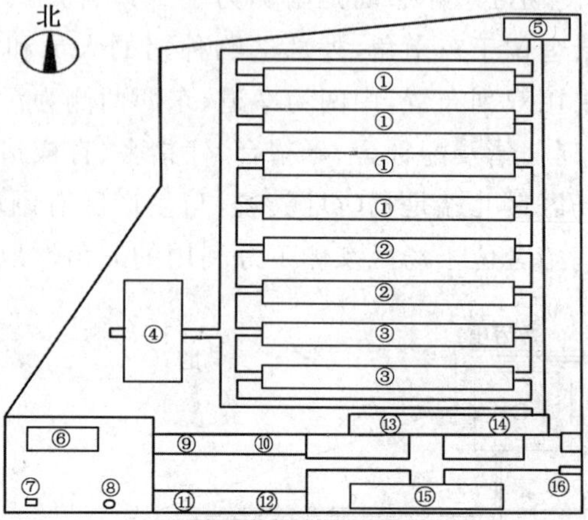

图 5-13 北京某原种鸡场平面布置

1.原种鸡舍 2.测定鸡舍 3.育成鸡舍 4.育雏鸡舍 5.粪污场 6.锅炉房 7.水泵房 8.水塔 9.浴室 10.维修 11.车库 12.食堂 13.孵化厅 14.更衣消毒室 15.办公楼 16.门卫

（李如治.家畜环境卫生学.2003）

3.牛场布局示意图

图 5-14 为某奶牛场平面布置，该场以向外供应鲜奶和幼牛为主，场内不饲养公牛，规模为各种不同年龄阶段的母牛共计 400 头，其中基础母牛占 65%～70%。牛全部舍饲，饲料为青贮料、干草和精料。场地由北向南略有坡度，当地的主风为西南风，办公室、食堂、宿舍布置在上风并靠近大门处，饲料调制间和青贮窖靠近大门且布置在牛舍端墙之间的净道附近，运料车不进入生产区而生产区运料车取料方便且不用出生产区。粪场设在全场下风向的东北角，既不污染牛场也便于通过连接粪场的道路运出场外。

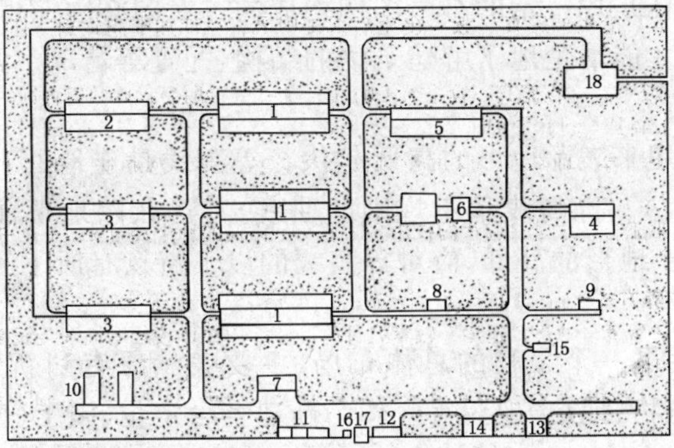

图 5-14 奶牛场平面布置

1.成年奶牛舍 2.犊牛舍 3. 青年牛和后备牛舍 4.病牛舍 5.产房 6.挤奶厅 7.饲料调制间 8.人工授精室 9.兽医室 10.青贮窖 11.车库、水电房、机修房 12.办公室 13.食堂 14.宿舍 15.厕所 16.门卫 17.车辆消毒池 18.粪场

（李震钟.畜牧场生产工艺与畜舍设计.2000）

技能训练 畜禽场规划方案的设计

【目的要求】

通过本次实习训练，使学生能初步掌握运用所学知识，结合生产实际，从环境卫生、生产工艺、畜禽场的性质以及规模等方面综合考虑，并在设计过程中能表达自己的思路，绘制出畜禽场的规划布局方案的设计图。

【材料器具】

(1)鸡、牛、猪和羊场总平面规划布局参考图。

(2)计算器、圆规、直尺、绘图板、纸、铅笔、橡皮、刀等。

【内容方法】

1.绘图知识

建筑工程图是一种用图形精确表示某种技术构思或意图的语言。图中一定的形象表示一定的物体，并注有尺寸，按国家公认的规则、符号、图形绘制出来的图。

(1)线条的使用 可见轮廓用实线表示(——)、拟建的建筑物和不可见轮廓部分用虚线(-------)、对称的物体则用对称轴线(即中心线·—·—·)。

(2)比例 由于畜禽场的实际尺寸很大，不可能按实际尺寸画在纸上，制图时常将实物缩小，一般牧场总平面图形多用1∶500、1∶1 000、1∶2 000的比例尺。

(3)图例　图样是用特定的符号图例构成的。看图必须懂得图例，明白每条线每个符号的意义，才能清楚地了解建筑物的结构、配置等情况。常用的图例如见附表1。

(4)等高线　用来表示地形的高低起伏。等高线是连地面上高度相等的各点所组成的线(图4-2)。等高线是不规则的曲线，其形状随地形而变。为了在看图时能从等高线看出 地形的高低，应对等高线的以下特点有所了解，详见第四章。

2.基本内容

总平面图表明了一个工程的总体布局，主要表示原有和新建畜舍的位置、标高、道路布置、构筑物、地形、地貌等。作为新建畜舍定位、施工放线、土方施工及施工总平面布置的依据。如牧场所有建筑物的布局图，即称总平面图。详见第四章。总平面图基本内容主要包括以下几项：

(1)表明新建筑区的总体布局　如批准地号范围，各建筑物及构筑的位置、道路、管网的布置等。

(2)确定建筑物的平面位置。

(3)表明建筑物首层地面的标高，室外地坪、道路的标高，说明土方填挖情况、地面坡度及排水方向。

(4)用指北针表示房屋的朝向，用风向玫瑰图表示常年风向频率和风速。

(5)根据工程的需要，有时还有水、暖、电等管线总平面图，各种管线综合布置图，竖向设计图，道路纵剖面图以及绿化布置等。

3.方法步骤

(1)查地形图上的山丘、河流、森林、铁路、公路及工业区和住宅区所在地，并测量其相互间的距离。

(2)绘出详图　不同的建筑物其主要的构筑和所用材料不同；路道的主次、大小和性质不同；为了明确表示出来，则需要绘制放大的各类尺寸详细的图纸，使其清晰详细，便于施工，称为详图，也叫大样。

(3)说明书　说明场内各种建筑物的性质、施工方法、建筑材料使用等，补充图中文字说明不足；分一般说明书及特殊说明书两种。但有些建筑设计图纸，以图纸上的扼要文字说明，代替了文字说明书。

(4)比例尺的使用及保护　为避免视觉误差，在测量图纸上的尺寸时，常使用比例尺。测量时比例尺与眼睛视线应保持水平位置；为减少推算麻烦，取比例尺上的比例与图纸上的比例一致；测量两点或两线之间距离时，应沿水平线测量，两点之间距离应取其最短的直线为宜。

【作业习题】

根据以下提供的条件，结合所学知识，绘制一份养猪场规划布局方案设计图。

1. 职工生活区　3. 传达室　5. 种母猪舍　7. 育肥猪舍

2. 行政办公区　4. 更衣室　6. 种公猪舍及配种房　8. 后备猪舍

9. 病猪隔离区　10. 粪池

三、畜禽场的公共卫生设施

(一)防护设施

(1)场界四周应建较高的围墙或坚固的防疫沟　为了防止场外人员及其他动物进入场区，有效地切断外界污染因素，场界四周应建较高的围墙或坚固的防疫沟，必要时可往沟内放水。场界的这种防护设施必须严密，使外来人员、车辆只能从牧场大门进入场区。

(2)生产区与管理区之间应用较小的围墙隔离　防止外来人员、车辆随意出入生产区，生产区与病畜隔离区之间也应设隔离屏障，如围墙、防疫沟、栅栏或隔离林带。

(3)在牧场大门(设在管理区)、生产区入口处和各畜舍入口处，应设相应的消毒设施　对进入场区的车辆、人员进行严格消毒，应设有车辆消毒池、脚踏消毒槽、喷雾消毒室、更衣换鞋间、淋浴间等，车辆消毒池设在牧场大门和生产区入口处，脚踏消毒槽应设在人行边门。在生产区和畜舍入口处，还可设紫外线消毒室，对进入人员衣服表面进行消毒。

（二）道路的设置

场内道路要求直而短，保证场内各生产环节方便联系。生产区的道路应区分为净道（运送饲料、产品和用于生产联系的道路）和污道（运送粪污、病畜、死畜的道路）。净道和污道不得混用或交叉，以保证卫生防疫安全。管理区和隔离区应分别设与场外相通的道路。场内道路应不透水，路面（向一侧或两侧）有 1%～3% 的坡度。路面材料可根据条件修成柏油路、混凝土、砖、石或焦渣路面。道路宽度根据用途和车宽决定，通行载重汽车并与场外相连的道路需 3.5～7 m，通行电瓶车、小型车、手推车等场内用车的道路需 1.5～5 m。只考虑单向行驶时，可取其较小值，但须考虑回车道，回车半径及转弯半径。各种道路两侧应植树并设排水沟。

（三）排水设施

场内排水系统，多设置在各种道路的两旁及畜禽运动场的周边。一般采用斜坡式排水沟，以尽量减少污物积存及被人畜损坏。如采用方形明沟，其最深处不应超过 30 cm，沟底应有 1%～2%的坡度，上口宽 30～60 cm。暗沟排水系统如果过长（超过 200 m），应增设沉淀井，以免污物淤塞，影响排水。沉淀井不应设在运动场中或交通频繁的干道附近。沉淀井距供水水源至少应有 200 m 以上的间距。暗沟应深达冻土层以下，以免因受冻而阻塞。

（四）贮粪池的设置

粪便贮存设施的型式因粪便的含水率而异。固态和半固态粪便一般都直接运至粪便处理场进行处理，使贮存、处理合二为一，不必单独贮存。对需要单独贮存固态粪便的畜禽养殖场，其贮存设施主要包括用于堆粪的水泥地面和堆积墙。堆粪地面向着墙稍稍倾斜，其坡度为 1∶50，墙高 1.5 m 左右，墙脚有排水沟，粪内液体和雨水可从此处排入粪水池。堆积和取粪可用人工操作，也可借助于装载机。贮存设施应加顶盖，防止雨水对粪便的冲刷，造成肥效的损失和对环境的污染，增加粪水的处理量和处理难度。

液态和半液态粪便一般要先贮存，而后进行处理。液态和半液态粪便一般在贮粪池中贮存。贮粪池通常有地下和地上两种型式。

（1）地下贮粪池　在地形较为适宜即贮粪池建造处地势较低的条件下，建造地下贮粪池比较合适。地下贮粪池大多建在舍外，是一个敞开的结构，侧边坡度为（1∶3）～（1∶2），用混凝土砌成。池底应在地下水位的 60 cm 以上。如需利用机械清理底层，应有一坡道为 1∶10 的混凝土坡道，以便清理车辆进入。周围一般还要建造大于 1.5 m 高的围栏。

地下贮粪池不需要排污泵等动力设备，粪液能自动流入粪池，而且地下贮粪池不会对周围环境造成较大污染。但地下贮粪池建筑工程量大，成本高。

(2)地上贮粪池　在地势平坦的场区，建造地上贮粪池较为合适。地上贮粪池可用砖砌而成，用水泥抹面防渗。国外一般为组装式，由钢板连接成一个封闭的容器，钢板表面用环氧树脂或搪瓷等方式作防腐处理。

通常地上贮粪池旁建一个小的贮粪坑，畜舍排出的粪液由管道输送到贮粪坑，再由排污泵泵入贮粪池。若由粪罐车输送的粪液则直接送入贮粪池。为了使粪便处理时得到均质的粪便，在贮粪池中还应有搅拌和供出料用的排污泵。

(五)环境绿化

(1)场界林带的设置　在场界四周应种植乔木和灌木混合林带，尤其在场界的北、西侧，应加宽这种混合林带，以起到防风阻沙的作用。属于乔木的有大叶杨(北京杨和加拿大杨)、旱柳、垂柳、笔杨(钻天杨)、榆树及常绿针叶树等；属于灌木的有河柳、柽柳、紫穗槐、刺榆、醋栗和榆叶梅等。

(2)场区隔离林带的设置　主要用以分隔场内各区及防火，结合环境绿化，应在各个功能区四周都种植这种隔离林带。一般可用北京杨、柳或大青杨(辽杨)、榆树等，其两侧种植2～3行灌木。

(3)场内道路两旁的绿化　路旁绿化一般种1～2行，常用树冠整齐的乔木或亚乔木，如槐树、杏树、唐槭以及某些树冠呈锥形、枝条开阔、整齐的树种。

(4)运动场的遮荫林　在畜禽运动场的南、西侧，应种植1～2行遮荫林。一般可选择树干高大，枝叶开阔、生长势强、冬季落叶后枝条稀少的树种，如北京杨、加拿大杨、辽杨、槐、枫及唐槭等。也可利用爬墙虎或葡萄树来达到同样目的。运动场内种植遮荫树时，可选用枝条开阔的果树类，以增加遮荫、观赏及经济价值，但必须采取保护措施，以防畜禽破坏。

第三节　畜禽场卫生保护措施

现今畜禽场规模越来越大，集约化和机械化程度越来越高，这种密集饲养方式除给防止畜禽疾病的发生与传播带来新的困难外，随之而来的是产生了大量畜禽粪尿、污水等畜牧生产废弃物。如不经处理，不仅会危害畜禽健康和生产，并会污染周围环境，甚至形成公害。在畜牧业生产中，存在效率、效益与环保的矛盾，但是为了人类的生存环境和畜牧业的可持续发展，治理畜牧业环境，发展环保型畜牧业是必经之路。此外，工农业生产的迅速发展以及交通、居民生活产生的大量废气、废水、废渣、化肥和农药等，使环境中有毒有害物质增加，污染空气、土壤、水源。这些污染物有可能通过食物链对人畜健康构成潜在的危害。因此，畜牧场环境保护应包括两方面的内容：一是防止畜牧场产生的废水、废气和粪便对周围环境产生污染；二是避免周围环境污染物对畜禽生产造成危害，以保证畜禽健康和畜牧生产的顺利进行。

一、粪便处理与利用

(一)肥料

畜禽粪便用作肥料是最根本、最经济的出路。最常用的方法是：

1.堆肥处理

堆肥是利用微生物好氧发酵有机废弃物以达到稳定化和农肥化的方法，这是国内外采用最多的固体粪便净化处理方法。堆肥成分含有机质50%～85%，碳氮比10～23，以及丰富的氮、磷、钾、钙和镁等养分。

(1)影响堆肥效率的因素　一是含水率，堆肥物料含水率要求60%～70%，过高会造成厌氧腐解而产生恶臭；二是通风供氧，以保持有氧环境和控制物料温度不致过高；三是适宜的碳氮比，使C∶N=(25～30)∶1；四是控制温度，通过通风(堆肥设备)或翻堆(自然堆肥)使堆肥温度控制在70℃左右，如高于75～80℃则导致"过熟"。

(2)堆肥处理工艺　传统的堆肥为自然堆肥法，无需设备和耗能，但占地面积大、腐熟慢、效率低；现代堆肥法是根据堆肥原理，利用发酵设备为微生物活动提供必要条件，可提高效率10倍以上，堆制时间减少到25～6 d。堆肥腐熟后物料含水率约为30%，为便于贮存和运输，需降低水分至13%左右，并粉碎、过筛、装袋。

畜禽粪便的碳氮比较低，在堆肥前的预处理须掺入含碳量高的锯末、碎稻草、泥炭等作为调理剂，以调整物料水分和碳氮比，并使物料疏松易通气。自然堆肥法只需将经过预处理的物料堆成长、宽、高各为10～15 m、2～4 m、1.5～2 m的条垛，在20℃、15～20 d的腐熟期内，将垛堆翻倒1～2次，起供氧、散热和使发酵均匀的作用，此后静置堆放3～5个月即可完全腐熟。为加快发酵速度和免去翻垛的劳动，可在垛底设打孔的供风管，用鼓风机在堆垛后头的20 d内经常强制通风，此后静置堆放2～4个月即可完全腐熟。

(3)堆肥腐熟度的鉴定　堆肥腐熟程度的测试方法很多，一般可用直观判断法。堆肥的颜色呈茶褐色，无恶臭味，堆内温度下降至接近常温，草茎树叶用手一拉就断，就认为腐熟了。该法较粗糙、难以量化。通过大量的研究，已经建立了多种科学的检验测试方法，如氮素试验法、淀粉测试法、好氧速率法、发芽率试验法等。

2. 干燥处理

有微波干燥、笼舍内干燥、大棚发酵干燥、发酵罐干燥等方式。干燥处理方式存在的主要问题是投入的设施成本较高，而且干燥处理过程会产生明显的臭气。

3. 药物处理

在急需用肥的季节，或在传染病和寄生虫病严重流行的地区(尤其是血吸虫病、钩虫病等)，为了快速杀灭粪便中的病原微生物和寄生虫卵，可采用化学药物消毒灭虫灭卵。选用药物时，应采用药源广、价格低、使用方便、灭虫和杀菌效果好、不损肥效、不引起土壤残留、对作物和人畜无害的药物。常用的药物主要有尿素，添加量为粪便量的1%；敌百虫，添加量为10 mg/kg；碳酸氢铵，添加量为0.4%；硝酸铵，添加量为1%。通常上述药物或添加物在常温情况下加入畜粪一天左右时间就可起到消毒与除虫的效果。

(二)饲料

畜禽粪便中，最有价值的营养物质是含氮化合物。尤其禽粪含氮化合物和其他营养物质含量高于其他畜禽，用禽粪作饲料最普遍，效果也最好，特别是饲喂牛羊，其中的非蛋白态氮可被瘤胃中的微生物利用并合成菌体蛋白，再被牛羊吸收，利用率更高。

畜禽粪便用作饲料的方法主要有直接饲喂、干燥处理、发酵处理、膨化制粒和青贮。联合国粮农组织认为，青贮是将安全、方便、成熟的鸡粪饲料化喂牛的一种有效方法。不仅可以防止粪便中粗蛋白和非蛋白氮的损失，而且还可将部分非蛋白氮转化为蛋白质。青贮过程中几乎所有的病原体被有效地杀灭，防止疾病的传播。将新鲜畜粪与其他饲草、糠麸、玉米粉等混合装入塑料袋或其他容器内，在密闭条件下进行青贮，一般经20～40 d即可使用。制作时，注意含水量保持在40%左右，装料需压实、容器口应扎紧或封严，以防漏气。

畜粪作为饲料要注意安全性问题，若处理不当或喂量过大，则可能会造成畜禽健康与生长的危害，并影响畜产品质量。

(三)沼气

利用畜禽粪便可以生产沼气，生产过程中氮素损失很少，产气后的渣汁含有较高的N、P、微量元素及维生素可作为鱼塘的良好饵料。沼液也可用来喂猪，效果良好。沼渣也是一种无臭的良好肥料。

在产气过程中，畜粪、垃圾、杂草等有机物在厌氧菌(主要是甲烷发酵菌)作用下，使复杂的有机物（如纤维素、脂肪等）分解成糖和低级脂肪酸，再进一步分解成低级有机酸（如乙酸、丁酸等），最后分解形成甲烷、二氧化碳、少量其他气体和菌体蛋白，并释放少量热量。

沼气池一般由进料池、发酵池、贮气室、出料池、使用池和导气管等六部分组成。沼气池身通常建于地下。为使沼气能顺利生产，必须具备下列条件：良好的厌氧环境（发酵池必须严格密封）；适量的有机物和水分含量（畜粪等有机物与污水之比 1∶(1.5～3)；适当的温度（25～35℃）；适宜的 pH(6.5～8.5) 和合理的 C∶N 比例（25～30）∶1）。

有机物厌氧发酵过程中将不断产生有机酸，若发酵液酸度过高，可加入适量的石灰等碱性物质以调节 pH。此外，为了有效地利用含氮元素较高的鸡粪与猪粪进行沼气生产，通常需要在配料中加入一定比例的杂草、植物秸秆或牛粪等含碳元素较高的物料，以保持适宜碳氮比。

由于生产沼气后产生的残余物（沼液和沼渣）含水量高、数量大，且含有很高的 COD 值，若处理不当会引起二次环境污染，所以必须采取适当的利用措施。常用的处理方法有：用作植物生产的有机肥料；用作池塘水产养殖料，沼液是池塘河蚌育珠、滤食性鱼类养殖培育饵料生物的良好肥料，但一次性施用的量不能过多，否则会引起水体富营养化而引起水中生物的死亡。

（四）循环利用模式

随着环境保护意识的加强和生态农业的发展，运用生物工程技术对畜禽粪便进行综合处理与利用，合理地将养殖业与种植业结合起来，形成物质的良性循环模式十分必要。粪尿的综合利用工程技术目前主要有两大类型：物质循环利用型生态工程和健康与能源型综合系统。

1. 物质循环利用型生态工程

这是一种按照生态系统内能量流和物质流的循环规律而设计的一种生态工程系统。其中种植业-养殖业-沼气工程三结合的物质循环利用型生态工程（如图 5-15）是最常见的一种，该类型的显著特点是将养殖业与种植业有机联结起来。

在该生态系统中，沼气工程起到了一个枢纽作用：规模化养殖场排出的粪便污水进入沼气池，经厌氧发酵产生沼气，作为燃料供民用（如炊事、照明、采暖及发电）；沼渣可培养食用菌、蚯蚓（用作畜禽饲料），也可作农肥，用于种植业（如农田和果园）；沼液可用作优质饵料，用于喂鱼、虾等，或用作速效肥料，用于作物、果园和蔬菜的施肥。

据唐忠明等报道，四川某地采用猪-沼-果-菜循环利用模式有效地解决了幼龄果园无收益和养殖业对环境造成污染的问题。即在果园附近修建养猪场养猪，建

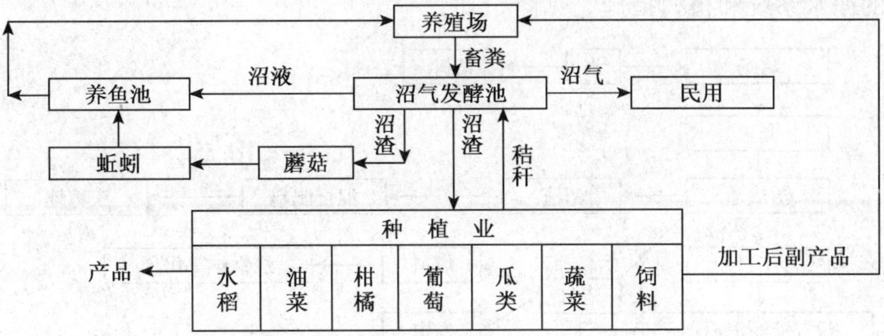

图 5-15 种植业-养殖业-沼气工程三结合物质循环利用工程系统

（段诚中.规模化养猪新技术.2000）

猪场时修建沼气池。沼气池以养猪产生的粪便为原材料，产生的沼气可做生活燃料，沼渣、沼液做果树、蔬菜的优质有机肥料，同时沼液可代替农药预防果树、蔬菜的病虫害，也可做猪饲料。果树行间种植矮生蔬菜，收获的蔬菜除去商品部分外作生猪的饲料，如此循环利用，环环相扣，在解决养殖业对环境污染时，农民生产生活获得了干净的能源和有机肥料，从而使农业生产收获无公害产品，形成农业循环经济圈。

除上述类型外，还可形成种植业-养殖业-加工业-沼气工程四结合的生态工程和养殖业-渔业-种植业三结合的生态工程，以及养殖业-渔业-林业三结合的生态工程等类型。

在物质循环利用型生态工程系统中，养殖业得以发展，物质和能量得以充分利用，环境得到有效保护，生产成本低，产品质量优，资源利用率高，收到了经济效益与生态效益同步增长的效果。按照这种生态农业模式进行规划、设计和改造养殖场，将成为我国现代养殖业发展方向。

2.健康和能源型综合工程系统

该系统的运作方式是：将畜禽粪尿进行厌氧发酵，形成气体、液体和固体三种成分。沼气池中的上层液体经过一系列的沼气能源加热管消毒处理后，可作为培养藻类的营养液，沼气池下层的泥浆与其他肥料混合后，作为有机肥料可改良土壤。由沼气发电产生的电能，可用来照明，还可带动藻类养殖池的搅拌设备，也可给蓄电池充电。过滤后的螺旋藻等藻体含有齐全而丰富的营养元素。既可以直接加入鱼池中喂鱼，拌入饲料中喂猪、鸡、牛、羊等，也可经小型的干燥设备烘干、灭菌，作为廉价的蛋白质和维生素源，供人们食用。该系统的其他重要环节还包括一整套的净水系统和植树措施。见图 5-16。

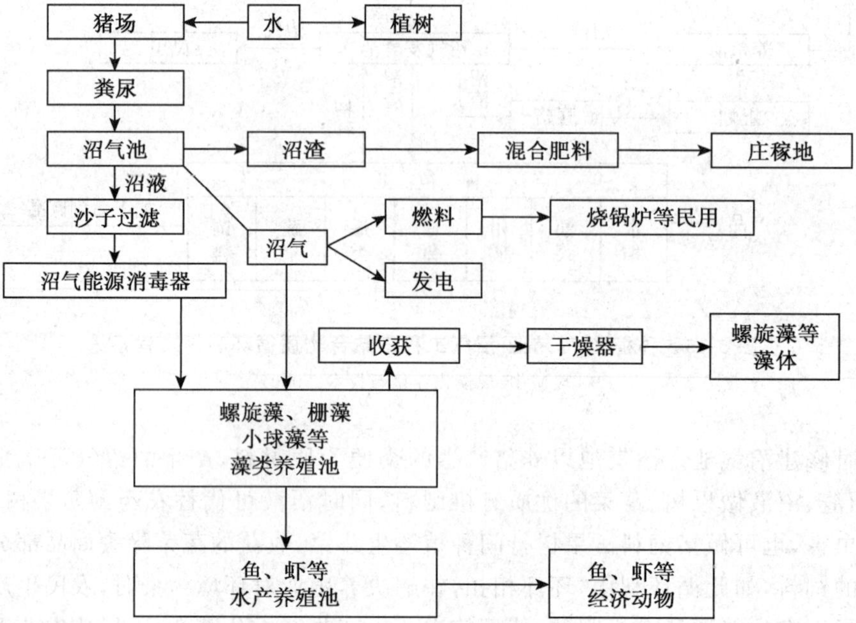

图 5-16 健康和能源型综合系统布局图

(段诚中.规模化养猪新技术.2000)

二、污水处理技术

1.基本原则

(1)采用用水量少的清粪工艺——干清粪工艺 使干粪与尿污水分流,减少污水量及污水中污染物的浓度,从而降低污水的处理难度和成本。

(2)走种养结合的道路 污水经处理后当做肥料来灌溉农田、果树、蔬菜及草地等,尽量减少畜禽养殖场的污水排放量。

(3)厌氧消化 对于大中型养殖场,特别是水冲粪养殖场,必须采用厌氧消化为主,配合好氧处理和其他生物处理的方法。

(4)自然生物处理法 对于养殖场规模小且有土地的偏远地区,尽量采用自然生物处理法。即实行干清粪工艺后,其污水处理可利用当地的自然条件和地理优势,利用附近废弃的沟塘、滩涂,采用投资少,运行费用低的方式处理污水。

(5)修建大中型沼气工程 对农村经济比较发达,农业生产已形成规模和专业化经营的自然村，可以实施以村为单位修建大中型沼气工程，使生态环境趋向良性循环。

2.具体要求

(1)畜禽养殖过程中产生的污水应坚持农牧结合的原则，经处理后尽量充分还田，实现污水资源化利用。

(2)对没有充足土地消纳污水的畜禽养殖场，可根据当地实际情况选取下列综合利用措施。①经过生物发酵后，可浓缩制成商品液体有机肥料。②进行沼气发酵并对沼渣、沼液尽可能实现综合利用。③进行其他生物能源或其他类 型的资源回收利用时要避免二次污染，排放部分要达到《畜禽养殖业污染物排放标准》(GB 18596—2001，2003 年 1 月 1 日实施)的规定。

3.处理方法

养殖场的污水来源主要有四条途径：生活用水、自然雨水、饮水器终端排出的水和饮水器中剩余的污水、洗刷设备及冲洗畜禽舍的水。必须对洗刷设备及冲洗畜禽舍的水严格处理。污水处理在减少污水量的同时，要采取科学的处理方法如下。

(1)物理法　通过物理作用，分离回收水中不溶解的悬浮状污染物质，主要包括重力沉淀、离心分离和过滤等方法。①重力沉淀法。可利用污水在沉淀池中静置时，其不溶性较大颗粒的重力作用，将粪水中的固形物沉淀而除去。②离心沉淀法。含有悬浮物质的污水在高速旋转时，由于悬浮物和水的质量不同，离心力大小亦不同，而实现固液分离。该法对猪、鸡粪使用较困难，主要是粪便黏性大，投、取料不便。③过滤法。是利用过滤介质的筛除作用使颗粒较大的悬浮物被截留在介质的表面，来分离污水中悬浮颗粒性污染物的一种方法。

(2)化学法　通过向污水中加入某些化学物质，利用化学反应来分离、回收污水中的污染物质，或将其转化为无害的物质。其处理的对象主要是污水中的溶解性或胶体性污染物的除去。常用的方法有混凝法、化学沉淀法、中和法、氧化还原法等。

(3)生物法　生物法是借助生物的代谢作用分解污水中的有机物，使水质得到净化的过程。生物法可以分为人工生物法和自然生物法。人工生物法主要包括活性污泥法和生物膜法。自然生物法主要包括氧化塘法和人工湿地法。

①活性污泥法　活性污泥是微生物群体及它们所吸附的有机物和无机物的总称，是一种由微生物和胶体所组成的絮状体。细菌是活性污泥净化功能的主体。活性污泥对污水的净化作用分为吸附、微生物分解有机物、絮凝体的形成与絮凝沉淀三个步骤。

活性污泥法的主要流程如图 5-17 所示，污水和回流污泥从池首端流入，呈推流式至池末端流出。污水净化过程的第一阶段吸附和第二阶段的微生物代谢是在一个统一的曝气池中连续进行的，进口处有机物浓度高，出口处有机物浓度低。

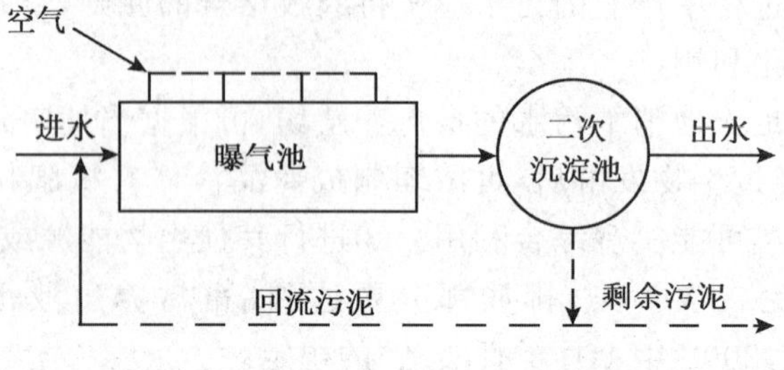

图 5-17　活性污泥法处理废水工艺流程

②生物膜法　生物膜法是利用微生物活动降解水体有机物，净化水体的一种方法。用生物膜处理废水的构筑物有生物滤池、生物转盘和生物接触氧化池等。

生物滤池是一种底层铺设滤料的水池，在滤料表面黏附有生物膜。当废水流入生物滤池时，滤料和生物膜截留吸附废水中的悬浮物质，微生物将生物膜滞留的有机物氧化分解为无机物。

生物转盘是由转轴、盘片和氧化槽构成的降解水中有机物的装置，盘片串联成组，中心横贯转轴，轴的两端置于固定在半圆形氧化槽的支座上。转盘的表面有40%～50%浸在氧化槽内的废水中，转轴一般高出水面 10～25 cm。生物转盘的构造如图 5-18 所示。当废水流经生物转盘时，盘片吸附截留水中有机物，在盘片表面形成生物膜，生物膜中微生物在快速增殖的过程中降解废水中的有机物。生物转盘除具有截留、吸附和降解有机物的作用外，还具有硝化、脱氮和除磷等功能。生物转盘处理废水的流程如图 5-19 所示。

③氧化塘法　氧化塘法是利用天然水体和土壤中的微生物、植物和动物的活动来降解废水中有机物的过程。按占优势微生物对氧的需求程度，可以将氧化塘分为厌氧塘、曝气塘、兼性塘、好氧塘。

A. 厌氧塘　水体有机质含量高，水体缺氧。水体中的有机物在厌氧菌作用下被分解产生沼气，沼气将污泥带到水面，形成了一层浮渣，浮渣可保温和阻止光合作用，维持水体的厌氧环境。厌氧塘净化水质的速度慢，废水在氧化塘中停留的时间最长(30～50 d)。

B. 曝气塘　曝气塘是在池塘水面安装有人工曝气设备的氧化塘。曝气塘水深为 3～5 m，在一定水深范围内水体可维持好氧状态。废水在曝气塘停留时间为

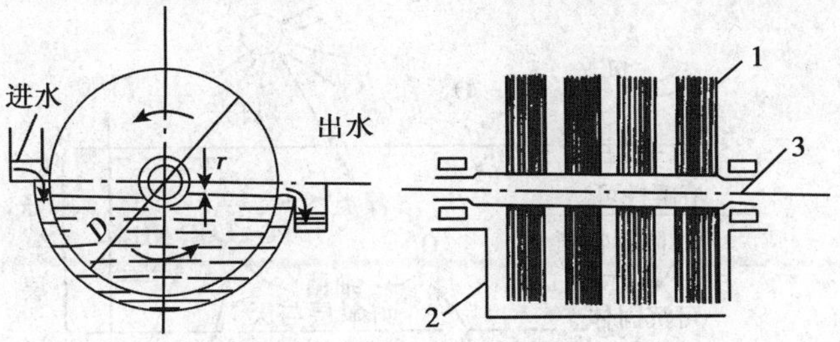

图 5-18　生物转盘构造示意图

1. 盘片　2. 氧化槽　3. 转轴

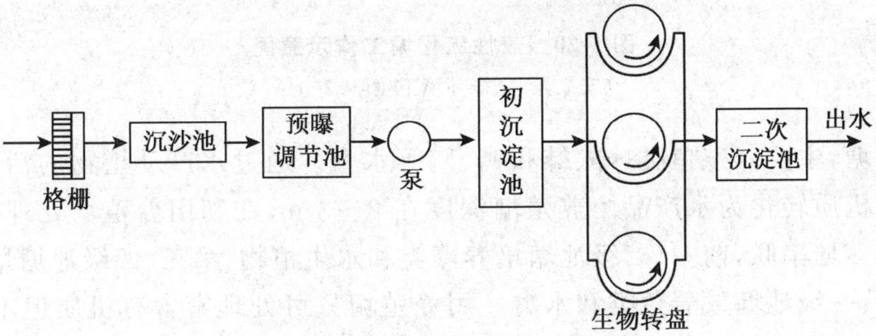

图 5-19　生物转盘法处理废水流程

3～8 d，曝气塘 BOD 负荷为 30～60 g/m^3，BOD_5 去除率平均在 70%以上。

C. 兼性塘　如图 5-20 所示，水体上层含氧量高，中层和下层含氧量低。废水中的有机物主要在上层被好氧微生物氧化分解，而沉积在底层的固体和老化藻类被厌氧微生物发酵分解。废水在塘内停留时间为 7～30 d，BOD_5 负荷 2～10 g/(m^2 · d)，BOD_5 去除率为 75%～90%。

D. 好氧塘　水体含氧量多，水较浅，一般水深只有 0.2～0.4 m，塘中的好氧菌在有氧环境中将有机物转化为无机物，从而使废水得到净化。好氧氧化塘所能承受的有机物负荷低，废水在塘内停留时间短，一般为 2～6 d，BOD_5 的去除率高，可达到 80%～90%，塘内几乎无污泥沉积，主要用于废水的二级和三级处理。

水生植物塘：主要是利用放养植物的代谢活动对污水进行净化。水生植物塘放养的植物应有较强的耐污能力，常用的水生植物有水葫芦、绿萍、芦苇、水葱等。水生植物对污水的净化途径是：吸收—贮存—富集大量的有机物，将有机物和矿物质转化为植物产品；捕集—积累—沉淀水体有机物；在水生植物根系表面形成大量生物膜，利用生物膜中微生物吸附降解水体有机物。

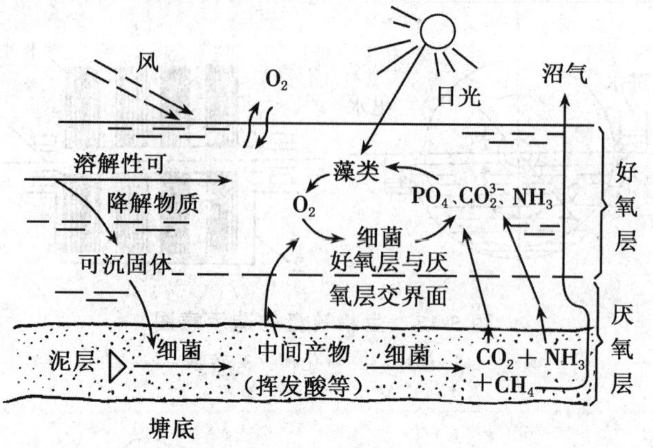

图 5-20 兼性氧化塘工作示意图

(安立龙.家畜环境卫生学.2004)

养殖塘:主要养殖鱼类、螺、蚌和鸭、鹅等水禽。通过水产动植物的活动,将废水中的有机质转化为水产品。养殖塘深度在 2～3 m,在利用养殖塘处理污水时,一般采用多塘串联,前一、二级池塘培养藻类和水生植物,第三、四级池塘培养浮游动物,最后一级池塘放养鱼类和水禽。用养殖塘只可处理富含有机质但不含重金属和累积性毒物的废水。

④人工湿地法 人工湿地法是一种利用生长在低洼地或沼泽地的植物的代谢活动来吸收转化水体有机物,净化水质的方法。在处理污水时,可将若干个人工湿地串联,组成人工湿地处理废水系统,这个系统可大幅度提高人工湿地处理废水的能力。人工湿地主要由碎石床、基质和水生植物组成,如图 5-21 所示。人工湿地种植的植物主要为耐湿植物如芦苇、水莲等沼泽植物。

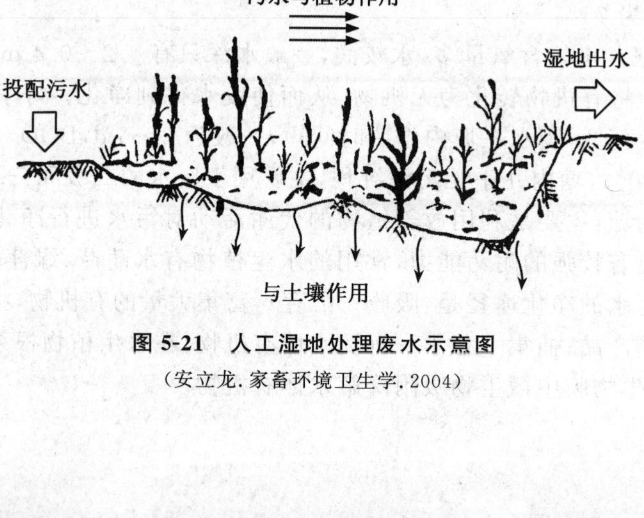

图 5-21 人工湿地处理废水示意图

(安立龙.家畜环境卫生学.2004)

利用生物学方法处理废水的工艺流程如图 5-22 所示。

厌氧塘 → 曝气塘 → 兼性塘 → 好氧塘 → 水生植物塘 → 养殖塘 → 灌溉
↓
人工湿地 1
↓
人工湿地 2
↓
灌溉

图 5-22 利用生物学方法处理畜牧场废水工艺流程

三、尸体处理方法

做好死亡畜禽的处理工作，不但可以控制环境污染，也是防止疾病流行与传播的一项重要措施。对死亡畜禽的处理原则：第一，对因烈性传染病而死的畜禽必须进行焚烧处理；第二，对其他伤病而死的畜禽可用熬煮法、填埋法等进行处理。畜禽尸体处理方法见表 5-5。在处理畜禽尸体时，不论采用哪种方法，都必须将病畜的排泄物、各种废弃物等一并进行处理，以免造成环境污染。

表 5-5 畜禽尸体处理方法

方法	采取措施	特点
焚烧	采用焚化炉，将死畜禽焚烧，使其成为灰烬 焚化炉由炉体、燃烧器、鼓风机和除尘除臭等组成	彻底消灭病菌、病毒，处理迅速、卫生。但不能利用产品，且成本高
熬煮	将尸体放于特制的高压锅（也可用普通大锅）内熬煮，经 100℃以上的高温处理一定时间	能够彻底消毒，并可保留部分产品（如晒干粉碎后可作为饲料）
填埋	填埋井深大于 2 m，直径 1 m，加盖密封。投入尸体后，覆 10 cm 的生石灰，并填满后用土封口	利用生物热的方法进行发酵，起到消毒灭菌的作用。可以避免二次污染

四、孵化废弃物的处理

在养禽场，孵化过程中有大量的废弃物产生，包括蛋壳、毛蛋、白蛋和血蛋。收集的废弃物装入密封的容器内才可以通过各室，并按“种蛋—雏鸡”的流程不可逆转原则运送，及时经废弃物出口运送至远离孵化厂的垃圾场焚烧处理。孵化厂的废弃物中含蛋白质 22%～32%，钙 17%～24%，脂肪 10%～18%，采用高温灭菌的方法处理后，也可用做畜禽的饲料，但不宜用做鸡的饲料，以防消毒不彻底，导致疾病传播。利用方法有两种：一是将蛋壳和死胚混合在一起，经高温消毒、干燥处理后，制成粉状饲料。另一种是将蛋壳与各阶段死胚分开处理，蛋壳经高温消毒、干燥后粉碎制成蛋壳粉，死胚单独加工成粉状料，其蛋白质含量更高。

五、消毒技术

消毒是预防传染病发生的最重要和最有效的措施之一，也是畜禽场环境管理和卫生防疫的重要内容。

(一)消毒分类

根据其目的和实施的时机不同，畜禽场的消毒通常分为经常性消毒、定期消毒、突击性消毒、临时消毒和终末消毒。

1. 经常性消毒

经常性消毒是指在未发生传染病的条件下，为了预防传染病的发生，消灭可能存在的病原体，根据畜禽场日常管理的需要，随时或经常对畜禽场环境以及畜禽经常接触到的人以及一些器物如工作衣、帽、靴进行消毒。消毒的主要对象是接触面广、流动性大、易受病原体污染的器物、设施和出入畜禽场的人员、车辆等。

简单易行的经常性消毒的办法是在场舍入口处设消毒槽和紫外线杀菌灯，人员牲畜出入时，踏过消毒池内之消毒液以杀死病原微生物。消毒槽须由兽医管理，定期清除污物，更换新配制的消毒液。进场时人员需经过淋浴并且换穿场内经紫外线灯消毒后的衣帽，再进入生产区，这是一种行之有效的预防措施，即使对要求极严格的种畜场，淋浴也是预防传染病发生的有效方法。

2. 定期消毒

定期消毒是指在未发生传染病时，为了预防传染病的发生，对于有可能存在病原体的场所或设施如圈舍、栏圈、设备用具等进行定期消毒。当畜群出售畜舍空出后，必须对畜舍及设备、设施进行全面清洗和消毒，以彻底消灭微生物，使环境保持清洁卫生。

3. 突击性消毒

突击性消毒是指在某种传染病爆发和流行过程中，为了切断传播途径，防止其进一步蔓延，对畜禽场环境、畜禽、器具等进行的紧急性消毒。由于病畜禽的排泄物中含有大量的病原体，带有很大的危险性，因此必须对病畜进行隔离，并对隔离畜舍进行反复的消毒。要对病畜所接触过的和可能受到污染的器物、设施及其排泄物进行彻底的消毒。对兽医人员在防治和试验工作中使用的器械设备和所接触的物品亦应进行消毒。

4. 临时消毒

在非安全地区的非安全期内，为消灭病畜携带的病原传播所进行的消毒，称为临时消毒。临时消毒应尽早进行，根据传染病的种类和用具选用合适的消毒剂。

5. 终末消毒

发病地区消灭了某种传染病，在解除封锁前，为了彻底消灭病原体而进行的最后消毒，称为终末消毒。终末消毒不仅要对病畜周围一切物品及畜舍进行消毒，而且要对痊愈畜禽的体表、畜舍和畜禽场其他环境进行消毒。

(二)消毒方法

1. 机械消毒

用清扫、铲刮、洗刷等机械方法清除降尘、污物及粘染在墙壁、地面以及设备上的粪尿、残余饲料、废物、垃圾等，这样可减少大气中的病原微生物。必要时，应将舍内外表层附着物一齐清除，以减少感染疫病的机会。在进行消毒前，必须彻底清扫粪便及污物，对清扫不彻底的畜舍进行消毒，即使用高于规定的消毒剂量，效果也不显著。因为除了强碱(氢氧化钠溶液)以外，一般消毒剂，即使接触少量的有机物(如泥垢，尘土或粪便等)也会迅速丧失杀菌力。因此，消毒以前的场地必须进行清扫、铲刮、洗刷并保持清洁干净。

通风可以减少空气中的微粒与细菌的数量，减少经空气传播疫病的机会。在通风前，使用空气喷雾消毒剂，可以起到沉降微粒和杀菌作用。然后，再依次进行清扫、铲刮与洗刷。最后，再进行空气喷雾消毒。

2. 物理消毒

(1)日光照射　日光照射消毒是指将物品置于日光下曝晒，利用太阳光中的紫外线、阳光的灼热和干燥作用使病原微生物灭活的过程。这种方法适用于对畜禽场、运动场场地，垫料和可以移出室外的用具等进行消毒。因此，利用直射阳光消毒牧场、运动场以及可移出舍外、已清洗的设备与用具，既经济又简便。畜舍内的散射光也能将微生物杀死，但作用弱得多。阳光的灼热引起的干燥亦有灭菌作用。

在强烈的日光照射下，一般的病毒和非芽孢菌经数分钟到数小时内即可被杀灭。常见的病原被日光照射杀灭的时间，巴氏杆菌为6～8 min，口蹄疫病毒为1 h，结核杆菌为3～5 h。即使对恶劣环境抵抗能力较强的芽孢，在连续几天强烈阳光反复暴晒后也可以被杀灭或变弱。阳光的杀菌效果受空气温度、湿度、太阳辐射强度及微生物自身抵抗能力等因素的影响。低温、高湿及能见度低的天气消毒效果差，高温、干燥、能见度高的天气杀菌效果好。

(2)辐射消毒　紫外线照射消毒是用紫外线灯照射杀灭空气中或物体表面的

病原微生物的过程。紫外线照射消毒常用于种蛋室、兽医室等空间以及人员进入畜舍前的消毒。由于紫外线容易被吸收，对物体（包括固体、液体）的穿透能力很弱，所以紫外线只能杀灭物体表面和空气中的微生物。当空气中微粒较多时，紫外线的杀菌效果降低。由于畜舍内空气尘粒多，所以，对畜舍内空气采用紫外线消毒效果不理想。另外，紫外线的杀菌效果还受环境温度的影响，消毒效果最好的环境温度为20～40℃，温度过高或过低均不利于紫外线杀菌。

用包括X射线、γ射线、β射线、阴极射线、中子与质子电离辐射照射物体，以杀灭物体内细菌和病毒等微生物的过程，称为电离辐射消毒。电离辐射具有强大的穿透力且不产生热效应，尽管已在食品业与制药业领域广泛使用，但产生电离辐射需有专门的设备，投资和管理费用都很大，因此，在畜牧业中短期内尚难采用。

（3）高温消毒　高温消毒是利用高温环境破坏细菌、病毒、寄生虫等病原体结构，杀灭病原的过程，主要包括火焰、煮沸和高压蒸气等消毒形式。

火焰消毒是利用火焰喷射器喷射火焰灼烧耐火的物体或者直接焚烧被污染的低价值易燃物品，以杀灭黏附在物体上的病原体的过程。这是一种简单可靠的消毒方法，杀菌率高，平均可达97%；消毒后设备表面干燥。常用于畜舍墙壁、地面、笼具、金属设备等表面的消毒。使用火焰消毒时应注意以下几点：每种火焰消毒器的燃烧器都只和特定的燃料相配，故一定要选用说明书指定的燃料种类；要撤除消毒场所的所有易燃易爆物，以免引起火灾；先用药物进行消毒后，再用火焰消毒器消毒，才能提高灭菌效率。

煮沸消毒是将被污染的物品置于水中蒸煮，利用高温杀灭病原的过程。煮沸消毒经济方便，应用广泛，消毒效果好。一般病原微生物在100℃沸水中5 min即可被杀死，经1～2 h煮沸可杀死所有的病原体。这种方法常用于体积较小而且耐煮的物品如衣物，金属、玻璃等器具的消毒。

高压蒸汽消毒则是利用水蒸气的高温杀灭病原体。其消毒效果确实可靠，常用于医疗器械等物品的消毒。常用的温度为115℃、121℃或126℃，一般需维持20～30 min。

3. 化学消毒

化学消毒比其他消毒方法速度快、效率高，能在数分钟内进入病原体内并杀灭之。所以，化学消毒法是畜禽场最常用的消毒方法。

（1）常用化学消毒剂的使用方法及适用范围见表5-6。

表 5-6 常用消毒剂的种类、性质、用法与用途

类别	药名	理化性质	用法与用途
醛类	福尔马林	无色，有刺激性气味的液体，含40%甲醛，90℃下易生成沉淀	1%～2%环境消毒，与高锰酸钾配伍熏蒸消毒畜舍房舍等
	戊二醛	挥发慢，刺激性小，碱性溶液，有强大的灭菌作用	2%水溶液，用0.3%碳酸氢钠调整pH在7.5～8.5可消毒，不能用于热灭菌的精密仪器、器材的消毒
酚类	苯酚（石炭酸）	白色针状结晶，弱碱性易溶于水、有芳香味	杀菌力强，2%用于皮肤消毒；3%～5%用于环境与器械消毒
	煤酚皂（来苏儿）	无色，遇光或空气变为深褐色，与水混合成为乳状液体	2%用于皮肤消毒；3%～5%用于环境消毒；5%～10%用于器械消毒
醇类	乙醇（酒精）	无色透明液体，易挥发，易燃，可与水和挥发油任意混合	70%～75%用于皮肤和器械消毒
季铵盐类	苯扎溴铵（新洁尔灭）	无色或淡黄色透明液体，无腐蚀性，易溶于水，稳定耐热，长期保存不失效	0.01%～0.05%用于洗眼和阴道冲洗消毒；0.1%用于外科器械和手消毒；1%用于手术部位消毒
	杜米芬	白色粉末，易溶于水和乙醇，受热稳定	0.01%～0.02%用于黏膜消毒；0.05%～0.1%用于器械消毒；1%用于皮肤消毒
	双氯苯胍己烷	白色结晶粉末，微溶于水和乙醇	0.02%用于皮肤、器械消毒；0.5%用于环境消毒
过氧化物类	过氧乙酸	无色透明酸性液体，易挥发，具有浓烈刺激性，不稳定，对皮肤、黏膜有腐蚀性	0.2%用于器械消毒；0.5%～5%用于环境消毒
	过氧化氢	无色透明，无异味，微酸苦，易溶于水，在水中分解成水和氧	1%～2%创面消毒；0.3%～1%黏膜消毒
	臭氧	在常温下为淡蓝色气体，有鱼腥臭味，极不稳定，易溶于水	30 mg/m³，15 min室内空气消毒；0.5 mg/kg，10 min用于水消毒；15～20 mg/kg用于污染源污水消毒
	高锰酸钾	深紫色结晶，溶于水	0.1%用于创面和黏膜消毒；0.01%～0.02%用于消化道清洗
烷基化合物	环氧乙烷	常温无色气体，沸点10.4℃，易燃、易爆、有毒	50 mg/kg密闭容器内用于器械、敷料等消毒

续表 5-6

类别	药名	理化性质	用法与用途
含碘类消毒剂	碘酊碘酒	红棕色液体，微溶于水，易溶于乙醚、氯仿等有机溶剂	2%～2.5%用于皮肤消毒
		主要剂型为聚乙烯吡咯烷酮碘和聚乙烯醇碘等，性质稳定，对皮肤无害	0.5%～1%用于皮肤消毒；10 mg/kg 浓度用于饮水消毒
含氯化合物	漂白粉（含氯石灰）	白色颗粒状粉末，有氯臭味，久置空气中失效，大部分溶于水和醇	5%～10%用于环境和饮水消毒
	漂白粉精	白色结晶，有氯臭味，含氯稳定	0.5%～1.5%用于地面、墙壁消毒；0.3～0.4 g/kg 饮水消毒
	氯铵类（含氯铵 B、C、T）	白色结晶，有氯臭味，属氯稳定类消毒剂	0.1%～0.2%浸泡物品与器材消毒；0.2%～0.5%水溶液喷雾用于室内空气及表面消毒
碱类	氢氧化钠（火碱）	白色棒状、块状、片状，易溶于水，碱性溶液，易吸收空气中的 CO_2	0.5%溶液用于煮沸消毒敷料消毒；2%用于病毒消毒；5%用于炭疽消毒
	生石灰	白色或灰白色块状，无臭，易吸水，生成氢氧化钙	加水配制 10%～20%石灰乳涂刷畜舍墙壁、畜栏等消毒
乙烷类（二胍类）	氯己定（洗必泰）	白色结晶，微溶于水，易溶于醇，禁忌与升汞配伍	0.01%～0.025%用于腹腔、膀胱等冲洗；0.02%～0.05%水溶液，术前洗手浸泡 5 min

（赵化民.畜禽养殖场消毒指南.2004）

(2)选择消毒剂的原则

①适用性：不同种类的病原微生物构造不同，对消毒剂反应不同，有些消毒剂为“广谱”性的，对绝大多数微生物都具有杀灭效果，也有一些消毒剂为“专用”的，只对有限的几种微生物有效。因此，在购买消毒剂时，须了解消毒剂的药性，消毒的对象如物品、畜舍、汽车、食槽等特性，应根据消毒的目的、对象，根据消毒剂的作用机理和适用范围选择最适宜的消毒剂。

②杀菌力和稳定性：在同类消毒剂中注意选择消毒力强、性能稳定，不易挥发、不易变质或不易失效的消毒剂。

③毒性和刺激性：大部分消毒剂对人、畜具有一定的毒性或刺激性，所以应尽量选择对人、畜无害或危害较小的，不易在畜产品中残留的并且对畜舍、器具无腐蚀性的消毒剂。

④经济性：应优先选择价廉、易得、易配制和易使用的消毒剂。

(3)化学消毒剂的使用方法

①清洗法:清洗法是用一定浓度的消毒剂对消毒对象进行擦拭或清洗,以达到消毒目的。常用于对种蛋、畜舍地面、墙裙、器具进行消毒。

②浸泡法:浸泡法是一种将需消毒的物品浸泡于消毒液中进行消毒的方法。常用于对医疗器具、小型用具、衣物进行消毒。

③喷洒法:喷洒法是将一定浓度的消毒液通过喷雾器或洒水壶喷洒于设施或物体表面以进行消毒。常用于对畜舍地面、墙壁、笼具及动物产品进行消毒。喷洒法简单易行、效力可靠,是畜禽场最常用的消毒方法。

④熏蒸法:熏蒸法是利用化学消毒剂挥发或在化学反应中产生的气体,以杀死封闭空间中病原体。这是一种作用彻底、效果可靠的消毒方法。常用于对孵化室、无畜禽的畜舍等空间进行消毒。熏蒸消毒时应注意:A. 畜禽舍要密闭。B. 盛药容器要耐腐蚀。C. 温度和湿度要适宜。一般舍温不应低于 18℃,相对湿度以60%~80%为好,不能低于 60%。当舍温在 26℃,相对湿度在 80%以上时,熏蒸消毒效果最好。D. 消毒后要通风换气。要通风换气 2 d 以上再使用。如果急需使用,可用氨气中和甲醛,根据空间大小用氯化铵 5 g/m^3、生石灰 10 g/m^3、75℃热水 10 mL/m^3,混合后放入容器内,即可产生氨气。30 min 后打开禽舍门窗,通风 30~60 min 后即可进入。

⑤气雾法:气雾法是利用气雾发生器将消毒剂溶液雾化为气雾粒子对空气进行消毒。由于气雾发生器喷射出的气雾粒子直径很小(小于 200 nm),质量极小,所以,能在空气中较长时间的飘浮并可以进入细小的缝隙中,因而消毒效果较好,是消灭气源性病源微生物的理想方法。如全面消毒畜舍空间,每立方米用 5%过氧乙酸溶液 2.5 mL。

(三)常规消毒管理

1. 养殖场消毒管理制度的建立

(1)全场或局部畜舍进行全进全出式消毒,消毒后空舍 1 周后再转入畜禽。

(2)在畜禽场大门口设置消毒池,消毒池的长度不应小于汽车轮胎的周长,一般在 2 m 以上,宽度应与门的宽度相同,水深 10~15 cm,内放 2%~3% 氢氧化钠溶液和草包,用于车进入时轮胎的消毒。池内的消毒液约 1 周更换 1 次,北方冬季消毒池内的消毒液应换用生石灰。在养殖场生产区的门口和每栋畜舍的门外也设有消毒池,进入生产区或进入畜舍时均需踏池而过,消毒池内的消毒液一般用 3%氢氧化钠或 3%来苏儿,消毒液应定时更换。

(3)畜舍门口的内侧放有消毒水盆,进入畜舍后需先进行洗手消毒 3 min,再用清水洗干净,然后才可以开始工作。消毒水一般用 0.1%百毒杀或 1%的来苏儿，消毒水每隔 1 d 更换 1 次。

(4)畜禽的饮水器、食槽、用具要定时消毒；粪池和解剖室要定期进行消毒；死尸和粪污要无害化处理。

(5)进入养殖场(尤其是鸡场和猪场)的工作人员或临时工作人员都要更换消毒服、鞋和帽后，才可以进入生产区。消毒服每周消毒 1 次，也可穿着一次性塑料套服。消毒服限于在生产区内穿着，不能穿着走出生产区外。有条件的鸡场需先洗澡后，再更换消毒服。

(6)防疫用后的连续注射器要高压灭菌消毒；使用后的疫苗瓶要焚烧消毒；解剖后的畜禽尸体要焚烧消毒。

(7)畜禽场生产区和生活区分开，设置专门隔离室和兽医室，做好发病畜禽隔离、检疫和治疗工作，控制疫病范围，做好病后消毒净群等工作。

(8)当某种疾病在本地区或本场流行时，要及时采取相应防制措施，并要按规定上报主管部门，采取隔离、封锁措施。

(9)坚持自繁自养的原则，若确定需要引种，必须隔离 45 d，确认无病，并接种疫苗后方可调入生产区。

(10)长年定期灭鼠，及时消灭蚊蝇，以防疾病传播。

(11)养殖场所用的消毒剂应选用价格便宜，容易买到，在硬水中容易溶解，对人和畜禽比较安全，对用具和纤维织物没有腐蚀性或破坏性，在空气中稳定，没有令人不快的气味，没有残留毒性的消毒剂。

(12)运送饲料的包装袋，回收后必须经过消毒，方可再利用，以防止污染饲料。

2. 畜禽舍的消毒方法

(1)鸡舍消毒方法　养鸡场的鸡舍消毒分为空舍消毒和带鸡消毒两种情况，但无论哪种情况都必须掌握科学的消毒方法才能达到良好的消毒效果。空舍消毒有六大消毒程序，即清扫、洗刷、冲洗消毒、粉刷消毒、火焰消毒、熏蒸消毒。

①清扫：在鸡饲养期结束时，将鸡舍内的鸡全部移走，并清除散落在鸡舍内外的鸡只。清除鸡舍内存留的饲料，未用完的饲料不再存留在鸡舍内，也不应在另外鸡群中使用，可作为垃圾或猪料使用，然后将地表面上的污物清扫干净，铲除鸡舍周围的杂草，并将其一并送往堆集垫料和鸡粪处。将可移动的设备运输到舍外，经清洗和阳光照射后，放置于洁净处备用。

②洗刷：用高压水枪冲洗舍内的天棚、四周墙壁、门窗、笼具及水槽和料槽，达到去尘、湿润物体表面的作用。然后用清洁刷将水槽、料槽和料箱的内外表面污垢彻底清洗；用扫帚刷去笼具上的粪渣；用板铲清除地表上的污垢，然后再用清水冲洗。反复 2～3 次，到物见本色为止。

③冲洗消毒：鸡舍洗刷后，用酸性消毒剂和碱性消毒剂交替消毒，使耐酸的细菌和耐碱的细菌均能被杀灭。为防止酸碱消毒剂发生中和反应消耗消毒剂用量，在使用酸性消毒剂后，用清水冲洗后再用碱性消毒剂，冲洗消毒后要清除地面上的积水，打开门窗风干畜舍。

④粉刷消毒：对鸡舍不平整的墙壁用 10%～20% 的氧化钙乳剂进行粉刷，现配现用。同时用 1 kg 氧化钙加 350 mL 水，配成乳剂，撒在阴湿地面、笼下粪池内。在地与墙的夹缝处和柱的底部涂抹杀虫剂，以保证能杀死进入鸡舍内的昆虫。

⑤火焰消毒：用专用的火焰消毒器或火焰喷灯，对鸡舍的水泥地面、金属笼具及距地面 1.2 m 的墙体进行火焰消毒，要求各部位火焰灼烧的时间达 3 s 以上。

⑥熏蒸消毒：鸡舍清洗干净后，紧闭门窗和通风口，舍内温度要求在 18～25℃，相对湿度在 65%～80%，用适量的消毒剂进行熏蒸消毒(表 5-7)。

表 5-7 鸡舍熏蒸消毒用药剂量

鸡舍状况	浓度等级	甲醛/(mL/m^3)	高锰酸钾/(g/m^3)	热水/(mL/m^3)
未使用过的鸡舍	一倍浓度	14	7	10
未发疫病鸡舍	二倍浓度	28	14	10
已发疫病鸡舍	三倍浓度	42	21	10

甲醛与高锰酸钾消毒方法及要求：消毒前先将鸡舍的窗户用塑料布、板条及钉子密封，将舍门用塑料布钉好待封，用电炉将鸡舍温度提高到 26℃，同时向舍内地面洒 40℃热水至地面全部淋湿为止，然后将甲醛分别放入几个消毒容器(瓷盆)中，置于鸡舍不同的过道上，配置与消毒容器数量相等的工作人员，依次站在消毒容器旁等待操作，当准备就绪后，由距离门最远的工作人员开始操作，依次向容器内放入用纸兜好的定量的高锰酸钾，放入后迅速撤离，待最后一位工作人员将高锰酸钾放入消毒容器时所有的工作人员都已撤离到门口，待工作人员全部撤出后，将舍门关严并封好塑料布。密封 3～7 d 后打开通风排出余气。具体消毒程序见图 5-23。

如果发生了传染病，用具有特异性和消毒力强的消毒剂喷洒鸡舍后再清扫，就可防止病原随尘土飞扬造成疾病在更大范围传播。然后以大剂量特异性消毒剂反复进行喷洒、喷雾及熏蒸消毒。一般每日一次，直至传染病被彻底扑灭，解除封锁为止。

带鸡消毒就是定期把消毒液直接喷洒在鸡体上的一种消毒方法，此法可以杀死或减少舍内空气中的病原体、沉降舍内的尘埃，维持舍内环境的清洁度，夏季防

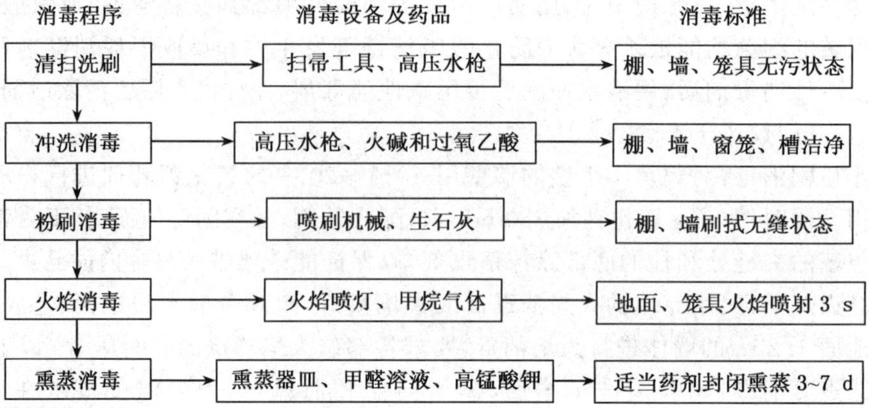

图 5-23　鸡舍消毒程序示意图

（蔡长霞．畜禽环境卫生．2006）

暑降温。要求雾滴的大小为 80～100 μm。小型禽场可使用一般农用喷雾器，大型禽场使用专用喷雾装置。雏鸡两天进行一次带鸡消毒，中鸡和成鸡每周进行一次带鸡消毒。

(2)猪舍的消毒方法

①健康猪场环境消毒：对健康猪场主要进行预防性消毒，现代化猪场一般采用每月 1 次全场彻底大消毒，每周 1 次环境、栏圈消毒。圈舍地面的预防性消毒主要是经常清扫、定期用一般性的消毒药喷洒即可。猪舍的消毒包括定期预防消毒和发生传染病时的临时消毒。预防消毒一般每半月或 1 个月进行 1 次，临时消毒则应及时彻底。在消毒之前，先彻底清扫圈舍，若发生人畜共患的传染病应先用有效消毒药物喷洒后再打扫、清理，以免病原微生物随土飞扬造成更大的污染。清扫时要把饲槽洗刷干净，将垫草、垃圾、剩料和粪便等清理出去，然后用消毒药进行喷雾消毒。药液的浓度根据具体情况而定，若发生传染病，则应选择对该种传染病病原有效的消毒剂。

②感染场环境消毒：疫情活动期间消毒是以消灭病畜所散布的病源为目的而进行的消毒。其消毒的重点是病猪集中点、受病原体污染点和消灭传播媒介。消毒工作要尽早进行，每隔 2 d 进行 1 次。疫情结束后，要进行终末消毒。对病猪周围的一切物品，猪舍、猪体表进行重点消毒。对感染猪场环境的消毒是消毒工作的重点和难点。具体的消毒方法见表 5-8。

表 5-8 猪场环境、栏圈消毒方法

消毒对象	药物与浓度	消毒方法	药液配制
场(舍)门口	5%氢氧化钠、0.5%过氧乙酸	药液水深 20 cm 以上，每周更换 1 次	投入消毒池内混合均匀
消毒池	5%来苏儿等		
环境(疫情静止期)	3%氢氧化钠、10%石灰乳等	喷洒，每周 1 次，2 h 以上	与常水配制
栏圈(疫情活动期)	15%漂白粉、5%氢氧化钠等	喷雾，每天 1 次，2 h 以上	与常水配制
土壤、粪便、粪池、垫草及其他污物	20%漂白粉、5%粗制苯酚，生物热消毒法	浇淋、喷雾、堆积、泥封发酵	药物与常水配制
空气	紫外线照射、甲醛溶液加 1 倍水等	煮沸蒸腾 0.5 h	甲醛与等量水配制
车辆	与环境、栏圈消毒法相同		
饮水	漂白粉(25%有效氯)、氯胺等	1 m^3 水加 6～10 g 漂白粉，1 L 水加 3 g 氯胺，1 L 水加 2 g 氯作用 6 h	
污水	漂白粉(25%有效氯)、氯胺等		
猪舍带猪消毒	3%来苏儿、0.3%农家福等	喷雾，不定期	与净水配制
驱体外寄生虫	1%～3%敌百虫等	喷雾，冬季每周 1 次，连续 3 次	与净水配制
杀灭老鼠	各种灭鼠剂	于老鼠出入处每月投放 1 次	以玉米粒等为载体
杀灭有害昆虫	95%敌百虫粉	7.5 L 药液喷洒 75 m^2；或设毒蚊缸，每周加药 1 次	药 15 g 加水 7.5 L

(赵化民. 畜禽养殖场消毒指南. 2004)

③不同污染情况采取的消毒药物：猪的几种主要疫病的消毒措施见表 5-9。对尚未确诊的传染病最好采取广谱的消毒药物，同时对圈舍等采用全进全出的饲养管理方式，如不能做到可采取局部的全进全出，然后进行清扫、冲洗，地面及墙壁用 5% 氢氧化钠溶液喷淋，2～3 d 后再用清水冲洗，晾干。

表 5-9 猪的几种主要疫病的消毒方法

病名	药物及浓度	消毒方法	备注
口蹄疫	5%氢氧化钠、4%碳酸氢钠等	喷雾，每 3 d 1 次	用热消毒液
猪瘟	5%氢氧化钠、5%漂白粉等	喷雾，每 5～7 d 1 次	

续表 5-9

病名	药物及浓度	消毒方法	备注
乙型脑炎	5%石炭酸、3%来苏儿等	喷雾,每 5～7 d 1 次	每天用敌百虫毒杀蚊虫
猪流感	3%氢氧化钠、5%漂白粉等	喷雾,每 5～7 d 1 次	
伪狂犬病	3%氢氧化钠、生石灰等	喷雾,铺撒,每 7 d 1 次	
猪传染性胃肠炎 猪流行性腹泻	0.5%过氧乙酸、含氯消毒药等	喷雾,每 7 d 1 次	
大肠杆菌病	2%氢氧化钠、4%甲醛等	喷雾,先用氢氧化钠,再用甲醛消毒、间隔 10 h	
猪蓝耳病	3%氢氧化钠、5%漂白粉等	喷雾,每 3 d 1 次	
猪细小病毒病	2%氢氧化钠、3%来苏儿等	喷雾,每 5～7 d 1 次	
胸腹肺炎	3%氢氧化钠、5%漂白粉等	喷雾,每 5～7 d 1 次	
萎缩性鼻炎	3%氢氧化钠、生石灰等	喷雾,铺撒,每 7 d 1 次	
蛔虫病	5%热碱水、生石灰等	刷洗,铺撒,每 10 d 1 次	
球虫病	5%热碱水、生石灰等	每 7 d 消毒 1 次	

(赵化民.畜禽养殖场消毒指南.2004)

(3)牛、羊舍的消毒方法

①牛、羊舍的消毒:健康场的牛、羊舍可使用 3%漂白粉溶液、3%～5%硫酸石炭酸合剂热溶液、15%新鲜石灰混悬液、4%氢氧化钠溶液、2%甲醛溶液等进行消毒。若已被病原微生物感染的牛、羊舍,要对其运动场、舍内地面、墙壁等进行全面彻底的消毒。消毒时,首先将粪便、垫草、残余饲料、垃圾加以清扫,堆放在指定地点发酵处理或焚烧(或深埋)。对污染的土质地面用 10% 漂白粉溶液喷洒,然后掘起表土 30 cm 左右,撒上漂白粉,与土混合后将其深埋,对水泥地面、墙壁、门窗、饲槽用具等用 0.5% 百毒杀进行喷淋或浸泡消毒,畜舍再用 3 倍浓度的甲醛溶液和高锰酸钾进行熏蒸消毒。对疑似的病畜要迅速隔离,对危害较重的传染病应及时封锁,进出人员、车辆等要严格消毒,要在最后一头病畜痊愈后两周内无新病例出现,经全面大消毒,经上级部门批准后方可解除封锁,并采取合理治疗等综合防治措施。

②牛体表消毒:牛体表消毒主要针对体外寄生虫侵袭的情况决定。养牛场要在夏秋两季各检查一次虱子等体表寄生虫的侵害情况。对蠕形螨、蜱、虻等的消毒与治疗见表 5-10。

③羊体表消毒:羊体表消毒指经皮肤、黏膜施用消毒剂的方法,具有防病治病兼顾的作用。体表给药可以杀灭羊体表的寄生虫或微生物,有促进黏膜修复和恢

复的生理功能。常用消毒方法主要有药浴、涂擦、洗眼、点眼、阴道子宫冲洗等。

表 5-10 牛体表消毒药剂名称、用量及注意事项

寄生虫	药剂名称及用量	注意事项
蠕形螨	14% 碘酊涂擦皮肤，如有感染，采用抗生素治疗	定期用苛性钠溶液或新鲜石灰乳消毒圈舍，对病牛舍的围墙用喷灯火焰杀螨
蜱	0.5%～1% 敌百虫、氰戊菊酯、溴氰菊酯溶液喷洒体表	注意药量，注意灭蜱和避蜱放牧
虻	敌百虫等杀虫药剂喷洒	

（赵化民．畜禽养殖场消毒指南．2004）

3．进场人员的消毒

人员是畜禽疾病传播中最危险、最常见也最难以防范的传播媒介，必须靠严格的制度并配合设施进行有效控制。在生产区入口处要设置更衣室与消毒室。更衣室内设置淋浴设备，消毒室内设置消毒池和紫外线消毒灯。工作人员进入畜禽生产区要淋浴，更换干净的工作服、工作靴，并通过消毒池对鞋进行消毒，同时要接受紫外线消毒灯照射 5～10 min。常用的紫外线消毒灯规格为 220 V/30 W。

工作人员进入或离开每一栋舍要养成清洗双手、踏消毒池消毒鞋靴的习惯。尽可能减少不同功能区内工作人员交叉现象。主管技术人员在不同单元区之间来往应遵从清洁区至污染区，从日龄小的畜群到日龄大的畜群的顺序。饲养员及有关工作人员应远离外界畜禽病原污染源，不允许私自养动物。有条件的场，可采取封闭隔离制度，安排员工定期休假。当进入隔离舍和检疫室时，还要换上另外一套专门的衣服和雨靴。

尽可能谢绝外来人员进入生产区参观访问，经批准允许进入参观的人员要进行淋浴洗澡，更换生产区专用服装、靴帽。杜绝饲养户之间随意互相串门的习惯。工作人员应定期进行健康检查，防止人畜互感疾病。创造条件，最好采用微机闭路监控系统，便于管理人员和参观者不必轻易进入生产区。

4．饲养设备及用具的消毒

料槽、水槽以及所有的饲养用具，除了保持清洁卫生外，要每天刷洗 1 次，大家畜的饲养用具每隔 15 d 用高锰酸钾水或百毒杀消毒 1 次，每个季度全面消毒 1 次。家禽的饲养用具要求每隔 7 d 消毒 1 次，每个月全面消毒 1 次。各种畜舍的饲养用具要固定专用，不得随便串用，生产用具每周消毒 1 次。

5．畜禽场及生产区等出入口的消毒

在畜禽场入口处供车辆通行的道路上应设置消毒池，在供人员通行的通道上设置消毒槽，池（槽）内用草垫等物体作消毒垫。消毒垫以 20%新鲜石灰乳、2%～

4%的氢氧化钠或3%～5%的煤酚皂液(来苏儿)浸泡,对车辆、人员的足底进行消毒,值得注意的是应定期(如每7 d)更换1次消毒液。

6. 环境消毒

畜禽转舍前或入新舍前对畜舍周围5 m以内及畜舍外墙用0.2%～0.3%过氧乙酸或2%的火碱溶液喷洒消毒;对场区的道路、建筑物等要定期消毒,对发生传染病的场区要加大消毒频率和消毒剂量。

7. 运输工具的消毒

使用车辆前后都必须在指定的地点进行消毒,对运输途中未发生传染病的车辆进行一般的粪便清除及热水洗刷即可。运输过程中发生过一般的传染病或有感染一般传染病可疑者,车厢应先清除粪便,用热水洗刷后再进行消毒。运输过程中发生恶性传染病的车厢、用具应经2次以上的消毒,并在每次消毒后再用热水清洗。处理的程序是先清除粪便、残渣及污物,然后用热水自车厢顶棚开始,渐及车厢内外进行各部冲洗,直至洗水不呈粪黄色为止,洗刷后进行消毒。发生过恶性传染病的车厢,应先用有效消毒药液喷洒消毒后再彻底清扫,清除污物后再用消毒药消毒。两次消毒的间隔时间为0.5 h。最后1次消毒后3 h左右用热水洗刷后再行使用。

8. 粪便及垫草的消毒

在一般情况下,畜禽的粪便和垫草最好采用生物消毒法消毒。采用这种方法可以杀灭大多数病原体如口蹄疫、猪瘟、猪丹毒及各种寄生虫卵。但是对患炭疽、气肿疽等传染病的病畜粪便,应采取焚烧或经有效的消毒剂处理后深埋。

技能训练　环境消毒技术

【目的要求】

环境消毒是畜禽场卫生防疫工作的重要部分,对预防疾病的发生和蔓延具有重要意义。本次实训的目的是学会环境消毒的正确方法,以便正确、彻底地对牧场环境进行消毒。

【材料器具】

(1)消毒剂　3%～5%煤酚皂(或3%～5%烧碱、0.5%过氧乙酸、10%～20%漂白粉或10%～20%生石灰)、百毒杀(或新洁尔灭)、甲醛、高锰酸钾。

(2)火焰喷灯、瓷盆、喷雾器(小型)。

(3)选一畜禽场(鸡场、猪场或牛场)进行消毒。

【内容方法】

(1)人员消毒　进入场区的所有人员,经门口紫外线消毒,换上工作服和工作鞋、经消毒池消毒后方可进入畜舍。对重点畜禽场，特别是高代次的种畜禽场必要时还应设洗澡间，进场时先要洗澡，更换衣服再进行常规消毒，才可进入畜禽舍。

(2)环境消毒　畜禽场大门及各畜禽舍入口处的消毒池中放入2%氢氧化钠，消毒池液每天换1次(放0.2%新洁尔灭，每3 d换1次)；生产区的道路每周用3%烧碱喷洒消毒1次，在有疫情发生时，每天消毒1次。运动场在消毒前，将表层土清理干净，然后用10%～20%漂白粉喷洒，或用火焰消毒。

(3)畜禽舍消毒　先打扫、清洗干净地面、墙壁后，用10%～20%生石灰或3%～5%烧碱喷雾或冲洗消毒后，再熏蒸消毒24 h以上，熏蒸消毒1 m^3畜禽舍用甲醛42 mL，高锰酸钾21 g。按畜禽舍容积称好消毒剂后，先将高锰酸钾置于瓷盆内(加适量水，以延缓反应速度，以便消毒人员安全撤出)，再加入甲醛，人员尽快撤离，关闭门窗消毒最少24 h后，打开门窗，让空气充分对流，待无刺激性气味后，才可进入。

对于育雏舍，消毒要求较严格，可在清洗晾干后先用火焰喷灯(枪)消毒地面、墙壁、围栏、笼具等，然后采用上述方法进行药物消毒。

(4)设备用具的消毒　对畜禽场使用的所有设备与用具，如饲槽、水槽(饮水器)、笼具等，清洗干净后用0.1%新洁尔灭或0.5%过氧乙酸溶液喷洒或浸泡消毒。

(5)畜体消毒　畜体常携带病原菌，是污染源，会污染环境，必须经常进行消毒。选用百毒杀(碘伏、次氯酸钠等)喷雾消毒。

【作业习题】

选一畜禽场(猪场、禽场或牛场)进行环境消毒。

六、灭蝇防鼠

在畜禽场内，鼠类不但偷食饲料、破坏建筑物和场内设施，而且能传播疾病。蚊和蝇等的最大危害是传播病原，它们对畜禽健康危害甚大。

(一)防治蚊蝇

1.保持环境清洁和干燥

经常打扫卫生，及时清除畜禽粪便、污水，避免在场内及周围积水，保持畜禽场环境干燥、清洁。填平无用的污水池、土坑、水沟和洼地是永久性消灭蚊蝇滋生的好办法。保持排水系统畅通，对阴沟、沟渠等定期疏通，勿使污水潴积。对贮水池等容器加盖，以防蚊蝇飞入产卵。对不能清除或加盖的防火贮水器，在蚊蝇滋生季节，应定期换水。排污管道应采用暗沟，粪水池应尽可能加盖。采用腐熟堆肥和生产沼气等方法对粪便污水进行无害化处理，铲除蚊蝇滋生的环境条件。

2. 化学防治

定期用化学药品(杀虫剂)杀灭畜舍、畜体及周围环境的害虫,可以有效抑制害虫繁衍孳生。应优先选用低毒高效的杀虫剂,避免或尽量减少杀虫剂对畜禽健康和生态环境的不良影响。常用的杀虫剂有菊酯类杀虫剂、昆虫激素、马拉硫磷等。

3. 生物防治

利用有害昆虫的天敌灭虫。例如可以结合畜禽场污水处理,利用池塘养鱼,鱼类能吞食水中的孑孓和幼虫,具有防治蚊子滋生的作用。另外蛙类、蝙蝠、蜻蜓等均为蚊、蝇等有害昆虫的天敌。此外,应用细菌制剂——内菌素杀灭吸血虫的幼虫,效果良好。

4. 物理防治

用光、电、声等物理方法捕杀、诱杀或驱逐蚊蝇。如使用电灭蝇灯杀灭苍蝇蚊子等有害昆虫。

(二)消灭鼠害

1. 建筑防鼠

加强建筑物的坚固性和严密性是防止鼠类进入畜舍,减少鼠害的重要措施。畜舍的基础要坚固,以混凝土沙浆填满缝隙并埋入地下 1 m 左右;舍内铺设混凝土地面;门窗和通风管道周边不留缝隙,通风管口、排水口设铁栅等防鼠设施;屋顶用混凝土抹缝,烟囱应高出屋顶 1 m 以上,墙基最好用水泥制成,用碎石和砖砌墙基,应用灰浆抹缝。各种管道周围要用水泥填平。通气孔、地脚窗、排水沟出口均应安装孔径小于 1 cm 的铁丝网,以防鼠窜入。

2. 器械灭鼠

这是畜禽场常用的捕鼠方法,灭鼠器械种类繁多,主要有夹、关、压、卡、翻、扣、掩、粘、电等,简易的如鼠夹、鼠笼、粘鼠板等,还有较为先进的如电子捕鼠器。器械捕鼠的共同优点是无毒害、对人畜安全,结构简单,使用方便,费用低而捕鼠效率高。

3. 化学药物灭鼠

灭鼠的化学药品种类很多,可分为灭鼠剂、熏蒸剂、绝育剂等类型。

化学灭鼠效率高、使用方便、成本低、见效快,缺点是能引起人、畜中毒,既有初次毒性(如误食毒饵),又有二次毒性(即吃了已中毒的老鼠而中毒);有些鼠对药剂有选择性、拒食性和耐药性。在使用灭鼠剂和绝育剂时,为了诱鼠上钩,常制成毒饵。多选用老鼠喜食的食物饵料,将药剂拌入其中,投毒饵时,要采取措施隔离畜禽,防止误食中毒。熏蒸剂使用时常结合空舍消毒一并进行灭鼠,也可以用于鼠害严重的饲料库。同时要注意及时清除死鼠,以防被畜禽误食而发生二次中毒。

4.中草药灭鼠

采用中草药灭鼠,可就地取材,成本低,使用方便,不污染环境,对人畜较安全。但含有效成分低,杂质多,适口性较差。可用于灭鼠的中草药有山管兰、天南星、狼毒。

七、恶臭控制

由于畜牧业的规模化、集约化发展,畜禽的呼吸、排泄、生产过程产生的有机物的分解等使畜舍内空气的成分和数量同畜舍外的大气相比发生了较大的变化,有害气体的浓度升高,首先表现为舍内 NH_3 与 H_2S 含量大幅度增加,其次为 CO_2、H_2O、CO、CH_4、粪臭素和吲哚等含量增加,空气中 O_2 含量下降。畜舍内有害气体的气味可刺激人的嗅觉,产生厌恶感,故又称为恶臭或恶臭物质,绝大部分恶臭是畜禽排泄物中的有机物在合适的条件下经过慢性厌氧发酵而形成的。碳水化合物会转化成脂肪酸、醇类及二氧化碳等,这些物质略带臭味和酸味;含氮化合物会转化成氨、硫酸、乙烯醇、二甲基硫醚、硫化氢、三甲胺等,这些气体有的具有腐败洋葱臭,有的具有腐败的蛋臭、鱼臭等。恶臭对人畜具有毒害作用,其影响是长期的、连续的,轻则使畜禽体质变弱,生产性能下降,重则引起急性临床症状,甚至造成死亡。恶臭控制的方法如下。

1.合理设计畜舍

从畜舍的设计考虑,注重设置良好的除粪装置和排水系统,地面和粪尿沟要有一定坡度,便于污水、粪便排放,不在中途滞留;猪舍地面设计成半漏缝地板而非全漏缝地板,可以减少恶臭的逸出;减少漏缝地板下粪坑的表面积,有助于减少恶臭的散发。

2.加强管理

畜禽粪便在贮存和处理过程中会不同程度地产生臭气。因此,减少畜牧场臭气产生的主要措施是:及时处理粪便,减少粪便贮存时间;在贮粪场和污水池搭建遮雨棚,粪便贮存场地势应高出周围地面 30 cm,以防止积水浸泡粪便或粪便淋洗流失;在粪堆表面覆盖草泥、锯末、稻草、塑料薄膜等,可以减少粪便分解产生的臭气挥发;在粪便中搅拌吸附性强的材料如锯末、稻草等,可有效减少臭气的产生;在干燥粪便过程中,可将臭气用风机抽出经专门管道输送到脱臭槽或使臭气通过浸湿的吸附性强的材料层脱臭;在粪便中加入适量的除臭剂,可有效减少臭气产生。

通风是排除畜舍恶臭的有效方法,特别注意在严寒的冬季,往往为了保温将门窗紧闭,导致畜舍恶臭物质浓度很高,因此在严寒冬季畜舍仍要保持适宜的通风量。勤换垫草,对于厚垫草饲养或高床饲养的畜禽舍,要经常检查饮水器或饮水槽，避免漏水、溢水现象，以保持粪便、垫草的干燥。

3.采取营养调控措施，提高饲料养分利用率

畜禽粪便的臭气主要是饲料中未被消化吸收的营养物质在肠道或体外微生物分解形成的产物。粪便的臭气浓度的大小与粪便中氮、磷、硫等元素的含量成正相关。因此，提高畜禽日粮营养物质的利用率和减少畜禽粪便中氮、磷、硫等元素的含量是减少畜禽粪便臭气含量的重要措施。减少畜禽粪便臭气产生的营养措施有：

(1)选用优质原料尤其优质的蛋白质饲料可以提高消化率，降低排泄物中蛋白质的残留，减少腐败分解产生恶臭。据报道，选用高消化率的饲料可以使粪尿中的氮减少5%以上。

(2)用理想蛋白模式和可利用氨基酸来设计饲料配方，可有效地降低饲料中的蛋白质含量及氮的排出量。

(3)科学使用饲料添加剂。常用于除臭的饲料添加剂有活菌制剂、酶制剂、丝兰属植物提取物、沸石等。活菌制剂中的微生物（细菌、霉菌、酵母等）参与和改变粪便的分解途径，减少臭气产生。酶制剂不但能补充动物内源酶的不足，促进动物对营养物质的消化吸收，而且能有效降低饲料中抗营养因子，从而提高饲料营养价值，减少粪便中营养物质含量，减轻畜禽粪便对环境的污染。丝兰属植物提取物有除臭及提高饲料利用率的作用，其除臭的机制在于该提取物有两个活性成分，一个能与氨气结合，另一个与硫化氢、吲哚等有害有毒气体结合，从而控制畜舍恶臭。沸石除臭是利用其强的吸附性，对氨气、硫化氢、二氧化碳及水分有很强的吸附力，使用它不仅可以降低舍内氨及硫化氢的浓度，同时能降低空气及粪便的湿度，减少了氨气等有害气体的产生，从而达到除臭的目的。此外，膨润土、海泡石、蛭石和硅藻土等的结构与沸石相似，都有吸附除臭作用。

复习练习题

1.在选择畜禽场场址时应考虑哪些因素？

2.怎样对畜禽场场址进行合理规划和布局？

3.对当地畜禽场的粪便如何处理与利用？

4.论述畜禽场的环境管理。

5.试设计一个畜禽场（猪、禽或牛场）的总平面图。

第六章 畜禽环境卫生监测

知识目标

- 了解环境污染的原因及危害。
- 掌握畜牧场污染防治的基本原则。
- 掌握畜禽场环境监测的方法。
- 了解畜禽场污染防治的政策与环卫管理。

知识目标

- 掌握环境卫生调查的内容和方法以及如何进行评价。

随着社会的发展，人们对畜产品的需求不断增加，畜禽场规模越来越大，集约化和机械化程度也越来越高，出现了上万头的牛场，5 万头以上的猪场和几百万羽的鸡场，还出现了养殖小区。这种密集饲养方式除给防制畜禽疾病带来新的困难外，随之而来的是产生了大量畜禽粪尿、污水等畜禽生产废弃物，不仅危害畜禽本身，也会污染周围环境，加上农业由使用有机肥料逐渐转向使用化学肥料，畜禽场由农区、牧区转向城镇郊区，使大量粪肥未能还田利用，加剧了对环境的污染，造成的公害日益严重。

由于工农业生产的迅速发展，工业的废水、废气、废渣和农业的化肥、农药等都可以对畜禽的环境造成危害。因此，畜禽场的环境监测是两方面的，既要对畜禽场的环境进行监测，也要对畜禽场周围的环境进行检测，保证畜禽场生产的畜产品的安全，防止畜禽场对周围环境造成的污染。

第一节 环境污染的原因及危害

一、畜禽场对外界产生的污染

畜禽场对周围环境的污染主要来自于粪尿、污水、有害气体、噪声、灰尘等，这些污染源对周围的空气、地下水、土壤产生污染，使动植物的生存环境遭到破坏和居民的生活环境及条件恶化。

(一)对空气的污染

养殖场对空气的污染包括恶臭、尘埃与微生物。养殖场恶臭除畜禽的皮肤分泌物、黏附于皮肤的污物、外激素、呼出气等产生的养殖场特有难闻气味外，还有来自粪便在堆放过程中有机物的腐败分解产物，包括甲烷、有机酸、氨、硫化氢、醇类等。由于畜禽场饲养规模比较大，粪尿数量多，污水集中，所以不论怎样处理都会或多或少地对周围空气环境带来影响。粪尿及其分解产物进入空气中，引起空气原有正常组成和性状发生改变，超过空气的自净能力，将对人和动物产生不良影响和危害。研究表明，猪粪可产生 230 种恶臭物质，鸡粪 180 多种。一个年产 10.8 万头肥猪的猪场，每小时可向大气排放 15 亿个细菌、25.9 kg 饲料粉尘，对大气的污染半径可达 4.5～5.0 km。一个 72 万只规模的养禽场，每小时排放尘埃量为 41.4 kg，细菌 1 748 亿个，二氧化碳 2 087 m^3，氨 13.3 kg。一头猪年产粪尿2.5 t，即一个存栏为 1 万头的规模猪场每年产生的粪尿可达 25 000 t。据在畜禽舍内测定，猪舍内氨气的含量一般为 6～35 mg/L，高者可达 150～500 mg/L，而鸡舍内硫化物的浓度一般为 0.4～3.4 mg/L。因此，畜禽舍周围空气污染严重。反刍动物产生大量的甲烷占大气甲烷气体的 1/5。每年每头牛向空气中释放 60～70 L 甲烷，是其他反刍动物的 2～3 倍。当前我国正在大力发展奶牛业，全国 13 780 万头牛(2004 年)每年排约 82.6 万 t 甲烷！奶牛业的发展，这种看不见的污染会成倍增加。甲烷的温室效应是二氧化碳温室效应的 24.5 倍。温室效应造成的自然灾害已经使我国成为世界上“全球变暖”的最大受害国之一。如果空气中甲烷的浓度达到 25%～30%，对人和畜禽有麻醉和毒害作用。恶臭的大部分成分对人和动物有刺激性和毒性。吸入某些高浓度恶臭气体可引起急性中毒，长时间吸入低浓度恶臭气体，会导致慢性中毒。有些物质还会损害肝脏、肾脏，长时间吸入恶臭气体会改变神经内分泌功能，降低代谢机能和免疫功能，使生产力下降，发病率和死亡率升高。恶臭的气体会让人感到极不愉快,甚至难以忍受,严重影响着人们的生活质量和工作效率,同时,也影响到畜禽的健康生长。

据日本和英国的调查,畜牧场的恶臭污染占各种空气污染的首位。由养殖场排出的大量粉尘携带数量和种类众多的微生物,并为微生物提供营养和庇护,大大增强了微生物的活力并延长了其生存时间,这些尘埃和微生物可随风传播 30 km 以上,从而扩大了其污染和危害范围;尘埃污染使大气可吸入颗粒物增加,恶化了养殖场周围大气和环境的卫生状况,使人和动物眼睛和呼吸道疾病发病率提高;微生物污染则可引起口蹄疫、猪肺疫、大肠埃希氏菌、炭疽、布氏杆菌、真菌孢子等疫病的传播,危害人和动物的健康。

(二)对水体的污染

养殖场对水体的污染主要为有机物污染、微生物污染、有毒有害物污染。

1. 病原体及微量元素造成的污染

微生物污染主要是养殖场粪污中含有大量的病原微生物,它们随粪进入水体后,以水为媒介进行传播和扩散,造成某些疫病的传播和流行,危害人和动物的健康并带来经济损失。从病畜禽体内排出的病原微生物或寄生虫及其虫卵。这些病原体进入水体后,有的可直接通过水进行扩散和传播,有的通过水生动植物进行扩散和传播。如猪瘟、猪丹毒、猪副伤寒、猪肺疫等。

动物粪尿中还含有许多未被消化吸收的微量元素,这些物质对水体的污染也很严重,它污染下游水源,对人体乃至水生动物、植物危害极大。例如,某些高剂量的微量元素(高铜)对鱼类的生长极为不利,尤其是游离的铜,对鱼 96 h 半致死量 0.1 mg/kg。

2. 粪便有机物腐败分解产物污染

粪尿中含有多种有机物质,粪尿随意排放进入水体或在粪便堆放场随雨水径流进入水体后,经腐败分解将产生大量有害的分解产物,特别是在厌氧条件下,含氮含硫化合物往往不能彻底分解,易产生多种恶臭物质,如胺、吲哚、硫醇、硫化氢、氨等。其分解过程在粪尿进入水体后仍将继续进行,有些物质能溶解于水,使水有臭味,失去饮用价值。并可使水体固体悬浮物(SS)、化学耗氧量(COD)、生化需氧量(BOD)升高。当超量的有机物进入水体后,超过其通过稀释、沉淀、吸附、分解、降解等作用的自净能力时,水质便会恶化。

3. 富营养化作用

水中生物的死亡和腐烂产生硫化氢,使水质发黑变臭,这一过程称水体的富营养化。粪便及污水中含有大量碳水化合物和氮化物等腐败性有机物质,进入水体后经微生物分解产生含氮、磷等富营养成分,促使水中藻类等水生生物大量繁殖,出现所谓的水华或赤潮,此时的水体叫富营养化水体。一些藻类还会产生毒素,使动物中毒,大大增加水的生化需氧量,同时藻类浮在水面遮蔽阳光,阻碍水下植物的光合作用而使其死亡,水下鱼虾等动物也因缺乏氧气和水草等食物而不能生存,最终藻类也因缺氧而死亡。研究证明,水中的氮、磷营养素含量增高是造成水体富营养化的主要根源,尤其是磷。一般总磷大于 20 mg/L、无机氮大于 300 mg/L 即可确定为富营养化了。

(三)对土壤的污染

尽管养殖场均有堆积畜禽粪便的场所或处理粪尿、污水的贮粪池等设施,但是大多数贮粪池底部不防水,很多污水渗入土层中,对土壤造成了污染。遭受污染的土壤为蝇类及寄生虫提供了寄生的场所,使其生长繁殖速度加快,也使土壤环境受到进一步污染,给健康畜禽和人类生存带来严重危害。粪污不经无害化处理直接进入土壤,其中的有机质将被土壤微生物分解而得到自然净化,如果污染物排量超过了土壤本身的自净能力,便会出现降解不完全和厌氧腐解,产生恶臭物质和亚硝酸盐等有害物质,引起土壤的组成和性状发生改变,破坏其原有的基本功能。

土壤污染又通过土壤—食物和土壤—水两个最根本的途径对人和动物产生危害。污染的方式是粪尿有机物分解产物和粪尿中的病原微生物等。污染途径有两个:一是金属元素的污染,二是生物污染。

1.金属元素的污染

当今畜牧生产中大量使用促进生长、提高饲料利用率、抑制有害菌的微量元素添加剂,如硒、铜、锌、铁、镉、砷等金属元素,而这些无机元素在畜禽体内的消化吸收率极低,在排放的粪尿中的含量却相当高,高浓度长期使用此类添加剂,使得土壤中的金属元素和有毒物质大量增加,不但抑制作物的生长,而且作物有富集这些元素的作用,当作物中含有这些金属元素的浓度超过一定标准时就会影响人类的健康。据测定,畜粪中磷的含量达到 0.001%～0.002%时,一个万头猪场每年由粪中排出的磷约为 320～570 t,会使土壤中的磷严重超标。全国每年使用的微量元素添加剂约为 15 万～18 万 t,其中大约有 10 万 t 未能被动物利用而随粪便排出体外,严重污染环境。

2.生物污染

患病或隐性带病的动物会排出大量的致病菌和寄生虫卵。实验室数据表明,饲养场所排放的每毫升污染水中平均含有 33 万个大肠杆菌和 66 万个肠球菌。沉淀池内每升水中蛔虫卵和毛首线虫卵分别高达 193 个和 106 个,如不适当处理,就会成为传染源,造成疫病传播,影响人类和畜禽健康。土壤虽对各种病原微生物的杀灭作用进程较慢,且有些微生物还可生成芽孢,造成生物污染和疫病传播,有报道称，猪场的粪污施入周围农田后，在耕作层土壤中检出了变形菌群落、病原硫化大肠杆菌 O_{75} 和 O_{127}，寄生虫卵每千克土达 20 个，在停止施用粪污 2.5 个月后，土壤中的肠道病原微生物和寄生虫卵才降至一般地区的水平。

二、外界对畜禽场造成的污染

火山爆发、飓风、海啸、地震和雷击等自然现象，均可造成局部地区环境污染和破坏。但是，人为造成的环境污染则是主要的，其来源有工业生产污染(废气、废水、废渣、烟尘和噪声等)、农业生产污染(农药、化肥、垃圾肥和污水灌田等)、交通运输污染(机动车尾气、噪声、运载有毒、有害物的泄漏等)、居民生活废弃物污染(生活污水、垃圾、粪尿、烟气等)、放射性污染(核能工业和核武器生产与试验、放射源的废弃物等)。这些污染物质通过大气、土壤、水进入生态系统，使环境受到污染。

(一)大气污染

1. 二氧化硫

主要来自冶炼厂、石油化工厂、发电厂和燃烧含硫的煤、石油而产生的废气，主要侵害呼吸系统，引起气管、支气管和肺部疾病。人在浓度为 1～5 mg/L 时可闻到臭味，5 mg/L 时长期吸入可引起心悸、呼吸困难等心肺疾病。重者可引起反射性声带痉挛、喉头水肿以至窒息。牛对二氧化硫较敏感，30～100 mg/m^3 即出现呼吸困难，口吐白沫和体温升高；仔猪在 300 mg/m^3 时生长发育受阻，在 4 000 mg/m^3 时，则精神委靡，不吃奶，很快死亡；雏鸡在 300 mg/m^3 以上时很快吐黄水死亡。外国规定，二氧化硫一次量的限额为≤0.5 mg/m^3，日平均≤0.15 mg/m^3。

2. 氟化物

来自炼钢厂、磷肥厂、玻璃厂等，以氟化氢(HF)、氟化硅(SiF_4)等形式排入大气。可由呼吸道、胃肠道或皮肤侵入体内。氟化物被畜禽吸入血液并影响钙、磷代谢，过量的氟与钙结合为氟化钙(CaF_2)，磷则由尿大量排出使钙、磷代谢失调，以致引起牙齿钙化不全、釉质受损，骨骼与四肢变形并跛行，长期氟中毒会逐渐衰竭死亡。北方某钢铁厂排放含有大量氟的废气，致使临近该厂的羊群发病率高达95%以上，其他畜禽的发病率也达 60%；即使距该厂较远的一个旗(县)，在 35.8 万头适龄母畜中，因氟中毒造成空怀和流产的有 27.7 万头，严重威胁着临厂四周近百万头畜禽家禽的安全。

我国居民区大气氟化物卫生标准是：一次量≤0.02 mg/m^3，日平均≤0.007 mg/m^3。

3. 氮氧化物

主要来自燃烧的煤、石油及氮肥厂、燃料厂等工厂排放的废气，包括一氧化二氮(N_2O)、一氧化氮(NO)、二氧化氮(NO_2)、三氧化二氮(N_2O_3)和五氧化二氮(N_2O_5)等，其中以 N_2O 和 NO 的污染最多。中毒的特征是对深呼吸道的作用，对黏膜、神经系统以及造血系统均有损害。氮氧化物可引起动物的慢性或急性中毒，0.51～7 mg/m^3 可引起呼吸道发炎、支气管痉挛、呼吸困难，60～150 mg/m^3 可引起急性中毒死亡。我国卫生标准规定，氮氧化物折合成 NO_2，浓度一次量≤0.15 mg/m^3。

4. 碳氢化物

来自工农业生产和交通运输排放的废气，包括一氧化碳，各种烷烃、芳香族烃、萘、蒽、芘等。碳氢化物经阳光照射产生臭氧(O_3)等有害物质，可刺激黏膜，引起肺部疾病。

5. 可吸入颗粒

通常把粒径在 10 μm 以下的颗粒物称为 PM10，又称为可吸入颗粒物或飘尘。有些颗粒物直接来自污染源的排放，比如烟囱与车辆。另一些则是由环境空气中硫的氧化物、氮的氧化物、挥发性有机化合物及其他化合物互相作用形成的细小颗粒物，它们的化学和物理组成根据地点、气候、季节不同而变化很大。可吸入颗粒物通常来自在未铺沥青的水泥的路面上行使的机动车、材料的破碎碾磨处理以及被风扬起的尘。可吸入颗粒物被人吸入后，会累积在呼吸系统中，引发许多疾病。粗颗粒物侵入呼吸系统，诱发哮喘病。细颗粒物可能引发心脏病、肺病、呼吸道疾病，降低肺功能等。

(二)水体污染

1. 有机物质污染

主要是工业废水、居民生活污水，而水生生物的死亡分解也可造成污染。

水体被污染后，因有机物质腐败产生氨、硫化氢、甲烷等难闻气体，使水质恶化。同时由于有机物质分解产生氮、磷等营养素，使藻类等水生生物迅速繁殖，大量消耗水中的溶解氧，致使鱼类、藻类等水生生物因缺氧而死亡，这即是水体的富营养化。这种被污染的水，不仅不能饮用，作为灌溉水也会使作物发生徒长、晚熟和倒伏。

水体的有机物质污染可用溶解氧(DO)、化学耗氧量(COD)或生化需氧量(BOD)表示。我国规定，地面水 DO≥4～5 mg/L，COD≤2～3 mg/L，BOD≤3～4 mg/L。数值愈大，则污染愈严重。

2. 生物污染

天然水体中生存着各种微生物，其数量在很大程度上取决于水中有机物质的含量，有机物质含量愈高，微生物的含量也愈高。

水体被病原微生物污染后，可引起介水传染病的传播，如丹毒、猪瘟、副伤寒、口蹄疫、炭疽、马鼻疽、布氏杆菌病、钩端螺旋体病、土拉伦斯病等。

我国饮用水水质卫生指标规定细菌总数为≤100 个/mL，大肠杆菌数为≤3 个/mL。

3. 有毒物质污染

主要来自工业废水和农药，其中铅、砷、汞、铬等有毒物质，不仅能引起慢性或急性中毒，有些还可致癌。铅可引起食欲不振、关节痛、腹痛；砷可引起肌肉萎缩、四肢痛并致癌；汞可产生视觉障碍、动作失调等症状；铬可腐蚀消化道，引起腹泻和便血，并可引起呼吸道糜烂，还可致癌。

4. 放射性污染

天然水体中含量极微，主要来自人为污染，危害程度取决于放射物质的种类、半衰期和摄入量。

(三)土壤污染

主要来源是农药、化肥、工业废水、居民生活废弃物。我国农药总施用量达131.2 万 t(成药)，平均每亩施用 931.3 g，比发达国家高出一倍。特别是随着种植结构的调整，蔬菜和瓜果的播种面积大幅度增长，这些作物的农药用量可超过 100 kg/hm^2，甚至高达 219 kg/hm^2，较粮食作物高出 1～2 倍。农药施用后在土壤中的残留量为 50%～60%。全世界氮肥使用量为 8 000 万 t 氮，其中我国用量达 1 726 t 氮，占世界用量的 21.6%。我国耕地平均施用化肥氮量为 224.8 kg/hm^2，其中有 17 个省的平均施用量超过了国际公认的上限 225 kg/hm^2。土壤是一切废弃物的受体，大气和水体污染也都转移到土壤。同时，土壤是农业生产的基础，易被化肥、农药污染。土壤污染还有其特点，即其自净过程缓慢，污染物在土壤中转归过程复杂。

三、畜禽场自身污染

畜禽场废弃物中的有害微生物、致病菌及寄生虫卵首先对养殖场所饲养的畜禽产生危害，一旦畜禽感染某种疾病会导致幼畜(禽)死亡率和育成死亡率升高，种畜禽死淘率增加。若畜禽场产生恶臭物质浓度过高，会刺激畜禽嗅觉神经与三叉神经，影响畜禽的呼吸机能；刺激性臭味也能使血压及脉搏发生变化，有的为强毒物质，如硫化氢、氨等常引起呼吸系统发病。

牧场自身污染的主要原因除了上面叙述的牧场对环境造成污染的原因之外，重点体现在饲养管理水平不高等影响因素，如没有实行全进全出的饲养管理制度，防疫制度不规范，就地排污、粪尿不能合理利用、消毒技术不科学等。同时，一旦畜禽场发生传染病，尽管采取有效的控制措施，但畜禽舍内外环境中的病原菌数量仍然很多，能导致畜(禽)群再次发病，使传染病能进行垂直传播和水平传播。饲料污染或添加剂不合理，对畜产品的安全也构成威胁。

第二节　环境卫生监测

环境监测的对象主要是指大气、水、土壤、固体废弃物和畜产品。当发现污染时，必须进一步追查其污染源及污染原因，并对污染源进行定期观测，以掌握污染的变化与趋势。通过对监测资料的综合分析，可为畜牧区划和畜禽场的合理布局提供科学依据。畜禽场的环境监测包括两个方面：一方面是对污染源的监测，即对畜禽场废弃物中有害物质的浓度进行定期、定点测定；另一方面是环境监测，即定期采集畜禽场环境的大气、水源、土壤、饲料等样品，测定其中有害物质的种类与浓度，以观察了解环境污染的情况。此外，还应该定期测定畜产品中的残留污染物质。因为畜产品是环境质量好坏最直接的体现，同时，畜产品质量也可反映出畜禽场环境的综合状况。

一、畜牧业污染防治的基本原则

畜牧业污染最大的受害者是农民，要落实加快农村全面小康和现代化，建设社会主义新农村，必须大力治理畜牧业污染。

(一)减量化原则

畜禽粪尿减量化是畜禽养殖经济、有效的前提条件，是畜禽养殖场、畜牧小区生态建设首先要考虑的问题，主要采取“粪尿干湿分离、雨污分流”的方法。粪尿干湿分离指粪便与尿液、污水分离；雨污分流指雨水不落入污水沟、渠，雨水与污水分别排放。根据我国畜禽养殖业污染物排放量大的特点，将畜禽的粪、尿分别以不同的方式和渠道收集、堆放和处置。要通过调整养殖品种结构，改造养殖生产工艺，推行干捡粪，减少污染物的排放总量，降低污染治理成本。

1.实行农牧结合，控制养殖业的污染物

限制畜禽的饲养量，推进规模化养殖小区建设，减少污染物的土壤负荷，减少营养素(氮、磷)或有毒残留物、病原体等对水体、土壤的污染。从建设生态农业和保护生态环境的原则出发,运用生物工程技术对畜禽粪尿进行综合处理与利用,合理地将养殖业与种植业紧密结合起来,农牧并举,形成物质的良性循环模式,促进农牧业全面发展。这就需要我们研究畜禽养殖业发展的合理结构和最终规模,发展草食畜禽,减少粪便的处理;结合种植业结构调整发展,加大对有机肥需求量大的蔬菜等品种的种植面积,推广使用有机肥,减少化肥的使用量,扩大环境承载能力;制定本地生态农业、高效农业发展的规划,确定不同的养殖业发展功能区域,真正实现农业生态系统的良性循环。

2. 开展清洁生产,减少粪污产生与排放

清洁生产的思路与传统方式不同之处在于,过去考虑对环境的影响时,把注意力集中在污染物产生之后怎样处理。而清洁生产则要求把污染物尽可能消除在它生产之前,其核心是从源头抓起,以预防为主来操作生产的全过程。对于养殖全过程来说,通过使用绿色促长保健饲料添加剂、实施畜禽标准化的饲养与管理、改造畜禽舍结构和通风供暖工艺、推行干清粪工艺,建立畜禽养殖场低投入、高产出、高品质的无公害畜产品清洁生产技术体系,这是在提高畜产品品质基础上,解决养殖场环境污染问题的根本途径。采用"三改两分再利用"的治理技术,对养殖场产生的排泄物进行无害化处理,即改水冲清粪为干式清粪,改无限用水为控制用水,改明沟排污为暗道排污,固液分离、雨污分流,粪污无害化处理后农田果园再利用;采用高效厌氧的污水处理模式,并采用人工湿地的污水过滤模式。

3. 加强生态环保型饲料的应用研究

饲料是导致畜禽粪尿污染和畜产品有毒有害物质残留的根源。一般日粮配方中,如果不注意饲料中微量的有毒有害物质在畜禽体内的富集和消化不完善物质的排出,将会通过食物链逐级富集,增强其毒性和危害;若有毒有害物质向环境排出,则对环境造成污染,在畜产品中残留,危害人体健康,形成公害。同时,由于氮、磷、铜、锌及药物添加剂等物质排出后,一方面在土壤中日积月累地富集,造成集粪的表土层和地下水质恶化;另一方面消化不全的营养物质发酵增加了臭气的浓度,恶化了人们的生活环境。因此,配制无臭味、消化吸收好、增重快、疾病少、磷及其他重金属元素排放少的生态营养饲料则是标本兼治的有效措施。

(1)利用动物营养生态学原理,对饲料原料的选购、配方设计、加工饲喂等过程实行严格的质量控制,使饲料达到低成本、高效益、低污染的效果。尤其要利用动物营养学的研究成果,如:尽量降低蛋白质的用量,理想氨基酸模式的应用,非淀粉多糖及其降解酶的应用,肽的应用,植酸酶等生物酶制剂的应用,有机微量元素的利用,微生物制剂等抗生素替代品的应用等。利用这些研究基础和研究成果来研制、开发环保生态型饲料，从源头上来控制氮、磷、重金属等的排放量和有毒有害物质在畜禽产品中的残留。有关部门应当鼓励并优先支持这方面的研究、开发工作。在财力、物力、人力等方面给予必要的保证，努力推动环保生态型饲料的使用比例和使用范围。

(2) 加强畜禽用除臭剂的开发，为了减轻畜禽排泄物及其气味的污染，从预防角度出发，可在饲料中或畜禽舍垫料中添加各类防臭剂，如应用丝兰属植物提取物，天然沸石为主的偏硅酸盐矿石、绿矾、微胶囊化微生物和酶制剂等吸附、抑制、分解、转化排泄物中的有毒、有害物质，从而减轻或消除污染。

(3) 采用基因工程、细胞工程、酶工程和发酵工程等生物技术来消除饲料中的抗营养因子、毒素以及在畜禽代谢过程中产生的有害物质等。

(二)无害化原则

环境无害化技术是减少污染、合理利用资源、节约能源与环境相容的技术总称。其内容包括生产过程技术和末端治理技术，它涵盖了技术诀窍、生产过程、产品和服务、装备以及组织与管理的整个过程。无害化处理污染物符合资源短缺的现状；符合资源再生利用的要求；符合环境污染治理与生态保护的要求；符合国际环境保护发展趋势的要求。在我国，农业固体废弃物排放量超过工业废弃物，畜禽养殖业污染产生量已达到工业废弃物的 2 倍多，但畜禽粪便无害化处理率尚不足 5%，利用率不到 60%。

1. *有害微生物的无害化消毒技术*

畜禽粪便污染物中包含大量的粪大肠菌群、蛔虫卵、细菌、病毒等。因此，对畜禽粪便污物处理时必须进行有效的无害化处理，以达到保护环境和人体健康的效果。

(1)厌氧消毒　厌氧消毒的原理是利用厌氧反应中厌氧菌生长、繁殖过程中或无氧呼吸分解其他污染物所释放的热量，改变病原微生物的生活环境而杀死病原微生物或者使一些有毒有害物质降解失去或降低生理毒性的消毒过程。

①厌氧发酵消毒：畜禽粪便沼气工程是厌氧发酵处理的核心技术，如在 35～55℃厌氧条件下将粪水中的微生物降解为沼气和二氧化碳，达到产生能源和杀灭粪水中的病原微生物的双重作用据研究，沼气发酵发热量为 2.3×10^{7} J/m^{3}，与城市煤气发热量基本相同，可替代电、石油等能源。

②厌氧堆肥：厌氧堆肥是无害化处理畜禽粪便或者固液结合污染物的一种常规的方法。

(2)紫外线消毒　紫外线能量较低，不能引起被照物体原子的电离，仅产生激发作用。紫外线照射使微生物诱变和致死的作用是引起核酸组成中胸腺嘧啶(T)

发生化学转化作用，从而使微生物 DNA 失去应有的活性（转录、翻译）功能，导致微生物的死亡。另外，不同的微生物对紫外线的抗力不同，其中细菌芽孢对紫外线抗力最强，革兰氏阳性菌较为适中，支原体、革兰氏阴性菌对紫外线抗力最弱。

(3)化学消毒　通常把用化学药物杀灭病原微生物的方法称化学消毒法。用于消毒的化学药物称为化学消毒剂。常用的高效消毒剂有过氧化物类（过氧乙酸、过氧化氢、臭氧等）、醛类（甲醛、戊二醛）、环氧乙烷、含氯消毒剂（有机氯类、无机氯类）等，中效消毒剂主要是能杀灭部分细菌繁殖体、真菌和病毒，不能杀灭细菌芽孢的消毒剂（乙醇、酚类）。低效消毒剂主要指只能杀灭部分细菌繁殖体、真菌和病毒，不能杀灭结核杆菌、细菌芽孢和抗力较强的真菌和病毒的消毒剂。

2. 控制畜禽产品中重金属的污染

畜产品中的重金属主要来源于含重金属的饲料或饲料添加剂。列入饲料污染物的重金属元素主要是指镉、铅、汞及类金属砷等生物毒性显著的元素，它们在常量甚至微量的接触条件下即可产生明显的生理毒害作用。具有一定毒性的一般重金属如锌、铜、钴等，大量使用也会产生毒害作用。因此，控制畜产品中重金属元素污染的措施有：

①生产中不使用国家规定禁用和未经批准的饲料和饲料添加剂；

②提倡使用绿色促长保健饲料添加剂，如酶制剂、微生态制剂、中草药制剂、活性多肽、酸化剂、低聚糖类制剂等天然物质；

③定期对产地（厂商）生产条件进行评估，了解产地（厂商）生产条件和质量管理状况，对现使用的饲料或饲料添加剂进行卫生质量指标抽检；

④对受重金属污染的畜禽粪便进行科学处理。

3. 控制畜禽产品药残的含量

长期食入含有药物等有害物质残留的畜禽产品，直接导致药物等有害物质在体内蓄积，当蓄积到一定的量时，必然会产生不良后果。例如：畜禽大量地、不合理地使用抗生素，会造成致病菌产生耐药性，使传染病难以得到控制，造成人畜共患传染病的蔓延；部分药物的残留能导致人体致癌、致畸、致突变（三致）。像雌激素类药物、氯霉素、磺胺类药物、呋喃类药物、喹乙醇等都有三致作用。有些药物的残留甚至能影响几代人。我国目前出现的妇女更年期紊乱、孩子成熟过早、生育能力降低等问题，与食用含有这些药物残留的农产品有着极大的关系。1999 年以来，广东、浙江、河南等省相继发生因“瘦肉精”导致的数百人食肉中毒事件，尤其是2001 年 11 月广东河源的毒肉案更引起了大范围的“恐肉”现象，真可谓是谈肉色变。

控制畜产品中药残的含量，严格执行我国农牧《饲料药物添加剂使用规范》的规定。其中详细地规定了饲料药物的商品名称、有效成分、有效含量、适用动物、作用与用途、用法与用量、注意事项。严格执行农业部公告《禁止在饲料和动物饮用水中使用的药物品种目录》中的规定，禁止在畜禽饲料和饮水中使用肾上腺素受体激动剂、性激素、蛋白同化激素、精神药品和各种抗生素滤渣等。同时限制使用某些人畜共用药，主要是青霉素和喹诺酮类的药物，允许使用《中华人民共和国兽药典》、《中华人民共和国兽药规范》、《兽药质量标准》和《进口兽药质量标准》中的营养类、矿物质类和维生素类兽药。

4. 畜禽养殖场废弃物的无害化处理技术

在畜禽养殖场废弃物特别是畜禽粪尿的处理上，采用的技术或者工艺流程各有各的特点，但都遵循无害化的处理原则。如北京顺义良山种猪场的粪污处理采用了生物处理工艺，主要表现在先用固液分离技术将固体和液体分离，用UASB（沼气池）技术进行厌氧处理降解液体中80%以上的有机物，产生的沼气经回收作为能源燃料利用，同时沼液经过SBR（活性污泥处理池）、生物塘等脱磷、脱氮处理稳定后用于农田灌溉。固液分离后的固体则通过堆肥制成有机肥料。

（三）资源化原则

资源化利用是畜禽粪便污染防治的核心内容。畜禽粪便经过处理可作为肥料、饲料、燃料等，具有很大的经济价值。如畜禽粪便中含有农作物所必需的氮、磷、钾等多种营养成分，是很好的土壤肥料，尤其是在绿色食品生产中，科学使用有机肥更为适合。同时畜禽粪便中含有许多未被畜禽消化利用的营养成分，可以通过无害化处理后作为饲料，也可以作为大的发电厂、加工厂的燃料。

二、环境监测的方法

（一）环境现状综合调查

1. 调查的方法

由畜禽环境行政主管部门委托相关具有检测资质的检测单位和相关职能部门和机构，对畜禽养殖场的自然环境概况、社会经济概况和环境质量状况进行综合现状调查，并确定布点采样方案。综合现状调查常采用收集资料和现场调查相结合的方法。

（1）收集资料法　以收集或查阅自然环境和社会环境等相关的文献资料为主要方法。要查阅的资料有当地社会经济发展规划、牧场建设规划与可行性论证报告，当地及场区社会、经济和环境等方面的统计资料和环境管理、科研监测部门的环境调查、监测与评价资料等。

(2)现场调查法　在收集资料的基础上,经整理、判断和分析后,对一些生态敏感目标进行针对性的深入调查,提出存在的问题和对策措施;对可疑的因素进行现场勘察与监测。

2.调查的主要内容

(1) 自然环境与资源概况　对自然地理、气候与气象、土地资源、水文状况、植被及生物资源、自然灾害及自然保护区等进行概况调查。

(2) 社会经济条件　行政区划、工业布局、农田水利、畜牧业发展状况、乡镇居民点规模和分布情况、人口密度、人群健康、地方病发生情况、文化教育水平等。

3.养殖场环境状况初步分析

根据养殖场的历史与现状进行综合分析,分析内容主要包括:场区基本情况、灌溉用水环境质量、环境空气质量、土壤环境质量,确定优化布点监测方案。

(二)环境质量监测

1.水质监测

按生活饮用水水质标准对畜禽场(区)水质进行监测。可根据水源种类、水质情况等确定具体监测次数及时间,如畜禽场水源为深层地下水,因其水质比较稳定,一年测 1～2 次即可;若是河流等地面水,每季或每月应定时监测一次。

(1)布点　水质监测点要有一定的代表性、准确性、合理性和科学性。设置畜禽养殖场水质监测点时要兼顾污染物的排放总量的监测和养殖场废弃物对当地水环境的影响。通常在附近的饮用水源、农田灌溉水源、渔业养殖水体、地下水井等处布设监测点位。

(2)采样　地方环境监测站对畜禽生产企业的监督性监测每年至少 1 次,如被国家或地方环境保护行政主管部门列为年度监测的重点排污单位,应增加到每年 2～4 次。如果是生产企业进行自我监测,则按生产周期和生产特点确定监测频率,一般每周 1 次。畜禽生产企业如有污水处理设施并能正常运转使污水能稳定排放,监督监测可采瞬时样,对于排放曲线有明显变化的不稳定的排放污水,要根据曲线情况分时间单元再组成混合样品。要求混合单元采样不得少于 2 次。如排放污水的流量、浓度甚至组分都有明显变化,则在各单元采样时的采样量应与当时的污水流量成比例,以使混合样品更有代表性。

采样数量要适当增加 2～3 倍的余量;采样容器应先用采样点的水冲洗 3 次,然后装入水样;采样结束前要仔细检查采样记录和水样,若有漏采或不符合规定者,应立即补采和重新采样。

(3)监测项目　包括水温、pH、生化需氧量、化学需氧量、悬浮物、氨氮、总磷、粪便中大肠杆菌、蛔虫卵、细菌总数、总硬度、溶解性总固体、铅、砷、铜、硒等。

2. 空气监测

空气监测中常存在同一地点、不同时刻或同一时刻、不同空间位置所测定的污染物浓度不同的现象。一年四季各进行 1 次定期监测，每次至少连续监测 5 d，每天采样 3 次以上。采样点应具有代表性。

(1)布点　主要根据现状分析结论、生产特点、当地主导风向来确定监测点位。样点的设置数量还应根据空气质量稳定性以及污染物对动植物及人体的影响程度适当增减。

(2)采样　采样方法的合理选择，是获得正确监测结果的一个重要因素之一，选择采样方法的依据有：①污染物在大气中的存在状态；②污染物浓度的高低；③污染物的理化性质；④分析方法的灵敏度。因此，气体采样方法可分为直接采样、浓缩采样(采取溶液吸收、固体阻留、低温冷凝及静电沉降等方法)和无动力采样三大类。

(3)监测项目　以氨、硫化氢、二氧化碳为主，如为无窗畜禽舍或饲料间，需测粉尘、噪声等。

3. 土壤监测

土壤可容纳大量污染物，因此其污染日益严重。

(1)布点　土壤环境质量监测点布设，能代表整个场区为原则，在造成污染的方位和地块布点。

(2)采样　土壤采样的深度通常为 0～20 cm。按采样面积、地形或差异性分 5～10 个点进行采样，然后组成 1 kg 左右的混合样进行监测。

(3)监测项目　包括 pH、生化需氧量、化学需氧量、氨氮、总磷、粪大肠杆菌群、蛔虫卵、细菌总数、总硬度、溶解性总固体、砷、铅、铜、硒等。

4. 固体废物监测

畜禽场固体废物主要包括：畜禽粪便、畜禽舍污泥、畜禽尸体、死胎、蛋壳、毛羽等。

(1)采样　对于堆存、运输中的固态废物和坑池中的液态废物，可按对角线、梅花型、棋盘型、蛇型等点分布确定采样位置。对于容器中的固体废物，可按上部、中部、底部确定采样位置。同时，要求采样的工具、设备所用材质不能和待采固体废物有任何反应，不能使待采固体废物污染分层和损失，采样工具应干燥、清洁。

(2)监测项目　包括 pH、水分含量、有机质、全氮、全磷、粪大肠杆菌群、蛔虫卵、细菌总数、砷、铅、铜、锌等。

(三)监测质量控制

监测过程中要实施严格的质量控制确保监测数据的准确性和可靠性，达到控制监测质量的目的。

1.监测人员

要求监测人员有一定的文化素质和专业技能，有高度的责任心和工作热情，懂得协作与沟通，具有大局观念，工作认真细致，能胜任监测环境质量工作。

2.采样科学合理

采样前要进行环境调查，了解排污单位的生产状况，包括原料种类、用量、半成品、成品种类及用量、用水量、用水部位、生产周期、工艺流程、废水来源、废水治理设施处理能力和运行状况等，同时，要了解周围居民的意见和建议，注意是否有异常现象。采样时要认真、规范，按规定填写采样记录，要求填写生产企业名称、样品类别、采样目的、采样地点、采样时间、样品编号、监测项目和所加保存剂名称、污染物表观特征描述、企业生产状况和采样人等。采样频次、时间和方法应根据监测对象和分析方法而定，样点的时空分布应能正确反映所监测地区主要污染物的浓度水平、波动范围和变化规律，注意样品的代表性，防止样品受人为因素污染。要在规定的时间内送交监测实验室。

3.监测实验室

注意实验室环境，防止交叉干扰，保证水和试剂的纯度要求，各种计量器具按照要求定期进行检定与维护，要重视所用标准溶液的准确性。分析测试时应优先使用国家标准方法和最新版本的环境监测分析方法，采用其他方法时，必须进行等效实验，并报省级或国家级的监测站批准备案。凡能做平行样、质控样的分析样品，质控人员在采样或样品加工分装时应编入10%～15%的密码平行样或质控样。样品数不足10个时，应做50%～100%密码平行样或质控样。

（四）环境质量评价

研究环境质量变化规律，评价环境质量的水平，探讨改善环境质量的途径和措施，是畜禽环境质量评价工作的最终目的。

1.评价基本程序

环境质量现状评价是根据环境调查与监测资料，应用环境质量指数系统进行综合处理，然后对这一区域的环境质量做出定量描述，并提出该区域环境污染综合防治措施。

环境质量现状评价工作程序为：环境质量状况考察及环境本底特征调查→环境质量调查及优化布点采样→调查资料及监测数据的分析整理→选定评价参数、评价的环境标准→建立评价数学模式并进行评价→环境质量现状评价结论→提出保护与改善环境的对策与建议。

2. 评价标准

环境质量评价标准是环境质量评价的依据。目前均以国家颁发的环境卫生标准作为评价依据，监测有害物质是否超过国家规定的标准。如:《畜禽养殖业污染物排放标准》、《粪便无害化卫生标准》、《恶臭污染物排放标准》、《畜禽场环境质量标准》、《大气环境质量标准》、《地下水质量标准》、《生活饮用水卫生标准》、《农田灌溉水质标准》、《工业企业设计卫生标准》等。

3. 评价方法

环境质量现状评价方法很多，不同对象的评价方法又不完全相同，根据简明、可比、可综合的原则，环境质量评价一般采用指数法。指数法又分为单项污染指数法和综合污染指数法。

(1)单项污染指数法

$$P_i=\frac{C_i}{S_i}$$

式中：P_i 为环境中污染物 i 单项污染指数；C_i 为环境中污染物 i 的实测数据；S_i 为污染物 i 的评价标准；当 $P_i<1$ 时，未污染，判定为合格；当 $P_i>1$ 时，污染，判定为不合格。

(2)综合污染指数法

$$P_{综}=\sqrt{\left(\frac{C_i}{S_i}\right)_{\max}^2+\left(\frac{C_i}{S_i}\right)_{\mathrm{ave}/2}^2}$$

式中：$\left(\frac{C_i}{S_i}\right)_{\max}$ 为污染物中污染指数最大值；$\left(\frac{C_i}{S_i}\right)_{\mathrm{ave}/2}$ 为污染指数的平均数；

当 $P_{综}<1$ 时，未污染，判定为合格；当 $P_{综}>1$ 时，污染，判定为不合格。

4. 评价报告的基本内容

畜禽养殖环境质量现状评价报告通常包括如下内容。

(1)前言　包括评价任务缘由，产品特点、生产规模及发展计划与规划。

(2)环境质量现状调查　主要对自然环境状况和工业污染源进行调查，对环境现状初步分析。自然环境状况包括地理位置、地形地貌、土壤类型、土壤质地及气候气象条件、生物多样性及水系分布情况等。工业污染源主要包括乡镇、村办工矿企业的“三废”排放情况等。产地环境现状初步分析主要根据实地调查及收集的有关基础资料、监测资料等，对场区及其周边环境质量状况做出初步分析。

(3)环境质量监测　布点原则和方法，采样方法、样品处理、分析项目与分析方法和结果等。

(4)环境质量现状评价 评价所采用的模式及评价标准,并对监测的结果进行定量与定性分析。

(5)提出环境综合防治的对策及建议。

三、畜禽产品的监管体系

(一)存在的问题

当前,我国畜禽产品安全监管体系是实行"全国统一领导、地方政府负责、部门指导协调、各方联合行动"的工作机制,但由于畜禽产品安全管理权限分属农牧、卫生、质监、工商、食品药品监督等部门,这种多头、分段管理的模式,是根据我国国情制定的,有利于落实畜禽产品安全监管责任,对畜禽产品安全监管起了一定的作用,但仍会经常产生推诿扯皮的现象,很难形成有效的监管,突出表现在:

1.政出多门,多头管理

让不同的机构同时对安全监管负责,并没有提高畜禽产品的安全性。相反,分散的监管体系反而成为协调和解决好畜禽产品安全的障碍。由于法律法规滞后,不同政府部门之间责任划分不明确,明确了执行起来又有困难,如:流通环节根据现在职能划分归工商管理,食品、保健食品的真伪鉴别、检验检测又属卫生部门下属的疾病控制中心,所以很难协调行动,解决问题。

2.条块分割

直接涉及畜禽产品监管的部门多达八九个,各监管部门有的属"条管",有的属"块管",有的部门机构设置到了乡镇,有的到区(县)级;条块分割不仅导致责任的冲突和逃避,而且减少了认真处理安全问题的责任,弱化了监管效果。

3.缺乏训练有素的、统一的畜禽产品安全监管人员

我们对畜禽产品的管理还没有从"卫生"转换到"安全"上来,意识不强,重视不够。实行分段管理,许多部门无专职监管人员,大多数为兼职人员,且这些人员食品安全专业知识缺乏。相关职能部门缺乏相应的畜禽产品检验检测机构,在监管中缺乏技术支持,不能很好发挥监管效能。如:工商监管的流通环节,食品、保健食品的检验检测却在跨部门的疾病控制中心才能完成。

(二)建立监管体系的思路

如何建立一个有效的畜禽产品监管体系已成为当前急需解决的问题。畜禽产品安全由地方政府负总责,实施食品安全协调委员会综合监管的模式,从以下几方面完善食品安全体制,加强食品安全监管:一是加快立法步骤,完善监管法规,构建食品安全基本法律框架,作为畜禽产品监管的基础。如尽快出台《食品安全法》以

及修订相关法规，使相应的畜禽产品安全职能部门职责有相应的法规支持配套。二是各级政府要高度重视畜禽产品安全工作。畜禽产品安全是政府工作大安全的重要组成部分，是公共安全的最主要内容，应列入各级政府考核的重要目标任务，要把畜禽产品安全工作定位于公众健康的需要的高度。三是整合现有资源，充分发挥现有职能部门的效能。在现行分段管理的情况下，针对畜禽产品安全监管技术支持严重不足、妨碍各职能部门的有效监管的现状，政府应对加大职能部门的资金投入，充实、完善各部门的检验、检测机构，提高检测能力。特别是对农牧和水产部门，彻底改变畜禽产品目测检定的落后状态；其次，充分发挥现有食品卫生检测机构检测资源；再次，针对畜禽产品流通环节中安全监管无检测技术的情况，可考虑由财政拨付一定经费，专门用于对流通环节中畜禽产品安全的检验检测，该经费可由财政在食品安全监管的行政罚没款中筹集。四是加强对畜禽产品安全监管人员的培养，增强他们对安全监管的认识，造就一支既有专业知识，又懂管理的畜禽产品安全监管队伍。

四、畜禽场污染防治政策和环卫管理

（一）发达国家养殖业污染防治政策

自 20 世纪 50 年代起，发达国家的畜禽养殖业开始向规模化、集约化方向发展，但规模化养殖在带来规模效益的同时也带来了负面效应。由于大规模的畜禽养殖场每天都有大量的粪便及污水产生，而且难以处理利用，因而造成了严重的环境污染。许多发达国家采取措施防治养殖业造成的环境污染。

1. 美国养殖业污染的防治对策

美国的养殖业工厂化、专业化、规模化程度都很高，由于美国政府及公众的环境保护意识都很强，所以美国十分重视在养殖业中实行严格的反污染措施，并在养殖业污染防治方面积累了一些成功的经验。美国主要通过严格细致的立法来防治养殖业污染。为了便于管理，美国通过立法将养殖业划分点源性污染和非点源性污染进行分类管理，专门设有非点源性污染的管理部门，点源性污染的防治是经过收集和处理技术使污染物达到国家污染物排放许可。美国在 1977 年的清洁水法里将工厂化养殖业与工业和城市设施一样视为点源性污染，排放必须达到国家污染减排系统许可。明确规定超过一定规模的畜禽养殖场建场必须报批，获得环境许可，并严格执行国家环境政策法案。美国的非点源性污染主要是通过采取国家、州和民间社团制定的污染防治计划、示范项目、推广良好的生产实践、生产者的教育和培训等综合措施科学合理地利用养殖业废弃物。此外，美国 1987 年修改的水法还对非点源性污染进行了规定，制定了非点源性污染防治规划。除了立法管理以外，美国还十分注重通过农牧结合来化解养殖业的污染问题。美国的大部分大型农场都是农牧结合型的，从种植制度安排到生产、销售等各个方面都十分重视种植业与养殖业的紧密联系，而且是养殖业规模决定着种植业结构的调整，养殖业与种植业之间在饲草、饲料、肥料三个物质经济体系形成相互促进、相互协调的关系，养殖场的动物粪便或通过输送管道或直接干燥固化成有机肥归还农田，既防止环境污染又提高了土壤的肥力。

2. 加拿大养殖业污染的防治对策

加拿大也主要通过立法进行畜禽养殖业的污染防治和管理。加拿大的各省都制定了畜禽养殖业环境管理的技术规范，畜禽养殖场必须按畜禽养殖业技术规范的要求对养殖场的环境进行管理。畜禽养殖业环境管理技术规范对畜禽养殖场的选址及建设、畜禽粪便的储存与土地使用进行了严格细致的规定。例如，新建的畜禽养殖场距邻近建筑的最小间隔距离必须达到要求。拟建或扩建畜禽养殖场场主必须向市政主管部门提出申请，由主管部门根据畜禽建设规模和养殖场周围的环境状况确定最小间隔距离，审核是否符合最小间隔距离。如果符合最小间隔距离，农场主还必须制定营养管理计划。其内容主要包括畜禽养殖场对畜禽粪便的储存、使用所采取措施的计划。加拿大要求养殖场必须有充足的土地对畜禽粪便在规定的面积范围内消化，并要求在直径 10 km 的土地范围内使用完，如果本农场没有充足的土地消化产生的粪便，必须与其他农场签订使用畜禽粪便合同，以确保产生的粪便能得到全部使用。农场主编制的营养管理计划须提交市政主管部门或由第三方进行评审，如果营养管理计划符合规定要求，将同意建设或扩建畜禽养殖场，发放生产许可证。由于加拿大对养殖业污染的治理以畜禽粪便的土地消化利用为主，禁止将畜禽养殖场污水排放到河流中，所以无需花费大量的资金投入到污水处理上。畜禽养殖业环境管理的技术规范对畜禽养殖场的污染技术指导极为重要，如果畜禽养殖场违反规范要求造成环境污染事故，将由加拿大的地方环境保护部门依据《联邦渔业法》及本省的有关法规（如安大略省《环境保护法》、《水资源法》）的有关条款对产生的污染事故进行处罚。

3. 欧盟养殖业污染的防治对策

荷兰为了防止畜禽粪便污染，1971 年立法规定，直接将粪便排到地表水中为非法行为。从 1984 年起，荷兰不再允许养殖户扩大经营规模，并通过立法规定每公顷 2.5 个畜单位，超过该指标农场主必须交纳粪便费。近几年的立法正根据土壤类型和作物情况，逐步规定畜禽粪便每公顷施入土地中的量。目前荷兰的大中型农场分散在全国 13.7 万个家庭，产生的畜禽粪便基本由农场进行消化。丹麦为了减少畜禽粪便污染，也规定了每公顷土地可容纳的粪便量，确定畜禽最高密度指标，并规定施入裸露土地上的粪肥必须在施用后 12 h 内犁入土壤中，在冻土或被雪覆盖的土地上不得施用粪便，每个农场的储粪能力要达到储纳 9 个月的产粪量。英国的畜牧业远离大城市，与农业生产紧密结合。经过处理后，畜禽粪便全部作为肥料，既避免了环境污染，又提高了土壤肥力。为了让畜禽粪便与土地的消化能力相适应，英国限制建立大型畜牧场，规定 1 个畜牧场最高头数限制指标为奶牛 200 头、肉牛 1 000 头、种猪 500 头、肥猪 3 000 头、绵羊 1 000 只和蛋鸡 7 000 只。德国则规定畜禽粪便不经处理不得排入地下水源或地面。凡是与供应城市或公用饮水有关的区域，每公顷土地上畜禽的最大允许饲养量不得超过规定数量：即牛 3～9 头、马 3～9 匹、羊 18 只、猪 9～15 头、鸡 1 900～3 000 只、鸭 450 只。

4. 日本养殖业污染的防治对策

在 20 世纪 70 年代日本养殖业造成的环境污染十分严重，此后日本便制定了《废弃物处理与消除法》、《防止水污染法》和《恶臭防止法》等 7 部法律，对畜禽污染防治和管理做了明确的规定。如《废弃物处理与消除法》规定，在城镇等人口密集地区，畜禽粪便必须经过处理，处理方法有发酵法、干燥或焚烧法、化学处理法、设施处理等。《防止水污染法》则规定了畜禽场的污水排放标准，即畜禽场养殖规模达到一定的程度(养猪超过 2 000 头、养牛超过 800 头、养马超过 2 000 匹)时，排出的污水必须经过处理，并符合规定要求。《恶臭防止法》中规定畜禽粪便产生的腐臭气中 8 种污染物的浓度不得超过工业废气浓度。为防治养殖业污染，日本政府还实行了鼓励养殖企业保护环境的政策，即养殖场环保处理设施建设费 50％来自国家财政补贴，25％来自都道府县，农户仅支付 25％的建设费和运行费用。

(二)我国畜禽养殖业环境管理政策

2001 年 5 月和 12 月，国家环保总局分别发布了《畜禽养殖污染防治管理办法》(简称《管理办法》)、《畜禽养殖业污染排放标准》(简称《标准》见附录 2)、《恶臭污染物排放标准》(见附录 3)。其中《管理办法》和《标准》中规定：

(1)新建、改建和扩建畜禽养殖场，必须进行环境影响评价。

(2)报告书(表)中必须有畜禽废渣综合利用方案和措施。

(3)畜禽养殖场污染防治设施必须与主体工程同时设计、同时施工、同时使用。

(4)畜禽养殖场排放污染物，应按照国家规定缴纳排污费，超过国家或地方排放标准的，应缴纳超标排污费。

(5)禁止向水体倾倒畜禽废渣。

(6)畜禽养殖业废水不得排入敏感水域和有特殊功能的水域。

(7)必须设置废渣的固定贮存设施和场所，贮存场所要有防止粪便渗漏、溢流的措施。

(8)用于直接还田的畜禽粪便必须进行无害化处理。

(9)畜禽粪便还田时,不能超过当地的最大农田负荷量。

(10)畜禽养殖业应积极通过废水和粪便的还田或其他措施对所排放的污染物进行综合处理,实现废弃物资源化利用。

(11)畜禽养殖场应当保持环境整洁,采取清污分流和粪尿的干湿分离等措施,实现清洁养殖。

(三)控制我国养殖业环境污染的思路

制定、完善畜禽养殖环境保护相关标准和技术规范,研究并制定促进畜禽养殖废弃物综合利用及产业化的经济技术政策、发展规划。积极发展养殖小区,推广健康养殖技术,实行种养结合、雨污分流、清洁生产、干湿分离,实现畜禽粪便资源化利用,加快推进规模化畜禽养殖场的技术改进与污染治理。优先在重点流域、区域和畜禽养殖环境问题较为严重的地区,根据当地经济发展水平、种植业和养殖业布局等具体情况,建设畜禽养殖污染防治示范工程,总结推广畜禽养殖污染防治和废弃物综合利用技术,切实推动畜禽养殖环境问题的解决。

1.各级政府应高度重视养殖业的环境保护问题

发达国家无论是政府还是公众的环境保护意识都比较强,养殖业的环境保护问题在发达国家受到高度重视。推行畜牧业的集约经营,不能以牺牲环境为代价来换取经济效益,由此带来的环境问题却没有与之相配套的污染防治一体化的环境政策,所以要防治养殖业造成的环境污染,首先是政府部门要高度重视,并且在制定发展畜牧业政策的同时也要对畜禽养殖业环境保护问题做一个长远的考虑和规划,比如可以借鉴一些发达国家的成功经验制定中国畜禽养殖业环境污染防治的中长期战略,如1999年美国环境保护局和农业部就联合制定了“防治畜牧业环境污染的国家战略”。另外,政府也应该对养殖业污染防治提供长期有效的政策指导与扶持,特别是财政、税收和信贷等方面优惠政策支持。可以借鉴日本的经验,国家、地方政府及养殖企业三方筹措污染防治的经费,鼓励养殖企业参与保护环境工作。

2.调整结构,优势互补,配套发展生态农业

畜禽养殖污染整治采取一系列的方法措施,如深入实施“生态养殖工程”,调整畜禽养殖业布局,综合利用畜禽养殖场粪便加工为有机肥,积极推广以沼气工程为主体的“综合利用型、能源环保型、能源生态型”等不同模式的治理工程,实施“畜禽—粪便—有机肥”生态农业示范工程。不断调整和创新生态经济发展模式,努力实现无害化生产,发展生态链经济。

近年来,我国城乡建设、经济建设方面取得突出成绩,在防治环境污染、强化生

态保护与建设等方面也取得了重大进展。但是大气污染尚未根本缓解，主要原因除了燃煤、施工扬尘等人为活动产生大量污染物外，畜禽养殖业排放的氨与空气中的二氧化硫、氮氧化物结合转化成的二次粒子，是可吸入颗粒物的重要组成部分，也是造成污染的重要原因。畜禽养殖业排放的氨及恶臭气体 直接对大气环境造成污染，给大气环境质量和人们的居住环境带来影响。同时，畜禽养殖业排放的污水和粪便直接污染河流水体，渗入地下，一些养殖场周边河流污染严重，地下水检测数据已明显超过标准值。

随着环境污染治理工作和生态环境保护工作的深入，国家和地方对畜禽养殖业污染的防治工作开始走上了法制化轨道，国家环保总局在近期内先后颁布了《畜禽养殖业污染防治管理办法》、《畜禽养殖业污染物排放标准》和《畜禽养殖业污染防治技术规范》，根据实际情况，养殖业污染防治的基本原则是：

(1)资源化利用是核心　将畜禽粪便作为种植业生产的肥料资源，最大限度地利用起来，将污水资源化用于改良土壤，实现资源化利用的综合性和多样化。

(2)容量化控制是基础　根据农田容纳粪肥的量，确定养殖规模，实施种养结合，保证被充分利用。

(3)减量化处置是前提条件　要通过调整养殖品种结构，改造养殖生产工艺，推行干捡粪，减少污染物的排放总量，降低污染治理成本。将城市与近郊及水源保护区等区内的养殖企业搬迁出去、逐步转移和关闭；对新养殖场规范审批程序，按照规范要求，采用先进的饲养管理工艺，配套建设粪便污水处理设施，做到环保设施与生产设施同时设计、同时施工、同时使用；对现有养殖企业要逐步改造，限期完成规模化猪场、鸡场的治理和改造工作，通过采取人工清粪、沉淀池沉淀、生化处理等多种方式对畜禽粪便和污水妥善收集、合理利用和处理，实现达标排放；结合畜禽粪便的治理和综合利用，建设有机肥厂，大力推广使用有机肥，提高有机肥的利用率，减少化肥的施用量，促进郊区农牧业的良性循环。

3. 畜牧业的环境污染防治要从源头抓起

虽然 2001 年由国家环境保护总局颁布的《畜禽养殖污染防治管理办法》，针对存栏量 500 头以上的猪、3 万羽以上的鸡和 100 头以上的牛的畜禽场提出要求，但其条款还是原则性的，仅有上海等少数城市制订了若干地方性的标准，进行了不同程度的治理。但是《畜禽养殖污染防治管理办法》缺乏权威性和强制性。在技术上，国家没有统一处理畜禽粪尿的技术规定和标准，尤其对此标准下的中小型养殖场的法律监控是空白。因此，应该加紧研究，建立科学的、切实可行的畜牧业环境管理体制，通过法律手段制止畜牧业污染，并加以一定的经济制裁，只有这样，才能使我国的畜牧业走上可持续发展的道路。

我国必须尽快解决养殖业的污染问题,借鉴发达国畜禽牧业治污的经验,不能再走末端治理的道路。应该尽快补充、完善并严格执行,使之上升到法律高度,另一方面,要加大用经济杠杆引导,如对清洁生产的厂家给予适当免税,对污染户征收高额治污税或罚款。

4.研究、推广畜牧业环境污染防治措施

控制和降低畜牧业污染是畜牧生产、环境保护、卫生防疫等部门面临的共同问题,需要加强科学技术研究,防治污染应该坚持“预防为主,防重于治”的原则,达到“治本治标,标本兼治”。采取生态综合防治措施,从根本上解决畜牧业的污染问题。

结合社会主义新农村建设提高农村中小型畜禽场的科技水平。农村中小型畜禽场不可能像大型工业化养殖场一样投入大量资金治污,可以结合新农村建设,以农户为对象,庭院为依托,沼气综合利用为纽带,农户养殖、种植、加工为产业链而开展的一种庭院生态经济。但是无论“鸡—猪—沼—菜”模式还是“粮—糟—猪—沼—鱼”模式,都要进行排污、治污研究,用科学方法改进。

技能训练　环境卫生调查及评价

【目标要求】

以本院(或附近其他单位)畜牧场作为实习现场,对畜牧场场址选择、畜牧场建筑物布局、畜牧场环境卫生设施以及畜禽舍卫生状况等方面进行现场观察、测量和访问,运用课堂学过的理论进行综合分析,作出卫生评价报告。

【内容方法】

主要包括以下几项:

1.牧场位置

观察和了解畜牧场周围的交通运输情况,居民点及其他工农业企业等的距离与位置。

2.全场地形、地质与土质

场地形状及面积大小,地势高低,坡度和风向,土质、植被等。

3.水源

水源种类及卫生防护条件,给水方式,水质与水量是否满足需要。

4.全场平面布局情况

(1) 全场不同功能区的划分及其在场内位置的相互关系。

(2) 畜禽舍的朝向及间距,排列形式。

(3) 饲料库、饲料加工调制间、产品加工间、兽医室、贮粪池以及其他附属建筑物的位置和与畜禽舍的距离。

(4) 运动场的位置、面积、土质及排水情况。

5. 畜禽舍卫生状况

畜禽舍类型、式样、材料结构,通风换气方式与设备,采光情况,排水系统及防潮措施,畜禽舍防寒、防热的设施及其效果,畜禽舍小气候观测结果等。

6. 畜牧场环境污染与环境保护情况

畜粪、尿处理情况,绿化状况,场界与各区域的卫生防护设施,蚊蝇滋生情况及其他卫生状况等。

7. 其他

畜禽传染病、地方病、慢性中毒性疾病等发病情况。

【作业习题】

填写附录4畜牧场环境卫生调查表。

实验安排:学生分成若干小组,按上述内容进行观察、测量和访问,并参考下表进行记录,最后综合分析,作出卫生评价结论。结论的内容应从畜牧场场址选择、建筑物布局、畜禽舍建筑、牧场环境卫生四个方面,分别指出其优点、缺点,并提出今后改进意见。结论文字力求简明扼要。

复习练习题

1. 讨论畜牧场环境污染的原因,提出治理污染的措施。
2. 写一份本地区畜禽养殖环境质量评价报告。
3. 讨论如何对畜牧场环境进行管理。
4. 畜牧业污染防治的基本原则是什么?
5. 环境现状调查的主要内容是什么?
6. 环境质量评价的基本程序是什么?
7. 养殖场环境监测的主要内容是什么?
8. 分组讨论为什么要发展生态畜牧业。
9. 综述防治畜禽养殖业污染应采取的政策与对策。

附录1　建筑图纸上物体图例

附表1　建筑材料图例

名称	图例	说明
自然土壤		包括各种自然土壤、黏土等
素土夯实		
沙、灰土及粉刷材料	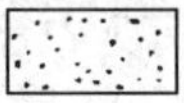	
沙砾石及碎砖三合土	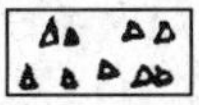	
石材	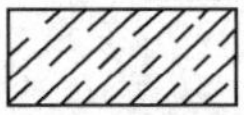	包括岩石及贴面、铺地等石材
方整石、条石	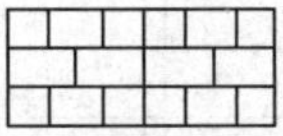	本图例表示砌体
毛石	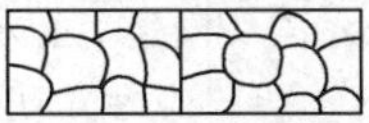	
普通砖、硬质砖	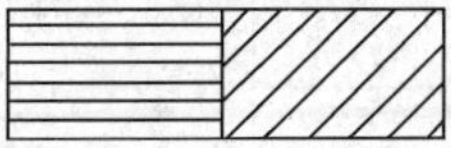	在比例小于或等于1∶50的平、剖面中不画斜线，可在底图背面涂红表示
非承重的空心砖	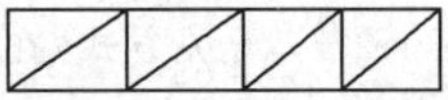	在比例较小的图面中可不画图例，但需注明材料
瓷砖或类似材料		包括面砖、马赛克及各种铺地砖
混凝土		

续附表 1-1

名称	图例	说明
百叶窗	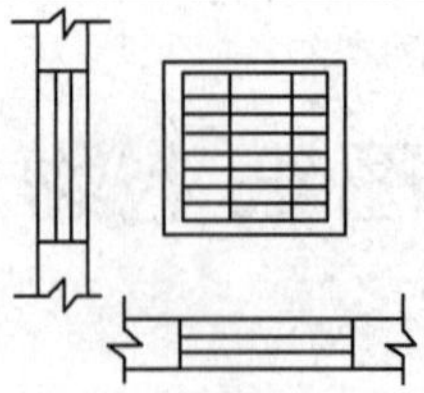	
高窗	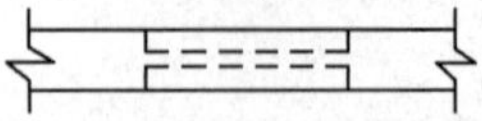	
单层固定窗	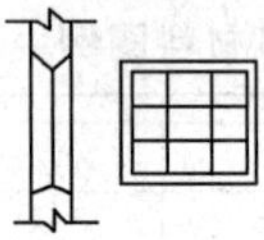	1.立方图中的斜线，系表示窗扇开关方式。单虚线表示单层内开(双虚线表示双层内开)，单实线表示单层外开(双实线表示双层外开) 2.平、剖面图中的虚线，仅系说明开关方式，在设计图中可不表示 3.窗的名称代号用C表示
单层外开上悬窗	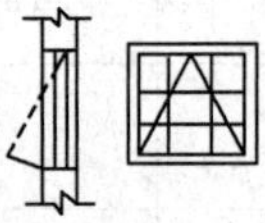	
单层中悬窗	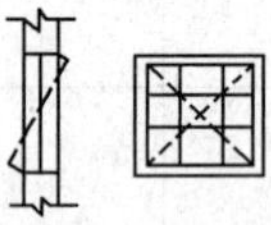	
单层内开下悬窗	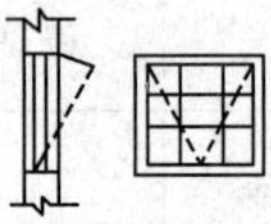	
单层外开平开窗	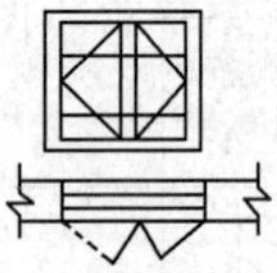	1.立方图中的斜线，系表示窗扇开关方式。单虚线表示单层内开(双虚线表示双层内开)，单实线表示单层外开(双实线表示双层外开) 2.平、剖面图中的虚线，仅系说明开关方式，在设计图中可不表示 3.窗的名称代号用C表示
单层垂直旋转窗	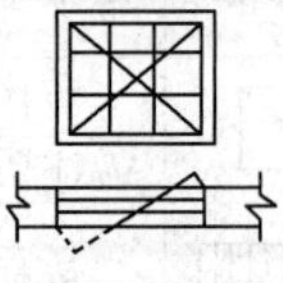	

续附表 1-1

名称	图例	说明
双层固定窗	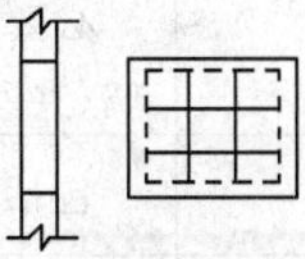	1. 立面图中的斜线,系表示窗扇开关方式。单虚线表示单层内开(双虚线表示双层内开),单实线表示单层外开(双实线表示双层外开) 2. 平、剖面图中的虚线,仅系说明开关方式,在设计图中可不表示 3. 窗的名称代号用C表示
双层内外开平开窗	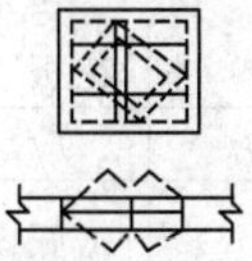	
水平推拉窗	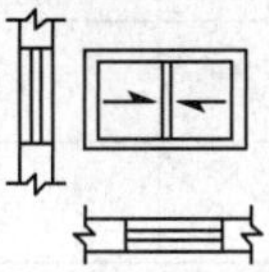	
钢筋混凝土		1. 在此例小于或等于 1∶100 的图面中不画图例,可在底图上涂黑表示 2. 剖面图中如画出钢筋时,可不画图例
加气混凝土		
加气钢筋混凝土		
毛石混凝土		
花纹钢板	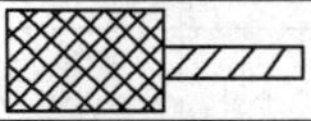	立面斜线为 60°
金属网	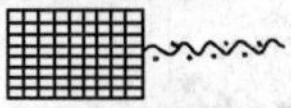	
木材		
胶合板	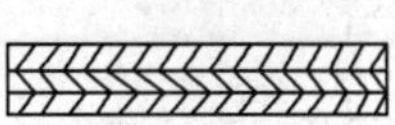	1. 应注明"×层胶合板" 2. 在比例较小的图面中,可不画图例,但需注明材料
矿渣、炉渣及焦渣	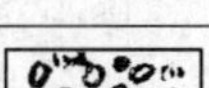	
多孔材料或耐火砖		包括泡沫混凝土、软木等材料
菱苦土	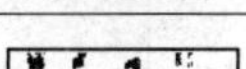	

续附表 1-1

名称	图例	说明
玻璃	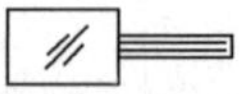	必要时可注明玻璃名称，如磨砂玻璃、夹丝玻璃等
松散保温材料		包括木屑、木屑石灰、稻壳等
纤维材料或人造板	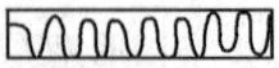	包括麻丝、玻璃棉(毡)、矿棉(毡)、刨花板、木丝板等
防水材料或防潮层		应注明材料
橡皮或塑料	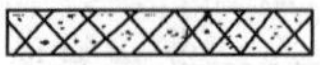	底图背面涂红
金属	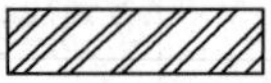	
水	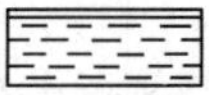	
土墙	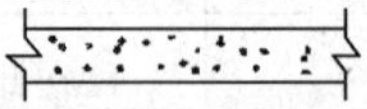	包括土筑墙、土坯墙、三合土墙等
板条墙	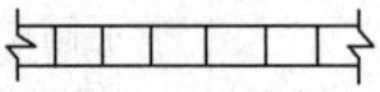	包括钢丝网墙、苇箔墙等
木栏杆		指全部用木材制作的栏杆
金属栏杆		指全部用金属制作的栏杆
通风道	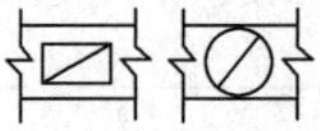	
空门洞		门的名称代号用 M 表示
单扇门	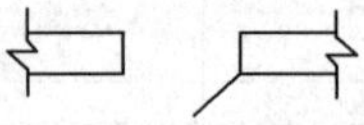	
双扇门		
对开折门		
单扇推拉门		
双扇推拉门		
墙内单扇推拉门	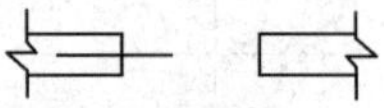	
墙内双扇推拉门	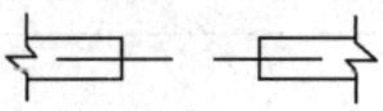	

续附表 1-1

名称	图例	说明
单扇双面弹簧门		
双扇双面弹簧门	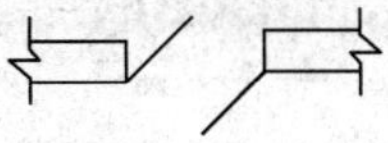	
单扇内外开双层门	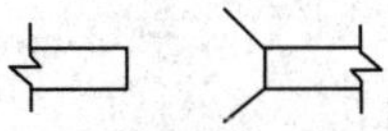	门的名称代号用 M 表示
双扇内外开双层门	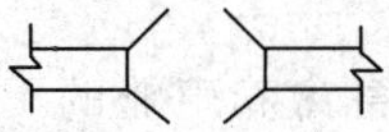	
转门		

附录 2　畜禽养殖业污染物排放标准(GB 18596—2001)

1. 主题内容与适用范围

1.1　主题内容　本标准按集约化畜禽养殖业的不同规模分别规定的水污染物、恶臭气体的最高允许日均排放浓度、最高允许排水量，畜禽养殖业废渣无害化环境标准。

1.2　适用范围　本标准适用于全国集约化畜禽养殖场和养殖区污染物的排放管理，以及这些建设项目环境影响评价、环境保护设施设计、竣工验收及其投产后的排放管理。

1.2.1　本标准适用的畜禽养殖场和养殖区的规模分级，按附表 2 和附表 3 执行。

附表 2　集约化畜禽养殖场的适用规模(以存栏数 Q 计)

规模分级	猪(25 kg/头以上)	鸡/只		牛/头	
		蛋鸡	肉鸡	成年奶牛	肉牛
Ⅰ级	≥3 000	≥100 000	≥200 000	≥200	≥400
Ⅱ级	500≤Q<3 000	15 000≤Q<100 000	30 000≤Q<200 000	100≤Q<200	200≤Q<400

附表 3　集约化畜禽养殖区的适用规模(以存栏数 Q 计)

规模分级	猪(25 kg/头以上)/头	鸡/只		牛/头	
		蛋鸡	肉鸡	成年奶牛	肉牛
Ⅰ级	≥6 000	≥200 000	≥400 000	≥400	≥800
Ⅱ级	3 000≤Q<6 000	100 000≤Q<200 000	200 000≤Q<400 000	200≤Q<400	400≤Q<800

1.2.2　对具有不同畜禽种类的养殖场和养殖区，其规模可将鸡、牛的养殖量

换算成猪的养殖量,换算比例为:30 只蛋鸡折算成 1 头猪,60 只肉鸡折算成 1 头猪,1 头奶牛折算成 10 头猪,1 头肉牛折算成 5 头猪。

1.2.3 所有Ⅰ级规模范围内的集约化畜禽养殖场和养殖区,以及Ⅱ级规模且地处国家环境保护重点城市、重点流域和污染严重河网地区的集约化畜禽养殖场和养殖区,自本标准实施之日起开始执行。

1.2.4 其他地区Ⅱ级规模范围内的集约化畜禽养殖场和养殖区,实施标准的具体时间可由县级以上人民政府环境保护行政主管部门确定,但不得迟于 2004 年 7 月 1 日。

1.2.5 对集约化养羊场和养羊区,将羊的养殖量换算成猪的养殖量,换算比例为:3 只羊换算成 1 头猪,根据换算后的养殖量确定养羊场或养羊区的规模级别,并参照本标准的规定执行。

2.定义

2.1 集约化畜禽养殖场 指进行集约化经营的畜禽养殖场。集约化养殖是指在较小的场地内,投入较多的生产资料和劳动,采用新的工艺与技术措施,进行精心管理的饲养方式。

2.2 集约化畜禽养殖区 指距居民区一定距离,经过行政区划确定的多个畜禽养殖生产集中区域。

2.3 废渣 指养殖场外排的畜禽粪便、舍内垫料、废饲料及散落的毛、羽等固体废物。

2.4 恶臭污染物 指一切刺激嗅觉器官,引起人们不愉快及损害生活环境的气体物质。

2.5 臭气浓度 指恶臭气体(包括异味)用无臭空气进行稀释,稀释到刚好无臭时所需的稀释倍数。

2.6 最高允许排水量 指在畜禽养殖过程中直接用于生产的水的最高允许排放量。

3.技术内容

本标准按水污染物、废渣和恶臭气体的排放分为以下三部分。

3.1 畜禽养殖业水污染物排放标准

3.1.1 畜禽养殖业废水不得排入敏感水域。排放去向应符合国家和地方的有关规定。

3.1.2 畜禽养殖业废水不得排入敏感水域。排放去向应符合国家和地方的有关规定。

3.1.3 标准适用规模畜禽养殖业的水污染物排放，分别执行附表4、附表5和附表6的规定。

附表4 集约化畜禽养殖业水冲工艺最高允许排水量

控制项目	猪/[m^3/(百头·d)]		鸡/[m^3/(千只·d)]		牛/[m^3/(百头·d)]	
	冬季	夏季	冬季	夏季	冬季	夏季
标准值	2.5	3.5	0.8	1.2	20	30

注：废水最高允许排放量的单位中，百头、千只均指存栏数。

春、秋季废水最高允许排放量按冬、夏两季的平均值计算。

附表5 集约化畜禽养殖业干清粪工艺最高允许排水量

控制项目	猪/[m^3/(百头·d)]		鸡/[m^3/(千只·d)]		牛/[m^3/(百头·d)]	
	冬季	夏季	冬季	夏季	冬季	夏季
标准值	1.2	1.8	0.5	0.7	17	20

注：废水最高允许排放量的单位中，百头、千只均指存栏数。

春、秋季废水最高允许排放量按冬、夏两季的平均值计算。

附表6 集约化畜禽养殖业水污染物最高允许日均排放浓度

控制项目	五日生化需氧量/(mg/L)	化学需氧量/(mg/L)	悬浮物/(mg/L)	氨氮/(mg/L)	总磷(以P计)/(mg/L)	粪大肠菌群数量/(个/100 mL)	蛔虫卵数量/(个/L)
标准值	150	400	200	80	8.0	1 000	2.0

3.2 畜禽养殖业废渣无害化环境标准

3.2.1 养殖业必须设置废渣的贮存设施，贮存场设有防止粪液渗漏和溢流的措施。

3.2.2 用于直接还田的畜禽粪便，必须进行无害化处理。

3.2.3 禁止直接将废渣倾倒入地表水体或其他环境中。畜禽粪便还田时，不能超过当地的最大农田负荷量，避免造成地面水源污染和地下水污染。

3.2.4 经无害化处理后的废渣，应符合附表7的规定。

附表 7 畜禽养殖业废渣无害化环境标准

控制项目	指标
蛔虫卵	死亡率≥95%
粪大肠菌群数	$\leq 10^5$ 个/kg

3.3 畜禽养殖业恶臭污染物排放标准:集约化畜禽养殖业恶臭污染物排放按附表 8 的规定执行。

附表 8 集约化畜禽养殖业恶臭污染物排放标准

控制项目	指标
臭气浓度(无量纲)	70

3.4 畜禽养殖业应积极通过废弃物和粪便的还田或其他措施对所排放的污染物进行综合利用实现污染物的资源化。

4. 监测

污染物项目监测的采样点和采样频率应符合国家环境监测技术规范的要求。污染物项目的监测方法按附表 9 执行。

附表 9 畜禽养殖业污染物排放配套监测方法

序号	项目	监测方法	方法来源
1	生物需氧量(BOD)	稀释与接种法	GB 7488—87
2	化学耗氧量(COD)	重铬酸钾法	GB 11914—89
3	悬浮物(SS)	重量法	GB 11901—89
4	氨氮(NH_3-N)	钠氏试剂比色法	GB 7479-87
		水杨酸分光光度法	GB 7481—87
5	总 P(以 P 计)	钼蓝比色法	①
6	粪大肠菌群数	多管发酵法	GB 5750—85
7	蛔虫卵	吐温-80 柠檬酸缓冲液离心沉淀集卵法	②
8	蛔虫卵死亡率	堆肥蛔虫卵检查法	GB 7959—87
9	寄生虫卵沉降率	粪稀蛔虫卵检查法	GB 7959—87
10	臭气浓度	三点式比较臭袋法	GB 14675

注:分析方法中,未列出国标的暂时采用下列方法,待国家标准方法颁布后执行国家标准。

5. 标准的实施

5.1 本标准由县级以上人民政府环境保护行政主管部门实施统一监督管理。

5.2 省、自治区、直辖市人民政府可根据地方环境和经济发展的需要,确定集约化畜禽养殖业适用规模,或制定更为严格的地方畜禽养殖业污染物排放标准,并报国务院环境保护行政主管部门备案。

附录3　恶臭污染物排放标准

（GB 14554—93 代替 GB J4—73）

为贯彻《中华人民共和国大气污染防治法》，控制恶臭污染物对大气的污染，保护和改善环境，制定本标准。

1. 主题内容与适用范围

1.1　主题内容　本标准分年限规定了8种恶臭污染物的一次最大排放限值、复合恶臭物质的臭气浓度限值及无组织排放源的厂界浓度限值。

1.2　适用范围　本标准适用于全国所有向大气排放恶臭气体单位及垃圾堆放场的排放管理以及建设项目的环境影响评价、设计、竣工验收及基建成后的排放管理。

2. 引用标准

GB 3095　大气环境质量标准

GB 12348　工业企业厂界噪声标准

GB/T14675　空气质量　恶臭的测定　三点比较式臭袋法

GB/T14676　空气质量　三甲胺的测定　气相色谱法

GB/T14677　空气质量　甲苯、二甲苯、苯乙烯的测定　气相色谱法

GB/T14678　空气质量　硫化氢、甲硫醇、甲硫醚、二甲二硫的测定气相色谱法

GB/T14679　空气质量　氨的测定　次氯酸钠—水杨酸分光光度法

GB/T14680　空气质量　二硫化碳的测定　二乙胺分光光度法

3. 名词术语

3.1　恶臭污染物(odor pollutants)　指一切刺激嗅觉器官引起人们不愉快及损害生活环境的气体。

3.2 臭气浓度(odor concentration) 指恶臭气体(包括异味)用无臭空气进行稀释,当稀释到刚好无臭时所需的稀释倍数。

3.3 无组织排放源 指没有排气筒或排气筒高度低于15 m的排放源。

4.技术内容

4.1 标准分级 本标准恶臭污染物厂界标准值分三级。

4.1.1 排入GB 3095中一类区的执行一级标准,一类区内不得建新的排污单位。

4.1.2 排入GB 3095中二类区的执行二级标准。

4.1.3 排入GB 3095中三类区的执行三级标准。

4.2 标准值

4.2.1 恶臭污染物厂界标准值是对无组织排放源的限值,见附表10。

1994年6月1日起立项的新、扩、改建项目及其建设后投产的企业执行二级、三级标准值。

附表10 恶臭污染物厂界标准值

序号	控制项目	一级	二级		三级	
			新、扩、改建	现有	新、扩、改建	现有
1	氨	1.0	1.5	2.0	4.0	5.0
2	三甲胺	0.05	0.08	0.15	0.45	0.80
3	硫化氢	0.03	0.06	0.10	0.32	0.60
4	甲硫醇	0.004	0.007	0.010	0.020	0.035
5	甲硫醚	0.03	0.07	0.15	0.55	1.10
6	二甲二硫醚	0.03	0.06	0.13	0.42	0.71
7	二硫化碳	2.0	3.0	5.0	8.0	10
8	苯乙烯	3.0	5.0	7.0	14	19
9	臭气浓度(无量纲)	10	10	30	60	70

4.2.2 恶臭污染物的排放标准值见附表11。

附表11 恶臭污染物排放标准值

序号	控制项目	排气筒高度/m	排放量/(kg/h)
1	硫化氢	15	0.33
		20	0.58
		25	0.90
		30	1.3
		35	1.8
		40	2.3
		60	5.2
		80	9.3
		100	14
		120	21
2	甲硫醇	15	0.04
		20	0.08
		25	0.12
		30	0.17
		35	0.24
		40	0.31
		60	0.69
3	甲硫醚	15	0.33
		20	0.58
		25	0.90
		30	1.3
		35	1.8
		40	2.3
		60	5.2
4	二甲二硫醚	15	0.43
		20	0.77
		25	1.2
		30	1.7
		35	2.4
		40	3.1
		60	7.0

续附表11

序号	控制项目	排气筒高度/m	排放量/(kg/h)
5	二硫化碳	15	1.5
		20	2.7
		23	4.2
		30	6.1
		35	8.3
		40	11
		60	24
		80	43
		100	68
		120	97
6	氨	15	4.9
		20	8.7
		25	14
		30	20
		35	27
		40	35
		60	75
7	三甲胺	15	0.54
		20	0.97
		25	1.5
		30	2.2
		35	3.0
		40	3.9
		60	8.7
		80	15
		100	24
		120	35
8	苯乙烯	15	6.5
		20	12
		25	18
		30	26
		35	35
		40	46
		60	104
9	臭气浓度	排气筒高度(m)	标准值(无量纲)
		15	2 000
		25	6 000
		35	15 000
		40	20 000
		50	40 000
		≥60	60 000

5.标准的实施

5.1 排放单位排放(包括泄漏和无组织排放)的恶臭污染物。在排污单位边界上规定监测点(无其他干扰因素)的一次最大监测值(包括臭气浓度)都必须低于或等于恶臭污染物厂界标准值。

5.2 排放单位经烟、气排放筒(高度在 15 m 以上)排放的恶臭污染物的排放量和臭气浓度都必须低于或等于恶臭污染物排放标准。

5.3 排污单位排出污水并散发的恶臭污染物和臭气浓度,必须低于或等于恶臭污染物厂界标准值。

6.监测

6.1 有组织排放源监测

6.1.1 排放筒的最低高度不得低于 15 m。

6.1.2 凡在附表 11 所列两种高度之间的排气筒,采用四舍五入方法计算其排气筒的高度。附表 2 中所列的排气筒高度系指从地面(零地面)起至排气口的垂直高度。

6.1.3 采样点:有组织排放源的监测采样点应为臭气进入大气的排气口,也可以在水平排气道和排气筒下部采样监测,测得臭气浓度或进行换算求得实际排放量。经过治理的污染源监测点设在治理装置的排气口,并应设置永久性标志。

6.1.4 有组织排放源采样频率应按生产周期确定监测频率,生产周期在8 h以内的,每 2 h 采集一次,生产周期大于 8 h 的,每 4 h 采集一次,取其最大测定值。

6.2 无组织排放源监测

6.2.1 采样点 厂界的监测采样点,设置在工厂厂界的下风向侧,或有臭气方位的边界线上。

6.2.2 采样频率 连续排放源相隔 2 h 采一次,共采集 4 次,取其最大测定值。

间歇排放源选择在气味最大时间内采样,样品采集次数不少于 3 次,取其最大测定值。

6.3 水域监测 水域(包括海洋、河流、湖泊、排水沟、渠)的监测,应以岸边为厂界边界线,其采样点设置、采样频率与无组织排放源监测相同。

6.4 测定 标准中各单项恶臭污染物与臭气浓度的测定方法(略)。

附录4　畜牧场环境卫生调查表

畜牧场名称____	畜禽种类与头数____
位　　置____	全场面积____
地　　形____	地　　势____
土　　质____	植　　被____
水　　源____	当地主风向____
畜禽舍区位置____	畜禽舍栋数____
畜禽舍朝向____	畜禽舍间距____
畜禽舍距贮粪场____	畜禽舍距水池____
畜禽舍距饲料间____	畜禽舍距饲料库____
畜禽舍距产品加工间____	畜禽舍距兽医室____
畜禽舍距公路____	畜禽舍距住宅区____
畜禽舍类型____	畜禽舍面积:长____宽____面积____
畜栏有效面积:长____宽____面积____	值班室面积:长____宽____面积____
饲料室面积:长____宽____面积____	其他室面积:长____宽____面积____
舍顶:形式____材料____高度____	天棚:形式____厚度____高度____
外墙:材料____厚度____	窗:南窗数量____每个窗尺寸____
北窗数量____每个窗尺寸____	窗台高度____采光系数____
入射角____透光角____	大门:形式____数量____高____宽____
通道:数量____位置____宽____	畜床:材料____卫生条件____
粪尿沟:形式____宽____深____	通风设备:入气管个数____面积(每个)____
出气管个数____面积(每个)____	其他通风设备____
运动场:位置____面积____土质____	卫生状况____
畜禽舍微小气候观测结果:温度____	湿度____
气流____照度____	牧场一般环境卫生状况____
其他____	综合评价____

改进意见____

调查者____　调查日期____

附录5　技能考核项目及评分标准

<table>
<tr><th>序号</th><th>项目</th><th>内容与要求</th><th>考核方法</th><th>评分等级与标准</th></tr>
<tr><td>1</td><td>畜舍空气指标测定</td><td>1.熟悉测定气温、气湿、气流、气压的常用仪器
2.掌握各仪器的使用方法及注意事项
3.熟练测定气温、气湿、气流、气压等空气指标</td><td>现场操作并口述</td><td rowspan="3">优:操作熟练、规范、结果准确,口述全面、条理清楚
良:操作较熟练,结果正确,口述全面
合格:操作不熟练,结果不准确,经指导后能纠正错误口述不全面,条理不清楚
不合格:操作错误,结果错误,口述不清楚、不全面</td></tr>
<tr><td>2</td><td>畜舍内有害气体的测定</td><td>1.熟悉空气样品的采集和测定前的处理
2.掌握舍内二氧化碳、硫化氢、氨的测定方法
3.正确计算舍内空气中二氧化碳、硫化氢、氨的含量</td><td>现场操作及实习报告评分</td></tr>
<tr><td>3</td><td>畜舍采光的测定、计算与评价</td><td>1.掌握采光系数、入射角、透光角的测定与计算方法
2.能正确测定畜舍内照度
3.能正确评价畜舍采光系统</td><td>现场操作及实习报告评分</td></tr>
<tr><td>4</td><td>畜舍通风量的计算与通风效果评价</td><td>1.掌握自然通风时风口面积的确定与安装方法
2.掌握机械通风时风机的选择与安装方法
3.能正确评价现有畜舍通风效果</td><td>现场操作及实习报告评分</td><td rowspan="2">优:操作熟练、规范、结果准确,仪器名称识别正确,口述全面、条理清楚
良:操作较熟练,结果正确,仪器名称识别有误,口述全面
合格:操作不熟练,结果不准确,仪器名称识别欠正确,经指导后能纠</td></tr>
<tr><td>5</td><td>饮水卫生指标测定</td><td>1.会检查水的物理性状(色、味、浑浊度等)并能正确描述
2.掌握水的化学指标(pH值、总硬度、“三氮”等)的测定方法</td><td>现场操作及实习报告评分</td></tr>
</table>

续上表

序号	项目	内容与要求	考核方法	评分等级与标准
6	饲料品质感官性状及有毒成分的检测	1.能掌握运用感官对饲料的性状进行初步的鉴定其优劣 2.能熟练掌握对饲料中的有毒成分进行检测。准确识别所用仪器名称及操作过程中的注意事项	现场操作并口述评分	正错误；口述不全面，条理不清楚 不合格：操作错误，结果错误，仪器名称识别不正确，口述不清楚、不全面
7	畜舍设计图的识别及绘制	1.了解畜舍结构和工程图的基本知识 2.能阅读工程图 3.能绘制畜舍平面图、立面图及剖面图	根据图纸识别及平面图绘制	优：设计合理，各类图绘制正确 良：设计较合理，大部分图绘制正确 合格：设计欠合理，大部分图绘制基本正确 不合格：设计不合理，图不正确
8	畜禽场规划布局方案的设计	1.能按畜舍小气候卫生标准设计畜舍 2.根据畜禽场的功能区、生产工艺流程、采光、通风及安全要求设计 3.会绘制畜牧场平面示意图	设计报告评分	
9	环境消毒技术	1.人员消毒 2.环境消毒 3.畜禽舍内消毒 4.工具设备消毒 5.畜禽身消毒	现场操作并口述评分	优：操作熟练、消毒药剂准确，浓度配制无误口述全面、条理清楚 良：操作不够熟练，结果正确，口述全面 合格：操作不熟练，结果有误，但经指导后能纠正错误；口述不全面，条理不清楚 不合格：操作错误，结果错误，口述不清楚、不全面
10	畜牧场环境卫生调查与评价	1.熟悉畜牧场环境卫生调查项目及调查方法 2.能客观正确地进行评价，并提出切实可行的改进措施	实习报告评分	优：填写内容全面，数据准确，调查表上书写清楚 良：填写内容全面，数据欠准确，调查表上书写清楚 合格：填写内容不全面，数据欠准确，调查表上书写清楚 不合格：填写内容不全面，数据不准确，调查表上书写不清楚

参考文献

[1] 李如治.家畜环境卫生学.北京:中国农业出版社,2003.
[2] 安立龙. 家畜环境卫生学.北京:高等教育出版社,2004.
[3] 刘凤华. 家畜环境卫生学.北京:中国农业大学出版社,2004.
[4] 常明雪.畜禽环境卫生. 北京. 中国农业大学出版社,2007.
[5] 李振中. 家畜环境卫生学附牧场设计. 北京: 农业出版社,1993.
[6] 东北农学院. 家畜环境卫生学. 北京. 农业出版社,1990.
[7] 严敏,谭章荣,李亿.自来水厂技术管理.北京:化学工业出版社,2005.
[8] 李振中.家畜环境卫生学附牧场设计.北京:中国农业出版社,2005.
[9] 冯春霞.家畜环境卫生学.北京:中国农业出版社,2004.
[10] 东北农学院.家畜环境卫生学.北京:农业出版社,1996.
[11] 冀行键.家畜环境卫生.北京:中国农业出版社,2000.
[12] 李保明,施正香.设施农业工程工艺及建筑设计.北京:中国农业出版社,2005.
[13] 赵化民.畜禽养殖场消毒指南.北京:金盾出版社,2004.
[14] 段诚中. 规模化养猪新技术. 北京:中国农业出版社,2000.
[15] 周大康.家畜环境卫生学.北京:农业出版社,1992.
[16] 徐定人.塑料暖棚饲养畜禽技术.北京:农业出版社,1993.
[17] 杨宁.现代养鸡生产.北京:农业出版社,1995.